ALLAN DIB

Erfolgsmethode Lean Marketing

Mehr Reichweite und höhere Gewinne mit weniger Aufwand

REDLINE | VERLAG

ALLAN DIB

ERFOLGSMETHODE LEAN MARKETING

Mehr Reichweite und höhere Gewinne mit weniger Aufwand

Bibliografische Information der Deutschen Nationalbibliothek:
Die Deutsche Nationalbibliothek verzeichnet diese Publikation in der Deutschen Nationalbibliografie; detaillierte bibliografische Daten sind im Internet über https://dnb.de abrufbar.

Für Fragen und Anregungen:
info@m-vg.de

Wichtiger Hinweis
Ausschließlich zum Zweck der besseren Lesbarkeit wurde auf eine genderspezifische Schreibweise sowie eine Mehrfachbezeichnung verzichtet. Alle personenbezogenen Bezeichnungen sind somit geschlechtsneutral zu verstehen.

1. Auflage 2024

Türkenstraße 89
80799 München
Tel.: 089 651285-0

Übersetzt aus dem Englischen: LEAN MARKETING. MORE LEADS. MORE PROFIT. LESS MARKETING.
Erstmals veröffentlicht von: Page Two Books
Die Übersetzung erfolgte in Absprache mit der Transatlantic Literary Agency Inc.

Die 1. Originalausgabe erschien 2024 bei Page Two unter dem Titel *Lean Marketing*.

Übersetzung: Bärbel Knill
Redaktion: Christiane Otto
Umschlaggestaltung: Pamela Machleidt
Satz: ZeroSoft, Timisoara
Druck: GGP Media GmbH, Pößneck
Printed in Germany

ISBN Print 978-3-86881-979-3
ISBN E-Book (PDF) 978-3-96267-617-9
ISBN E-Book (EPUB, Mobi) 978-3-96267-619-3

Wir produzieren nachhaltig
www.m-vg.de

Weitere Informationen zum Verlag finden Sie unter

www.redline-verlag.de

Beachten Sie auch unsere weiteren Verlage unter www.m-vg.de

Für Sarah-Jane,
danke, dass du jeden Tag
mit deiner Liebe, Freundlichkeit und Sanftheit erfüllst.

Für meine Lieben, die viel zu früh gegangen sind:

Dad, ich vermisse dich jeden einzelnen Tag.

Maia, du warst für mich eine zweite Mutter.
Danke, dass du immer an mich geglaubt und mich angespornt hast.

Reza, danke für all das Lachen, die Pläne und die Freundschaft.

Inhalt

Einführung 9

GRUNDLAGEN **19**

1. Einstieg ins Marketing 20

2. Wer sind Ihre Leute? 41

3. Was verkaufen Sie (wirklich)? 66

KRAFTMULTIPLIKATOR 1: TOOLS **95**

4. Ihr Marketingnervenzentrum 100

5. Wie Sie feuchte Roboter programmieren 115

6. Künstliche Intelligenz 142

KRAFTMULTIPLIKATOR 2: MARKETING-ASSETS **153**

7. Ihre Marke (Fragen Sie immer erst nach dem Gewinn, nicht nach dem Sinn) 158

8. Ihr Aushängeschild 171

9. Ihre Webseite 185

10. Geistiges Eigentum 202

KRAFTMULTIPLIKATOR 3: PROZESSE **217**

11. Business ist ein Teamsport 223

12. E-Mail-Marketing 245

13. Content-Marketing 266

14. Kunden binden, begeistern und dazugewinnen 292
15. Kennzahlen 322

Fazit 335
Über den Autor 339
Stichwortverzeichnis 341

Einführung

Lassen Sie Ihr Licht leuchten

Es ist wunderbar, wenn man das meistgehütete Geheimnis entdeckt. Und wenn man selbst dieses meistgehütete Geheimnis ist, ist das die reine Erfüllung. Schon in den Worten uralter Weisheit heißt es:

> Es kann die Stadt, die auf einem Berge liegt, nicht verborgen sein. Man zündet auch nicht ein Licht an und setzt es unter einen Scheffel, sondern auf einen Leuchter; so leuchtet es allen, die im Hause sind. Also lasst euer Licht leuchten vor den Leuten, dass sie eure guten Werke sehen.
>
> *(Die Bibel, Matthäus 5,15)*

Aber wie »bauen Sie Ihre Stadt auf einen Berg«, sodass die Menschen wissen, dass Sie existieren? Wie schaffen Sie es, dass Sie »Ihr Licht vor den Leuten leuchten lassen«, damit sie auf Sie aufmerksam werden? Wie erreichen Sie es, dass sie sich »die guten Werke« wünschen, die Sie anbieten, und sie wertschätzen? Darum geht es in diesem Buch. Ich verrate Ihnen hier exakt die Methode, nach der meine Kunden und ich vorgehen, um Tag für Tag Kunden auf uns aufmerksam zu machen, sie zu gewinnen und zu binden.

Ich nehme einmal an, Ihre Produkte oder Dienstleistungen könnten vielen Menschen helfen. Ihre »guten Werke« verdienen Sichtbarkeit, Aufmerksamkeit und Unterstützung. Doch wie Sie und ich wissen, liegt ein himmelweiter Unterschied dazwischen, Erfolg zu verdienen und ihn auch tatsächlich zu erreichen. Wenn Leistung allein schon zum wirtschaftlichen Erfolg führen würde, könnten wir dieses Buch getrost hier beenden und uns eine Menge Zeit und Energie sparen.

Doch in der Realität bekommt man eben nicht, was man verdient; man bekommt, was man aushandelt. Wenn das Leben eine Meritokratie wäre, dann wären Krankenpfleger, Feuerwehrfrauen und Lehrer die höchstbezahlten Leute in unserer Gesellschaft. Und doch setzen viele Unternehmer noch immer auf die Hoffnung, dass ihr angebotener Mehrwert auf dem Markt schon sichtbar sein wird.

Hoffnung ist aber keine effektive Marketingstrategie.

Der Mehrwert muss auf ein Podest gestellt und sichtbar gemacht werden.

Und wenn Leistung und Sichtbarkeit kombiniert werden, entwickeln sie eine unaufhaltsame Kraft.

Kennen Sie das?

Kommt Ihnen eines – oder mehrere – der folgenden Szenarien bekannt vor?

- Sie haben riesige Geldsummen für eine Marketing- oder Markenagentur verbrannt, und alles, was Sie dafür erhalten haben, war ein glänzendes neues Logo und irgendein hübsches Design. Auswirkung auf Ihren Umsatz: bei null.
- Sie haben einen Webseitenentwickler beauftragt, nur um dann festzustellen, dass das Projekt länger dauerte, und mehr Zeit, Geld und Energie kostete, als Sie sich je vorgestellt hatten. Trotzdem generiert es noch immer keine Leads.
- Ein Berater, »Guru« oder Werbetexter hat Sie zu einem Marketing ermuntert, das aufdringlich, geschmacklos oder schäbig wirkt –

ein Marketing, auf das Sie nicht stolz sind, und das Ihnen peinlich wäre, wenn Sie es Freunden, Verwandten oder Kollegen zeigen würden.
- Sie haben jemanden mit Ihrem Marketing beauftragt, und die Ergebnisse haben Sie bodenlos enttäuscht.
- Sie haben ganze Stapel an Geldscheinen aus dem Fenster geworfen für Anzeigen, die nur minderwertige Leads generierten.

All dies liegt aber nicht daran, dass irgendeine dieser Maßnahmen oder die beteiligten Leute wertlos gewesen wären. Marketing- und Markenagenturen sind ganz wunderbar. Webentwickler sind stille Helden. Werbetexter kann man mit Gold aufwiegen. Marketingabteilungsleiter sind Rockstars. Spezialisten für digitale Anzeigen sind Virtuosen.

Das Problem war, dass Sie sie von vornherein zum Scheitern verurteilt haben. Diese Leute verstehen etwas von Markenaufbau, Webseiten, Werbetexten oder digitalen Anzeigen, aber Sie haben von ihnen erwartet, der allumfassende Erlöser für Ihre Marketingprobleme zu sein. Sie verkauften Ihnen ein Tool oder eine Taktik, aber Sie hatten nicht die richtige Infrastruktur, um sie wirkungsvoll einzusetzen. Vielleicht fehlt Ihnen eine Infrastruktur, und Sie schalten immer wieder irgendwelche willkürlich ausgewählten Marketingmaßnahmen.

Wenn Sie Marketingleiter oder Marketingberater sind, stehen Sie ebenfalls in der Verantwortung. Schließlich ist Marketing Ihr Job. Irgendwann werden Sie eine Gehaltserhöhung, mehr Honorar oder eine Beförderung verlangen. Wäre es nicht großartig, wenn diese Dinge wie von selbst laufen würden? Ihr Chef oder Ihre Kunden *wollen* ja mehr bezahlen, aber sie müssen dafür bei Ihnen einen Return on Investment erkennen. Nichts bringt einen Unternehmer so auf die Palme – zumindest einen, der bei Verstand ist –, wie steigende Ausgaben, während der Umsatz stagniert oder sogar sinkt.

In diesem Buch verwende ich durchgängig den Begriff »Unternehmer«. Meine Definition eines Unternehmers ist jemand, der Probleme für Gewinn löst. Sie mögen Unternehmensgründer, Geschäftsinhaber,

Marketingleiter, Führungskraft, CEO oder einfach jemand sein, der dafür sorgt, dass Ihr Unternehmen mehr Interessenten, Leads, Kunden und letztlich mehr Umsatz erzielt. Sie mögen in einem Start-up, in einer Firma, die bereits gut läuft und expandieren möchte, oder in einem etablierten Unternehmen tätig sein.

Ich werde mich auch häufig auf »Kunden« beziehen. Je nach Branche oder Geschäftszweig können Sie für den Begriff »Kunden« Klienten, Patienten, Nutzer, Spender, Mitglieder oder eine andere Bezeichnung einsetzen. Unabhängig davon ist das Prinzip immer das gleiche – das Ziel ist es, sie auf Sie aufmerksam zu machen, zu gewinnen und zu binden.

Seien Sie kein Mittelschlauer

Können Sie mit widersprüchlichen Gedanken umgehen, ohne dass Ihr Hirn explodiert? Ich hoffe es; denn sonst wird Ihnen dieses Buch wahrscheinlich nicht gefallen.

Haben Sie schon mal das Midwit-Meme gesehen? Das ist eine Gaußsche Glockenkurve zur Darstellung von Intelligenz. Am unteren Ende sieht man einen missgestalteten Kopf wie ein Quasimodo mit einem niedrigen IQ, am entgegengesetzten Ende ist ein Genie in der Art eines Jedi-Ritters mit einem superhohen IQ abgebildet, und in der Mitte der Midwit, der Mittelschlaue. Es gibt verschiedene Darstellungen des Mems, aber meist kommen sowohl der Dummkopf als auch das Genie zur selben einfachen Schlussfolgerung. Der Dummkopf kommt darauf, weil er zu dumm ist, um die Dinge durchzudenken, das Genie, weil es klug ist und die Einfachheit schätzt. Währenddessen explodiert das Hirn des Mittelschlauen beinahe aufgrund der Analysen, Argumente und Gegenargumente. Er gelangt am Ende zu einer Antwort, die sich intelligent anhört, aber falsch oder unproduktiv ist.

Sowohl der Dummkopf als auch das Genie sind meist offen für neue Ideen. Doch der Mittelschlaue weist meist auf Widersprüchlichkeiten hin und argumentiert, warum etwas nicht funktionieren wird oder falsch ist.

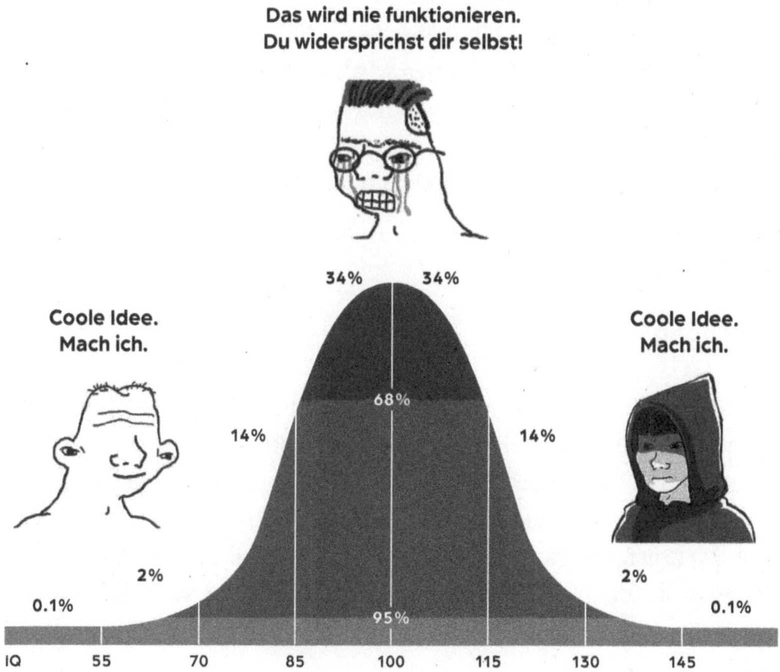

Es liegt in der Natur des Menschen, unsere eigene Version der Realität zu bevorzugen, und wir mögen es nicht, wenn diese durcheinander gebracht wird. Wir sind gerne mit Menschen zusammen, die unserer Meinung sind. Wir lesen, sehen oder hören gern Dinge, die mit unserer Weltanschauung konform sind. Wenn jemand unsere Version der Realität infrage stellt, finden wir tausend Wege und Gründe, die ihn widerlegen.

Die Welt ist kompliziert, differenziert und oft widersprüchlich, und es gibt zahlreiche Möglichkeiten, recht oder unrecht zu haben. Die Mittelschlauen sind ganz versessen darauf, recht zu haben. Als ich noch ein Mittelschlauer war, fragte mich einer meiner ersten Unternehmermentoren: »Allan, würdest du lieber reich sein oder recht haben?« Mittelschlaue wollen recht haben. Seien Sie also entweder ein Dummkopf oder ein Genie, aber verschwenden Sie Ihr Leben nicht damit, ein Mittelschlauer zu sein.

Sie gewinnen gar nichts dabei, wenn Sie ergründen wollen, warum etwas bei Ihnen nicht klappen wird, warum es widersprüchlich ist oder warum man es nicht tun kann. Finden Sie heraus, *wie* es für Sie funktionieren kann.

Können Sie mehrere widersprüchliche Gedanken im Kopf behalten? Wir werden es sehen …

Marketing ist einfach

Die Kultur des »Hustle«, also von Fleiß und Einsatzwillen, glorifiziert das unermüdliche Arbeiten, das Sich-Aufreiben. Ich habe mich zwar nie vor harter Arbeit gescheut, aber ich habe auch nie verstanden, was dieser »Märtyrer-Komplex« eigentlich soll. Unsere Arbeit oder unser Unternehmen machen schließlich einen Großteil unseres Lebens aus. Da sollte es doch erfreulich und nicht aufreibend sein. Die einzige Form des Aufreibens, die wirklich Spaß macht, ist nicht Thema dieses Buches.

Anstatt sich also aufzureiben, möchte ich Sie dazu ermuntern, sich ein Unternehmen aufzubauen, das Sie lieben – eines, das profitabel ist. Eines, bei dem Sie sich auf die Montage freuen, anstatt sich davor zu fürchten.

Um dies wahr werden zu lassen, brauchen Sie eine zuverlässige Methode, um Leads und Kunden zu gewinnen und am Ende Profit einzufahren. Wenn Sie Ihr Marketing beherrschen, können Sie viel falsch machen, und trotzdem einen ordentlichen Gewinn erzielen. Marketing gleicht zahlreiche Sünden aus.

Die gute Nachricht ist, Marketing ist einfach.

Einfach bedeutet, es ist nicht schwierig, aber es heißt nicht, dass es mühelos geht. Einfach bedeutet, dass es jeder tun kann, und man muss kein Genie sein, das mit seiner Spitzenidee alle Wettbewerber aus dem Feld schlägt. Einfach bedeutet, Sie erzielen konsistente Ergebnisse, wenn Sie eine bewährte Methode, einen bewährten Prozess einhalten.

Marketing ist eine Fähigkeit, und wie jede Fähigkeit können Sie es lernen. Meine Arbeit hilft Menschen und Organisationen, ihre Marketingfähigkeiten zu entwickeln oder zu verbessern. Was mich an dem, was ich tue, am meisten befriedigt, sind die durchschlagenden Erfolge, die sich einstellen, wenn man diese Fähigkeit beherrscht. Alles verändert sich. Start-ups kommen wieder in Fahrt, Unternehmen, die Wachstumsplateaus erreicht hatten, durchbrechen diese, und bereits überaus erfolgreiche Firmen erzielen noch größere Erfolge. Wenn sich irgendetwas davon so ähnlich anhört wie Ihre Ziele, dann sind Sie hier richtig.

Doch ein Durchbruch erfordert es, dass Sie etwas durchbrechen …

Marketing ist schwer

Ich will ehrlich mit Ihnen sein. Marketing ist wirklich schwer. Die meisten, die es halbherzig »versuchen«, erreichen damit überhaupt nichts. (Das ist ungefähr so, wie die meisten, die sich Fitnessgeräte kaufen, nie so aussehen wie die Leute in der Fitnessgerätewerbung.) Nach kurzer Zeit werfen sie verzweifelt die Arme in die Luft und rufen: »Ich habe doch alles versucht!«

Ich hasse es, schlechte Nachrichten zu überbringen, aber: Es gibt kein Wundermittel und keinen Knopf, den man einfach nur drücken muss. Wie funktioniert es also?

Wenn Sie sich ernsthaft bemühen, den Inhalt dieses Buches zu *implementieren*, wird es sich oft anfühlen, als würden Sie auf allen vieren kriechen, mit nacktem Hintern und über Glasscherben. Sie werden verschiedene Stadien der Frustration, der Enttäuschung und des Ärgers durchlaufen. Wenn Sie all das überstehen, kommen Sie schließlich zum Licht am Ende des kalten, dunklen Tunnels. Sie werden die wertvollste Fähigkeit eines Unternehmers entwickelt haben – die Fähigkeit, ideale Kunden auf sich aufmerksam zu machen, sie zu gewinnen und zu binden.

Ich schätze, dass nur 3 Prozent der Menschen tatsächlich Handelnde sind, die den Schmerz aushalten. Gehören Sie dazu?

Stolz und Vorurteil

Wie ging es Ihnen mit unserem ersten widersprüchlichen Gedanken? Wenn Sie dieses Buch nicht in einem Wutanfall in die Ecke gepfeffert haben, sieht es so weit schon mal ganz gut aus. (Es wird dafür im Lauf des Buches noch jede Menge Gelegenheiten geben.) Versuchen wir noch ein weiteres widersprüchliches Gedankenpaar.

Es gibt viele unterschiedliche Marketingansätze, und es ist verführerisch, nach »der einen richtigen Methode« zu suchen, aber das ist der Bereich der Mittelschlauen. Es lohnt sich, verschiedene Perspektiven einzunehmen und von jeder die besten Ideen zu nutzen. Manche meiner besten Ideen kamen von Leuten, mit denen ich sonst nicht einer Meinung bin.

Sehen wir uns einmal ein paar der unterschiedlichen Haltungen im Bereich Marketing an.

An einem Ende des Spektrums steht Seth Godin, der dafür plädiert, etwas Bemerkenswertes für den Stamm der überzeugten Anhänger zu schaffen, und diesen dann die Mund-zu-Mund-Propaganda zu überlassen.

Seths Botschaft ist sehr attraktiv für Kreative: Künstler, Autoren und Freiberufler, die modernes Marketing abstößt, da sie es als widerlich empfinden. Man muss fairerweise zugeben, dass ihre Vorurteile nicht ganz unbegründet sind. Seth erlaubt ihnen, sich auf ihr Handwerk zu konzentrieren, und ermutigt sie, ihre Arbeit zu veröffentlichen und ihre Talente mit der Welt zu teilen. Er feuert sie an, die Kultur zu verändern.

(Das ist jetzt natürlich stark gekürzt. Man kann das Lebenswerk eines Menschen nicht in ein paar Absätzen zusammenfassen und ihm damit gerecht werden. Ich respektiere Seth, und Sie werden zweifellos seinen Einfluss auf meine Arbeit bemerken. Ich möchte Sie ermuntern, seine Bücher zu lesen, ihn sprechen zu hören und seine Workshops zu besuchen, um ein tieferes und differenzierteres Verständnis seiner Botschaft zu erhalten.)

Am anderen Ende des Spektrums steht Dan Kennedy, dessen Wurzeln in der Welt des Versandhandels, der Werbespots und des Direktmarketing liegen. Er fokussiert sich vor allem auf messbare Ergebnisse. Sein frecher, nüchterner Ansatz ermutigt dazu, zielgerichtete Angebote mit emotionsgeladenen Texten zu versenden, die Handlungsdruck aufbauen und starke Garantien versprechen. Seine Verachtung für Markenmarketing ist unverblümt. Dan hegt ein starkes Vorurteil gegen jede Marketingaktivität, die nicht zu einer Handlung führt und messbare Ergebnisse liefert.

Dans Botschaft ist attraktiv für Informationsvermarkter, stationäre Unternehmen und Praktiker, die greifbare Veränderungen im Gesundheitswesen, bei Finanzdienstleistungen und im Bildungswesen bewirken wollen. Viele der Techniken, die manche sogenannte Internet-Marketer verwenden, stammen von Dan und seinen Vorläufern, wie Claude Hopkins, John Caples oder Robert Collier. Und auch in meiner Arbeit werden Sie Dans Einfluss und den anderer Direktmarketer bemerken.

Wenn Sie sich Direktmarketing aneignen, lernen Sie mehr über die Psychologie des Menschen (und wie man aus ihr Profit schlägt), als Sie jemals aus einem College-Studium in Wirtschaft und Psychologie zusammen mitnehmen könnten. Beim Direktmarketing sind permanente Sichtbarkeit und Kontakt mit der Zielgruppe von zentraler Bedeutung.

(Vor ein paar Jahren war Dan schwer krank. Obwohl er in einem Hospiz lag und man annahm, dass er nur noch ein paar Tage zu leben hätte, schrieb er weiter Werbebriefe an seine Kunden. Zum Glück hat sich Dan wieder erholt – aber wenn ich je knallhartes Engagement für ein Handwerk gesehen habe, dann war es das.)

Von beiden Ansätzen können wir eine Menge lernen. Ich empfehle immer, Kategorienaufkleber vorsichtig und wenig zu nutzen. Je mehr

Sie sich Kategorien und Ideologien unterwerfen, desto dümmer werden Sie. Deshalb verstehe ich mich nicht als »Markenexperte« oder »Direktmarketingtyp«. Bisher bleibe ich beim »Marketer«.

Und selbst, sich als Marketer zu bekennen, scheint mir ähnlich, als würde man sich Sexarbeiter nennen. Während praktisch jeder das will, was Sie tun, sieht man gleichzeitig auf Sie herab und verurteilt Sie dafür. Diese Abneigung gegen uns Marketer mag irgendwie verdient sein.

Ich liebe den ergebnisorientierten Ansatz des Direktmarketings. Aber ich würde lügen, wenn ich nicht zugeben würde, mich ein wenig für das oft damit einhergehende Gefühl des Billigen zu schämen: knalliges Design, große rote Headlines in hässlichen Schriftarten, riesige »Jetzt-kaufen«-Buttons, haarsträubende Behauptungen und künstliche Verknappung.

Zudem liebe ich es, an außergewöhnlichen Arbeiten akribisch zu feilen, und sie dann stolz der Welt zu zeigen. Aber das stereotype Bild des hungernden Künstlers in seinem dunklen Loch finde ich ebenso peinlich.

Können wir die rohe Gassenintelligenz des Direktmarketings nutzen und gleichzeitig damit etwas aufbauen, auf das wir sehr stolz sind? Etwas, das wir ohne Zögern Freunden und Verwandten zeigen würden?

Können wir eine starke Marke auf der Grundlage solider, messbarer Ergebnisse aufbauen, anstatt der kreativen Schwelgerei und Verschwendung, die für das Markenmarketing so typisch sind?

Das sind widersprüchliche Gedanken. Die Mittelschlauen basteln schon an cleveren Gegenargumenten, um zu belegen, dass dies niemals funktionieren kann.

Ich möchte Sie hingegen ermutigen, entweder der Dummkopf oder das Genie zu sein, und diese widersprüchlichen Gedanken im Kopf zu behalten, während Sie daran tüfteln, sie für sich zu nutzen.

GRUNDLAGEN

1

Einstieg ins Marketing

KAPITEL 1 – VORSCHAU

Ein Großteil des Marketings ist mittlerweile aufgebläht, ineffektiv und nutzlos. Ein schlanker Marketingansatz (Lean Marketing) hingegen hilft Ihnen, Sympathien und Markenwert aufzubauen und gleichzeitig einen hohen Return on Investment zu erzielen.

Die Kernpunkte in diesem Kapitel sind:

- Der Ursprung des Lean Marketings
- Wie die »Lean«-Bewegung die japanische Produktion von der schlechtesten der Welt in die beste transformierte, und wie es heute das Marketing umgestaltet.
- Warum Marketing zu einer Methode der Wertschöpfung werden muss.
- Warum es so wichtig ist, Marketing in den gesamten Produkt- und Kundenlebenszyklus einzubetten.
- Der Gegensatz zwischen Markenmarketing und Direktmarketing, und wie das Lean Marketing das Beste von beidem in sich vereint.
- Wie bedeutend es für den Erfolg Ihres Marketings ist, dass Ihr Produkt und Ihr Markt übereinstimmen.
- Die drei Kraftmultiplikatoren, die Ihre Marketingergebnisse dramatisch verstärken werden.

Lean Marketing – wie Marketing schlank wurde

»Was zur Hölle mache ich hier bloß?« Das dachte ich, während ich auf dem Autorücksitz saß und wir durch die Straßen von León fuhren. Es war meine letzte große Station auf einer anstrengenden fünfwöchigen Vortragstour durch Nordamerika. Mir war heiß, ich fühlte mich unwohl und geistig wie physisch erschöpft. Ich vermisste meine Familie, mein Zuhause und meinen Hund. Mein einziger Trost war, dass ich am nächsten Tag zusammen mit Guy Kawasaki und Salim Ismail auf der Bühne stehen würde. Ich dachte, da sie es lohnenswert fanden, an dieser Veranstaltung teilzunehmen, würde es sich vermutlich auch für mich auszahlen.

León ist eine Stadt im zentralmexikanischen Bundesstaat Guanajuato, der sich zu einem weltweiten Zentrum der Automobilproduktion entwickelt hat. Die Konferenz wurde vom Staat und der Automobilindustrie durchgeführt. Am Veranstaltungsort wimmelte es von Menschen, die von der schlanken Produktion enorm profitiert hatten, und der Event diente durchaus als Katalysator für das, was später als Lean Marketing bekannt werden sollte.

Wenn der Geist geschwächt ist, fällt die Logik oft den Tisch runter, und die Angst schafft sich Raum. Der Fahrer, den man geschickt hatte, um mich vom Flughafen abzuholen, war bewaffnet. Als er sah, dass ich seine Pistole wahrgenommen hatte, scherzte er, es sei unwahrscheinlich, dass er sie einsetzen müsse. Ausnahmsweise war ich gerade gar nicht in Stimmung für Späße.

Zu der Zeit hatte es in der Presse eine Menge negative Berichterstattung und politische Aktivitäten über Mexiko im Zusammenhang mit Verbrechen gegeben. Und dass ich vor Kurzem *Breaking Bad* im Serienmarathon gesehen hatte, war auch nicht gerade hilfreich. Als der Wagen an einer roten Ampel stoppte, stellte ich mir vor, wie Bandenmitglieder eines Drogenkartells uns anhalten, mit Waffen herumfuchteln und uns befehlen würden, auszusteigen. Ich sah mich selbst hinter dem Auto in Deckung gehen, und die Gangster schossen aufeinander. Eine Kugel durchschlägt das Auto und landet tief in meiner Brust. Ich falle zu Boden, schnappe nach Luft. Meine Hand verschmiert Blut auf dem Fenster des Wagens, während ich versuche, mich aufzurappeln, aber es ist sinnlos. Ich plumpse zu Boden und beende meine kurze Zeit auf Erden an einem Ort, an dem ich nichts zu schaffen hatte.

Natürlich ist nichts davon passiert. Mein bewaffneter Fahrer und ich kamen ohne Zwischenfall am Hotel an. Ich wurde herzlich begrüßt und behandelt wie ein König. Auf dem Handtuch im Bad war sogar mein Name eingestickt.

Wie so oft im Leben werden momentane Tiefpunkte im Rückblick zu Wendepunkten. Was ich für die letzte Pflichtveranstaltung auf meiner Tour gehalten hatte, wurde zu ihrem Höhepunkt. Die Gastfreundschaft und Freundlichkeit des mexikanischen Volkes überwältigten mich.

Die Party am Vorabend der Veranstaltung war eine der unglaublichsten, die ich je besucht habe. Ein Roboterarm, der aussah, als sei er aus einer Automobilfabrik, schenkte Wein aus, während ein vollbesetztes Orchester einen Hit nach dem anderen spielte. In jeder Ecke gab es irgendetwas Neues oder Unterhaltsames.

Als es am nächsten Tag Zeit für meinen Vortrag war, fühlte ich mich wie in einer Art Parallelwelt. Lange Schlangen von Teilnehmern warteten darauf, dass ich ihre Bücher signierte und sie ein Foto mit mir machen konnten. War diesen Leuten denn nicht klar, dass ich ein Niemand war? Ich konnte nicht einmal zur Toilette gehen, ohne dass man mich aufhielt und um ein Foto oder Autogramm bat. Während ich durch den Veranstaltungsort lief, hörte ich Leute flüstern: »Das ist Allan Dib.« Es fühlte sich so an, als habe man sich mit mir einen ausgeklügelten Scherz erlaubt. Bis heute kann ich mir meine Berühmtheit bei dieser Veranstaltung nicht erklären, aber sie hat mir auf jeden Fall Spaß gemacht. »In Mexiko bin ich eine ganz große Nummer«, ist ein Running Gag, den ich in meinem Team immer einsetze, wenn ich Autorität zeigen muss.

Bei dieser Veranstaltung lernte ich Luis Socconini kennen, einen freundlichen, sanften Menschen, der mir erzählte, wie gut er mein

Buch fand. Als ich ihn nach seinem Bereich fragte, erklärte er, er sei der Gründer des Lean Six Sigma Institute und Autor mehrerer Bücher über Lean Six Sigma. »Wissen Sie, ich finde, was Ihr Buch beschreibt, ist Lean Marketing«, sagte er. Das war das erste Mal, dass ich diesen Begriff zu hören bekam. Ich dachte zwar zu dem Zeitpunkt noch nicht groß darüber nach, aber von da an veränderte sich meine Sicht auf meine Arbeit, mit der ich ja das Marketing vereinfache. Wir wechselten ein paar Worte, tauschten Höflichkeiten und Scherze aus und versprachen einander, in Verbindung zu bleiben. Luis wurde später ein Kunde und Freund.

Er bereicherte mich, indem er mir half, die Schnittmenge zwischen der »Lean«-Bewegung und meiner Arbeit im Marketingbereich zu sehen. Daraufhin definierte ich die neun Prinzipien des Lean Marketings sowie deren praktische Implementierung, die ich Ihnen in diesem Buch vorstelle.

Vom Lean Manufacturing zum Lean Marketing

Die Methode des Lean Manufacturing (*deutsch: Schlanke Produktion, Anm. d. Übers.*) wurde ursprünglich im Bereich Produktion entwickelt und angewandt. Es geht darum, Verschwendung zu eliminieren und Effizienz zu steigern.

Aufgrund des direkten Zusammenhangs mit der Profitabilität haben viele Produktionsunternehmen den Lean-Ansatz übernommen. Ein Pionier in diesem Bereich ist Toyota, wo man in den 1950er- und 1960er-Jahren das Toyota-Produktionssystem entwickelte, einen Vorläufer des Lean Manufacturing.

Man kann die Bedeutung der Lean-Manufacturing-Bewegung gar nicht hoch genug einschätzen. Nach dem Ende des Zweiten Weltkriegs befand sich Japan in äußerst schlechtem Zustand – seine großen Städte waren zerstört, seine Ressourcen erschöpft und seine Industrien kaputt. Zu jener Zeit war die Massenproduktion, die der Ford Motor Company entsprungen war, die vorherrschende Fertigungsmethode.

Diese Produktionsform stellt große Mengen identischer Produkte her und wird in dem berühmten Zitat von Henry Ford versinnbildlicht: »Sie können jede Farbe haben, solange sie schwarz ist.« Die Massenproduktion erfordert hohe Lagerbestände, riesige, spezialisierte Maschinen und hohe Investitionen in Rohstoffe, Infrastruktur und Energie. Das war für die vom Krieg geschundenen japanischen Produktionsunternehmer einfach keine Option. Sie brauchten eine andere Methode, um sich einen Wettbewerbsvorteil zu verschaffen.

Spulen wir vor in die 1970er- und 1980er-Jahre. Japan hatte sich zu einer globalen Produktionsmacht entwickelt, die für ihre hochwertigen und zuverlässigen Produkte bekannt war, insbesondere in den Bereichen Elektronik, Automobil und Maschinenbau. Marken wie Toyota, Honda, Sony oder Canon hatten weltweit Anerkennung und Respekt gewonnen. Der japanische Produktionsansatz wurde seitdem von Unternehmen in aller Welt eingehend untersucht und nachgeahmt.

»Made in Japan« wurde von einem Witz zum Synonym für hervorragende Qualität. Diesen Wandel veranschaulicht der Film *Zurück in die Zukunft Teil III*, als Doc (aus den 1950er-Jahren) sagt: »Kein Wunder, dass die Schaltung versagt hat – da steht ja ›Made in Japan drauf‹«, worauf Marty (aus den 1980er-Jahren) antwortet: »Wieso denn, Doc? In Japan werden doch die besten Sachen hergestellt.« Dank Lean Manufacturing wurde Japan zur zweitgrößten Volkswirtschaft der Welt. Bis heute kommt man um einen Toyota kaum herum, wenn man ein zuverlässiges, langlebiges und preiswertes Auto sucht.

Neben der Produktion wenden auch Branchen wie das Gesundheitswesen, die Softwareentwicklung und die Dienstleistungsbranche den Lean-Gedanken an. Lean-Methoden sind fester Bestandteil von einigen der weltweit führenden Unternehmen.

Jeff Bezos nennt *Lean Thinking* oft eines seiner liebsten Business-Bücher.

Darin definieren die Autoren James Womack und Daniel Jones »Lean« als »eine Methode, bei der man mit immer weniger Aufwand immer mehr erreicht – weniger Personal, weniger Ausrüstung, weniger Zeit und weniger Platz – während man den Kunden immer mehr genau das liefert, was sie wollen«.

Zu den Schlüsselprinzipien gehört dabei, den Wert vom Standpunkt des Kunden aus zu definieren und ihn zu liefern, die Wertschöpfung kontinuierlich zu verbessern, Ressourcen, die Verschwendung verursachen oder keinen Wert beisteuern, nicht zu nutzen, sowie nur zu produzieren, was gebraucht wird, und nur dann, wenn es gebraucht wird. Ziel ist es, jegliche Verschwendung aus dem Wertschöpfungsprozess zu eliminieren.

Viele Lean-Konzepte sind bestens auf den Marketingbereich anwendbar. Im Lean-Gedanken lautet die Definition von Verschwendung: alles, was Ressourcen verbraucht, die der Kunde nicht wertschätzt.

Mit dem Massenmarketing geht eine enorme Verschwendung einher. Es konzentriert sich darauf, so viele Menschen wie möglich mit einer Standardbotschaft über ein alltägliches Produkt zu behelligen. Das ist verschwenderisch, ineffizient und bietet für die allermeisten Menschen, die davon genervt werden, keinerlei Wert.

Ihr Marketing sollte so wertvoll sein, dass Ihr Zielmarkt Sie dafür bezahlen würde, um es zu bekommen. Auch wenn Sie dafür nichts berechnen, sollte es doch ein gewisses Potenzial enthalten, das es zum eigenständigen, bezahlten Produkt macht.

LEAN-MARKETING-PRINZIP 1:

Schaffen Sie mit Ihrem Marketing Wert für Ihren Zielmarkt

Sie können sich dies vorzustellen, indem Sie an die externen Effekte Ihres Marketings denken. Externe Effekte sind Nebeneffekte einer wirtschaftlichen Tätigkeit, die sich auf andere auswirken. Die meisten externen Effekte sind negativer Art, wie Luftverschmutzung durch eine Fabrik, die die Gesundheit der Anwohner in der Umgebung beeinträchtigt.

Ein positiver externer Effekt liefert einen Nutzen, für den der Nutznießer nicht bezahlt hat; zum Beispiel, wenn Ihr Nachbar einen wunderschönen Garten anlegt und pflegt, der Ihr Wohnviertel aufwertet, und dessen Anblick Sie erfreut, wenn Sie aus dem Fenster sehen.

Die meisten Marketingmaßnahmen schaffen negative externe Effekte. Sie sind selbstfokussiert, setzen auf Unterbrechung und sind für die meisten, die sie sehen, irrelevant. Sie verschmutzen die Umwelt, genau wie der dicke Qualm aus dem Schlot einer Fabrik. Lean Marketing ist genau das Gegenteil – es schafft positive externe Effekte, von denen selbst diejenigen etwas haben, die niemals Kunden werden.

Eine weitere häufige Art der Verschwendung im Marketing ist, wenn es in einem Silo stattfindet, das heißt, wenn es erst im Nachhinein geschaltet wird und darauf abzielt, das bereits entwickelte Produkt oder die Dienstleistung zu vermarkten. Das ist falsches Schönreden.

Sie werden feststellen, dass vieles von dem, was ich in diesem Buch behandle, nicht in den traditionell als »Marketing« bezeichneten Bereich fällt. Ich spreche über Dinge wie Onboarding, Kundenbindung, Empfehlungen, Teamaufbau und vieles mehr. Warum tue ich das in einem Marketingbuch?

Ich tue das, weil Marketing in Ihrem gesamten Unternehmen stattfindet – in Ihren Verkaufsgesprächen, in Ihrem Lieferprozess, in Ihrem Kundenservice. Sie können es Marketing nennen oder auch nicht, aber diese Interaktionen mit aktuellen und potenziellen Kunden beeinflussen zukünftige Kaufentscheidungen, den Customer Lifetime Value und den Umsatz.

Indem Sie gezielt vorgehen und Marketing in Ihre gesamte Organisation integrieren, gestalten Sie Ihre Marketingaktivitäten weitaus effektiver. Wenn Ihr Kundenserviceteam Wege erkennt, durch Upselling oder Bündelung weitere Produkte zu verkaufen: Würde das nicht den Customer Lifetime Value Ihrer Kunden erhöhen? Wenn Ihre Vertriebsmitarbeiter wirklich hilfreich wären, und potenzielle Kunden sich darauf freuen würden, mit ihnen zu reden: Würde das nicht Ihre

Umwandlungsrate erhöhen? Wenn Ihr Kunden-Onboarding-Prozess einfach und reibungslos wäre: Würde das nicht verhindern, dass Kunden abwandern?

Zwei wichtige Konzepte des Lean-Ansatzes sind die *Wertstromanalyse* und der *Fluss*. Bei der Wertstromanalyse wird jeder Schritt im Lebenszyklus eines Produkts oder einer Dienstleistung identifiziert und kartiert: von den Rohstoffen über die Herstellung des Produkts oder der Dienstleistung, die Lieferung an den Kunden, die Nutzung durch den Kunden bis zur endgültigen Entsorgung. Auf diese Weise können Schritte identifiziert werden, die einen Mehrwert schaffen, und solche, die dies nicht tun.

Der Fluss sorgt dafür, dass die wertschöpfenden Vorgänge reibungslos ablaufen. Dies wird häufig erreicht, indem man die Losgrößen reduziert, die Arbeitsbelastung gleichmäßiger verteilt und Engpässe beseitigt. Getrennte Abteilungen werden aufgelöst und zu einem einzigen einheitlichen Team für jede Produktlinie zusammengeführt. Wenn Sie Marketing als Teil Ihres Wertangebots betrachten, können Sie zu einem Ansatz übergehen, der sich nach dem Fluss richtet. Marketing wird in Ihre gesamte Organisation integriert.

Der Massenproduktionsansatz sieht vor, dass jeder in seiner eigenen Abteilung arbeitet, abgetrennt von den anderen. Das passiert in den meisten Unternehmen. Das Produktentwicklungs- oder Designteam entwirft ein Konzept, das Entwicklungsteam stellt einen Prototyp her, das Fertigungsteam produziert das Endprodukt. Und schließlich muss das Marketingteam herausfinden, wie und an wen es das Produkt verkaufen kann. Oft stellt sich dabei heraus, dass es gar keine große Nachfrage nach dem Produkt gibt, oder dass es nicht wirklich ein Problem löst, für das der Kunde zu zahlen bereit ist. Die vermeintliche Effizienz separater spezialisierter Abteilungen führte also zur ultimativen geschäftlichen Ineffizienz: verschwendete Ressourcen und verpasste Chancen.

Das klassische Hickhack zwischen Vertriebs- und Marketingabteilung ist ein gängiges Symptom dafür. Das Vertriebsteam beschwert sich, dass die Leads schlecht sind, und das Marketingteam beklagt sich, dass das Vertriebsteam keine Abschlüsse macht. Und was bringt das wunderbarste Marketing und der tollste Vertrieb, wenn das Lieferteam es dann komplett vermasselt und damit Kunden frustriert und verliert?

Der Lean-Ansatz besteht darin, Marketing überall zu integrieren. Es muss in das Produkt eingebettet sein. Andernfalls kommt es zu einer Menge Verschwendung: minderwertige, unpassende Leads, ein Vertriebsteam, das mit Hochdruck und Preisnachlässen versucht, Kunden zu gewinnen, und ein Kundendienst, der ständig Brände löscht.

LEAN-MARKETING-PRINZIP 2:
Integrieren Sie Marketing in den gesamten Produkt- und Kundenlebenszyklus

---

Eine zentrale Frage beim Lean-Ansatz ist: Welche unserer Aktivitäten sind wertschöpfend und welche ineffizient oder Verschwendung? Unser Ziel ist es, so effizient wie möglich Kunden zu gewinnen.

Das bedeutet nicht, dass wir Kunden eiskalt nur nach den Transaktionsmöglichkeiten betrachten. Ganz im Gegenteil. Wie Sie im Verlauf des Buches bemerken werden, ist es zentral für das, was wir als Marketer und Manager tun, wenn wir Sympathien, Kundenzufriedenheit und ein zufriedenes Team schaffen. Und zwar nicht, um uns irgendwie besser zu fühlen, sondern weil das gute Geschäftsführung ist. Es ist eine effiziente Art, ein Unternehmen aufzubauen und Kunden wie Umsätze zu vervielfachen.

Lean Marketing ist ein systematischer Ansatz, dies umzusetzen. Sie definieren und liefern Wertschöpfung an Kunden und Interessenten, ausgehend von *ihrem* Standpunkt. Sie bauen beim Prozess der Kundengewinnung Sympathien und Markenwert auf. Sie schaffen Wert für die Menschen in Ihrem Umfeld und erzielen messbare Ergebnisse.

Das Spannende ist, dass wir all das erreichen können, indem wir tatsächlich *weniger* Marketing betreiben. In den letzten Jahren ist die Liste der Marketingaktivitäten, die man angeblich durchführen muss, endlos lang geworden. Aber wenn Sie sich die erfolgreichsten Marketer ansehen, ist das Erstaunliche an ihnen eher ihre Not-to-do-Liste als ihre To-do-Liste. Ihr Marketing ist schlank, einfach und klug.

Markenmarketing und Direktmarketing

Markenmarketing ist Marketing, das nicht messbar ist (zumindest nicht ohne geistige Kraftanstrengungen). Es besteht aus Hochglanzbildern und Slogans auf Plakatwänden, Werbespots, die einem überall ins Auge springen, und Namensrechten für Stadien. Kein Mensch (inklusive Sie selbst) hat eine Ahnung, welche Werbung Sie dazu brachte, eine Dose Cola oder ein Paar Nike-Schuhe zu kaufen.

Lange Zeit lautete die Erfolgsformel für Markenmarketing, das, was die Leute sich im Fernsehen ansahen, was sie sich anhörten oder lasen, mit Werbespots zu unterbrechen.

Dabei hoffen die Markenmarketer, dass die Leute, die ihrer Botschaft oft genug ausgesetzt waren, ihre Marke wählen, sobald sie sich entscheiden müssen. Ganz nach der Devise: Je mehr Wiederholungen, desto mehr Menschen erreicht man damit.

Die Gewinne, die sich aus den Verkäufen in Folge dieser Unterbrechungsmethode ergeben, werden in weitere Werbespots investiert und immer so weiter. Viele große Marken entstanden auf diese Weise, und viele machten daraufhin ein Vermögen.

Den Markenmarketern ist das Image und die Außenwahrnehmung ihrer Marke extrem wichtig. Sie wollen die Marke in eine Umgebung einbetten, die damit konform geht. Deshalb ziehen sie ihr Sponsoring oder ihre Werbung schnell von allem ab, was irgendwie kontrovers ist.

Eine Massenmarke aufzubauen, erfordert riesige Investitionen und braucht Jahre, bis sich Ergebnisse einstellen. Im Nachkriegs-Japan fehlten die Ressourcen, um in Massenproduktion zu investieren. Ähnlich haben auch kleine und mittlere Unternehmen nicht die Ressourcen, um Massenmarketing zu betreiben. Sie brauchen einen klügeren, schlankeren Ansatz.

Direktmarketing ist die andere große Kategorie im Marketing. Es ist handlungsorientiert und geht bei der Messung fast wissenschaftlich vor. Es ist eine Form der Werbung, die sich von selbst bezahlt machen soll. Sie ist zielgerichtet und ihre Ergebnisse werden nachgehalten.

Direktmarketer nutzen gut messbare Medien wie Pay-per-Click-Anzeigen, Direktwerbung oder E-Mail. Sie messen jede Aktion: den Klick, das Opt-in, den Kauf. Die Berechnung der Rendite ist konkret greifbar und erfolgt innerhalb einer überschaubaren Zeitspanne.

Sie kümmern sich weitaus weniger darum, welche Außenwirkung sie erzielen oder wo die Werbung läuft. Was vor allem zählt, sind die Kennzahlen und der Gewinn aus der Werbeinvestition. Ihnen ist das eine Prozent der Leute wichtig, das die Werbung gesehen und draufgeklickt hat. Die übrigen 99 Prozent interessieren sie nicht, womit sie sich viele Sympathien verscherzen.

Aber natürlich ist nichts im Leben nur schwarz oder weiß.

Markenmarketer werden Ihnen von Kennzahlen wie »Brand Lift« erzählen – wie wahrscheinlich es ist, dass jemand eine Marke wiedererkennt oder mit ihr interagiert, nachdem er die Anzeige gesehen hat. Das ist schön und gut, aber Sie müssen schon genau hinsehen, um einen Zusammenhang mit dem Endergebnis zu erkennen.

Die Messung ist zwar der ganze Stolz des Direktmarketings, sie kann aber auch schwierig sein. Wenn Sie beispielsweise auf eine digitale Anzeige geklickt, sich auf einer Landing Page angemeldet, im Laufe einer Woche drei E-Mails erhalten und eine Retargeting-Anzeige gesehen haben: Was davon hat Sie zum Kauf bewegt? Die ursprüngliche Anzeige? Die E-Mail-Werbung? Die Retargeting-Anzeige? Alle zusammen? Wenn es alle zusammen waren, werden sie dann alle gleich gewichtet? Aus diesem Grund beschäftigen manche Direktmarketer Datenwissenschaftler, um Attributionsmodelle zu erstellen.

Markenmarketing unterliegt der Regel von John Wanamaker: »Die Hälfte des Geldes, das ich für Werbung ausgebe, ist Verschwendung; das Problem ist nur, dass ich nicht weiß, welche Hälfte.« Das ist meilenweit entfernt von der Präzision, Disziplin und Effizienz des Lean-Gedankens. Können Sie sich vorstellen, dass jemand aus der Produktion jemals sagen würde: »Die Hälfte des Geldes, das wir für Rohstoffe ausgeben, ist Verschwendung; das Problem ist nur, dass wir nicht wissen, welche Hälfte«? So etwas gibt es einfach nicht. Fabriken, die nach Six-Sigma-Standards arbeiten, produzieren weniger als 3,4 Fehler pro Million Gelegenheiten. Das ist ein unglaubliches Beispiel, von dem die Marketingwelt etwas lernen könnte.

Heißt das nun, Markenmarketing ist Mist, und Direktmarketing ist der einzige Weg zum Heil? Nein. Es wäre nicht richtig, eine Strategie zu verwerfen, die einige der größten und erfolgreichsten Unternehmen der Welt anwenden. Großartige Marken schaffen wirkungsvolle Stories, bauen enorme Sympathien auf und sind im Denken der Menschen fest verankert.

Dies ist eine unglaublich effiziente Methode, um Kunden zu gewinnen und Gewinne zu generieren, besonders, wenn ein Unternehmen wächst. Es ist aufschlussreich, dass viele Unternehmen zwar mit Direktmarketing anfangen, aber immer mehr zum Markenmarketing übergehen, je mehr sie wachsen. Es wäre eher ungewöhnlich, wenn ein großes Unternehmen vor allem Direktmarketing betreiben würde. Das gibt es zwar, es ist aber eher selten.

Wenn wir die Grundsätze beachten, die über Jahrzehnte hinweg in der Anwendung von Lean Thinking und Lean Manufacturing perfektioniert wurden, können wir die Maßnahmen zur Markenbildung weniger verschwenderisch gestalten und sie daher in kleinerem Maßstab einsetzen. Wir können auch die rein auf Profit ausgerichteten Prinzipien des Direktmarketings übernehmen, sie markenfreundlicher und in größerem Maßstab einsetzen.

Das beste Marketingbuch, das ich je gelesen habe

Vor Kurzem war ich Hauptredner bei einer Branchenkonferenz. Während meines Vortrags hielt ich ein Exemplar meines Buches *Der Marketingplan auf einer Seite* in die Höhe und sagte: »Dies ist das beste Marketingbuch, das ich je gelesen habe – ich habe es geschrieben.« Ich erntete dafür ein paar Lacher, teils wegen des schamlosen Eigenlobs und teils, weil die Leute nicht sicher waren, ob das ein Witz oder ernst gemeint war.

Und auch wenn es vielleicht ein wenig prahlerisch wirkte – Sie können sich gar nicht vorstellen, wie viele E-Mails und Textnachrichten ich von Lesern bekommen habe, die es genauso formulierten: »Das ist das beste Marketingbuch, das ich je gelesen habe.«

Das liegt daran, wie dieses Buch entstanden ist. Es ist kein Buch, das ich für meine Eigenwerbung schrieb, oder um einen Haufen Geld zu verdienen (auch wenn es mir beides gebracht hat). *Der Marketingplan auf einer Seite* war das Buch, das ich mir gewünscht hätte, als ich mir Marketing aneignen musste – als ich ein mittelloser IT-Mensch war und keine Ahnung hatte, wie ich mich selbst vermarkten konnte. Ich schrieb es für mein vergangenes unwissendes Ich und habe dabei einer Menge Leute geholfen, die in derselben Situation waren wie ich damals.

Ich war noch nie für falsche Bescheidenheit, die Art, wie man sie von heuchlerischen Politikern kennt. Wenn ich etwas tue, worauf ich stolz bin, dann verkünde ich es laut und deutlich. Dann habe ich wenigstens einen Fan meiner Arbeit. Ich stehe noch immer zu meiner Aussage von damals, aber ich füge ihr dieses Buch hinzu, denn es macht da weiter, wo *Der Marketingplan auf einer Seite* aufhört.

Wenn es Ihr Ziel ist, den Krieg zu gewinnen, dann geht es in Ihrer Strategie darum, wie Sie dieses Ziel in groben Zügen erreichen. Zum Beispiel: »Wir werden den Feind hinter seine Grenzen zurückdrängen.« Ihre Taktik ist dann das, was Sie konkret unternehmen, wie etwa: »Wir werden ihre Panzer bombardieren und ihre Versorgungslinien unterbrechen.«

Strategie dreht sich darum, Prioritäten zu setzen und seine endlichen Ressourcen möglichst wirkungsvoll einzusetzen. Bei Taktiken geht es um die reine Durchführung und die einzelnen Aktionen, Techniken und Maßnahmen, die Sie anwenden, um die Strategie effektiv umzusetzen.

Der Marketingplan auf einer Seite war stark auf die Strategie ausgerichtet. Ich habe darin auch manches über Taktiken gestreift, aber primär habe ich mich auf die Strategie konzentriert, denn das brauchen Sie als Erstes.

Dieses Buch geht viel mehr auf die Taktiken ein, ist aber dennoch in sich abgeschlossen. Sie profitieren auch dann enorm davon, wenn Sie nur dieses Buch lesen. Zusammen mit dem *Marketingplan auf einer Seite* werden Sie das Gefühl haben, da bin ich mir sicher, dass in dem Fall 1 + 1 = 3 ist. Zusammen sind die beiden Bücher wie ein MBA in Marketing für die Hosentasche.

Wie Sie Ihren Plan umsetzen

Dieses Buch ist in vier Teile gegliedert. Ich beginne mit den Grundlagen (dieser Teil), in denen ich ein paar Basics erkläre, wie Zielmarkt und den Produkt-Markt-Fit. Ohne diese Grundlagen werden die Taktiken nicht gut funktionieren. Auch wenn Sie vieles davon schon kennen, ist es manchmal doch gut, es noch einmal aufzufrischen. Wenn Sie diese Themen bereits gut beherrschen oder nicht so lange warten wollen, um zum Taktikteil des Buches zu kommen, blättern Sie einfach vor auf Kapitel 4.

Beim Produkt-Markt-Fit geht es darum, die echten Kundenbedürfnisse besser (oder in der Außenwirkung besser) zu erfüllen als die Alternativen. Das richtige Angebot für die richtigen Leute. Marketing ist ein Verstärker. Falls Ihre Grundlagen fragwürdig sind, werden es Ihre Ergebnisse umso mehr sein, wenn sie verstärkt werden. Ein schlechter Sänger mit einem guten Mikrofon ist nur ein lauter schlechter Sänger, was alles nur noch schlimmer macht.

Die Kapitel 2 und 3 behandeln, wie Sie den Produkt-Markt-Fit herstellen, sodass Sie etwas verstärken, was Ihr Publikum auch hören will.

Begehen Sie aber nicht den häufigen Fehler, dies zum Grund für ewiges Aufschieben oder Paralyse durch Analyse zu machen. Allzu viele kluge Leute glauben, sie messen besser zweimal, bevor sie schneiden, aber oft schneiden sie niemals. Sie messen ewig weiter.

Akzeptieren Sie, dass Ihr Produkt-Markt-Fit zunächst vielleicht nicht perfekt ist. Sie werden im Lauf der Zeit Kurskorrekturen vornehmen oder sogar umkehren müssen, wenn Sie mehr und bessere Informationen erhalten.

Die drei Kraftmultiplikatoren

Ich habe einmal einen Workshop mit dieser Frage ans Publikum eröffnet: »Wer will seine Gewinne verdoppeln?« Ein billiger Trick, um die Aufmerksamkeit der Teilnehmer zu gewinnen, ich weiß.

Viele begeisterte Hände schossen in die Höhe. »Das ist ganz leicht«, sagte ich. »Verdoppeln Sie einfach die Anzahl der Stunden, die Sie arbeiten.« Nun sah ich enttäuschte Gesichter, und die Hände fielen wieder herunter.

Doch selbst wenn Sie es schaffen, die Anzahl Ihrer Arbeitsstunden zu verdoppeln, können Sie diesen Trick nur einmal anwenden, vielleicht zweimal, wenn Sie aktuell sehr wenig arbeiten. Danach werden Ihre Gesundheit, Ihre Beziehungen und andere Dinge darunter leiden. Außerdem ist da noch das kleine Problem, dass der Tag nur 24 Stunden hat.

Der einzige Weg, um Ihre Geschäftsergebnisse zu multiplizieren, ohne Ihre Zeit und Ressourcen zu multiplizieren, ist durch Leverage – ein wiederkehrendes Thema in diesem Buch. Durch lineares Denken erhalten Sie schrittweise Gewinne. In Leverage-Kategorien zu denken, bringt Ihnen *exponentielle* Ergebnisse ein.

Was also ist Leverage genau? Leverage ist alles, das die Kraft dessen, was Sie hineinstecken, multipliziert. Wenn Sie eine Einheit an

Zeit, Geld oder Energie hineinstecken und mehr als eine Einheit wieder herausbekommen, dann ist das der Leverage-Effekt. Leverage ist ein Kraftmultiplikator.

Der taktische Teil dieses Buches behandelt die drei Kraftmultiplikatoren, die Sie für den Aufbau einer leistungsfähigen Marketinginfrastruktur benötigen: Tools, Guthaben und Prozesse. Jeder dieser Kraftmultiplikatoren wird in einem eigenen Teil behandelt.

Tools sind unser erster Kraftmultiplikator. Tools, also Werkzeuge, unterscheidet unsere Spezies von allen anderen. Die Erfindung und der Einsatz von Tools in der Wirtschaft haben zu enormen Produktivitätssteigerungen und Wohlstand geführt. In ähnlicher Weise helfen Ihnen die richtigen Marketing-Tools, sich von der Masse abzuheben. Sie sind auch entscheidend dabei, Ihre Marketingguthaben und -prozesse zu erstellen und verwalten. Im Tools-Teil dieses Buches wird nicht jedes Marketing-Tool, das Sie benötigen, ausführlich behandelt, denn das wäre stinklangweilig. Außerdem ist es oft wenig sinnvoll, Tools isoliert zu betrachten. Stattdessen werde ich über die verschiedenen erforderlichen Tools sprechen, wenn sie relevant sind.

Guthaben sind unser zweiter Kraftmultiplikator. Mit Guthaben generieren die Reichen Einkommen und werden noch reicher. Marketer generieren damit einen konstanten Fluss von Leads, potenziellen und aktuellen Kunden. Wenn Ihre Marketingergebnisse größer sein sollen als Zeit, Arbeit und Geld, die Sie dafür investiert haben, sollten Sie Marketingguthaben aufbauen.

Prozesse sind unser dritter Kraftmultiplikator. Sie sind wie Algorithmen, die Sie im eigenen Unternehmen laufen lassen. Wenn Sie täglich, wöchentlich und monatlich stattfindende Marketingprozesse schaffen, wird Ihnen das helfen, überdurchschnittliche Ergebnisse zu erzielen. So wie die Magie des Zinseszinseffekts das Wachstum von Finanzinvestitionen fördert, so wird der Zinseszinseffekt Ihrer Marketingprozesse Ihr Unternehmen weiterwachsen lassen.

Zusammengenommen helfen Ihnen Tools, Guthaben und Prozesse, ein äußerst effektives Marketingsystem zu schaffen – eines, dass es Ihnen ermöglicht, mit weniger Aufwand höhere Ergebnisse zu erzielen.

Es herrscht so viel Druck, mehr Marketing zu betreiben – komplexeres, aggressiveres und teureres Marketing. Ich glaube, Sie werden die Einfachheit des Lean Marketings dagegen als erfrischend empfinden.

Nichts Neues

Meine Arbeit wurde schon manchmal als »nichts Neues«, oder nur »gesunder Menschenverstand« kritisiert. Ich stimme dem im Großen und Ganzen zu – aber aufgrund Tausender Erfahrungen, die ich mit Unternehmen gemacht habe, kann ich Ihnen auch versichern, dass gesunder Menschenverstand nicht das ist, was man dort vor allem vorfindet.

Zum Beispiel ist es nichts Neues, die E-Mail-Adressen von Besuchern auf Ihrer Webseite festzuhalten (siehe Kapitel 9). Das ist eine einfache Idee des gesunden Menschenverstands, aber die meisten Unternehmen tun es nicht. Content-Marketing (siehe Kapitel 13) ist eine weitere ältere Idee, aber auch hier gilt, nur wenige Unternehmen beschäftigen sich konsequent oder effektiv damit.

Es besteht eine deutliche Kluft zwischen dem Wissen und der Implementierung, und ich hoffe, dieses Buch hilft Ihnen, diese zu schließen. Wir werden uns einfache Ideen des gesunden Menschenverstands vornehmen und dann auf die notwendigen Details eingehen, um sie tatsächlich zu implementieren.

Durch eigene teure Erfahrung habe ich gelernt, dass man mit dem Einfachen viel erreicht und mit dem Schicken, Modischen scheitert.

Sie wollen abnehmen? Nehmen Sie weniger Kalorien zu sich, als Sie verbrauchen.

Sie wollen Kraft aufbauen? Auch hier gibt es nichts Neues: Die meisten Ihrer Ergebnisse werden Sie durch ein paar grundlegende

Übungen erzielen, wie Squat, Gewichtheben und Bankdrücken. Vielleicht sagen Sie jetzt, das ist ja nicht sehr originell, womit Sie recht hätten, aber es ist effektiv. Wenn Sie originell sein wollen, stellen Sie sich auf den Kopf, wenn Sie wollen. Aber dadurch werden Sie keine Kraft aufbauen.

Es macht mir nichts aus, wenn Sie mich als eine Art Fitnesstrainer sehen – effektiv, aber nicht unbedingt originell. Ich will überhaupt nicht originell sein. Ich will nur, dass Sie Ergebnisse erzielen.

Ich überlasse es jedoch den echten Fitnesstrainern, Ihren Körper zu trainieren. Ich bin hier, um Ihren Marketingmuskel zu trainieren, und die meisten Ihrer Ergebnisse werden nur aus einer Handvoll »Übungen« resultieren.

Ganz gleich, ob Sie Ihren Körper trainieren oder eine Bank gründen wollen, ein solides Verständnis der Grundlagen ist der Schlüssel zu Ihrem Erfolg.

Die Grundlagen und die Technik

Bücher sind eine wunderbare Möglichkeit, Grundlagen zu vermitteln. Sie haben eine Lebensdauer wie kein anderes Format. Wir lesen und schätzen Bücher von vor Hunderten oder sogar Tausenden Jahren noch heute.

Online-Artikel, Posts in den sozialen Medien oder YouTube-Videos erreichen nicht diese Lebensdauer. Man liest sie oder sieht sie sich unter den vielen anderen digitalen Zerstreuungen an, und 30 Sekunden später hat man sie vergessen. Ein Buch gibt einem die Zeit und den Raum, nachzudenken, sich zu konzentrieren und zu lernen.

Aber Bücher haben einen entscheidenden Nachteil. Es ist überraschend schwierig, sie zu aktualisieren. Viele Menschen sind daran beteiligt, wie z. B. Redakteure, Schriftsetzer, Verleger, Vertriebsunternehmen oder Einzelhändler. Selbst kleine Korrekturen oder Aktualisierungen eines Buches können zu einem Projekt werden, und der ganze Prozess kann sich über lange Zeit hinziehen. Deshalb wäre es nicht sinnvoll, Screenshots, Vorlagen und technische Anleitungen in dieses Buch aufzunehmen. Sie wären zu dem Zeitpunkt, zu dem Sie sie lesen, bereits veraltet.

Um also das Beste aus beiden Welten zu bekommen, werde ich die zeitlosen Grundlagen in dieses Buch packen, aber ich werde Sie auch auf relevante externe Quellen hinweisen, die die immer wieder neuen technischen Marketingaspekte behandeln werden. Diese externen Ressourcen, die Sie im *Lean Marketing Hub finden,* werden von meinem Team und mir regelmäßig aktualisiert. Ich werde im Verlauf des Buches immer wieder Verweise auf diese Quellen einbauen.

Besuchen Sie LeanMarketing.com/hub, um dort kostenlosen Zugang zu erhalten. Sie können darüber auf alle Ressourcen dieses Buches zugreifen, Fragen stellen und Ihre Reise ins Lean Marketing fortsetzen.

Vieles von dem, was in diesem Buch geschrieben steht, beantwortet die Frage, die Jeff Bezos immer stellt: »Was bleibt gleich?« Die gute Nachricht ist: *eine Menge.* Wie Sie sehen werden, haben die Weiterentwicklungen in der Technologie die technischen Marketingaspekte vereinfacht und demokratisiert. Sie schaffen nicht mehr den Wettbewerbsvorteil wie früher. Ihre größten Gewinne am Markt werden von den Grundlagen stammen.

Genug Vorgeplänkel. Legen wir los.

Kapitel 1 - Aktionspunkt

- Sehen Sie sich Ihre sämtlichen Marketingaktivitäten an. Notieren Sie sich alle Aktivitäten, die für Ihren Zielmarkt keinen Mehrwert schaffen.
- Sehen Sie sich den gesamten Lebenszyklus Ihrer Kunden an. Notieren Sie sich Möglichkeiten, Marketing darin zu integrieren.
- Sehen Sie sich Ihren Marketingplan nochmals an. Verwenden Sie die Vorlage »Der Marketingplan auf einer Seite«, wenn Sie dazu eine schnelle und einfache Methode brauchen (steht im Lean Marketing Hub kostenlos zur Verfügung).

2

Wer sind Ihre Leute?

KAPITEL 2 – VORSCHAU

Viele Unternehmer beginnen damit, einen Markt für ihr Produkt oder ihre Dienstleistung zu finden. Ein Schlüssel für Ihren Marketingerfolg ist, zunächst ein klares Bild von Ihrem Zielmarkt zu erstellen und ein tiefes Verständnis dafür zu entwickeln.

Die Kernpunkte in diesem Kapitel sind:

- Warum es Ihren Marketingerfolg sabotiert, das Produkt an erste Stelle zu setzen.
- Wie Sie die Technik des »Talent Stacking« nutzten, um ein einzigartiges Wertversprechen (Unique Value Proposition) aufzubauen, auch wenn Sie nicht »der Beste« in Ihrem Bereich sind.
- Warum es sinnlos ist, zu versuchen, einen Bedarf zu generieren, und was Sie stattdessen tun sollten.
- Wie Sie sich durch Spezifizität für Ihren Zielmarkt unwiderstehlich machen.
- Ein Rahmen zur genauen Definition Ihres Zielmarktes durch sieben Dimensionen.
- Wie Sie durch Undercover-Recherchen Ihren Zielmarkt gründlicher verstehen.
- Warum Ihre bisherigen Kämpfe und Erfahrungen wirkungsvolle Werkzeuge für die Auswahl Ihres Zielmarktes sind.

Dinge für Ihre Leute, nicht Leute für Ihre Dinge

Ich wurde schon in vielen Podcasts interviewt, und dabei fragt man mich häufig: »Was ist der größte Marketingfehler, den die Leute machen?« Meine Antwort ist fast immer dieselbe: Die Leute gehen von ihrem Produkt oder ihrer Dienstleistung aus und suchen dann nach einem Markt, auf dem sie diese verkaufen können.

Ihr Zielmarkt ist ein grundlegendes Element Ihrer Marketingstrategie. Ich bin oft schockiert, wie viele Leute zwar ein Produkt entwickelt, aber keine Ahnung haben, wie sie Kunden gewinnen können. Solche Unternehmen sind zum Scheitern verurteilt.

Im Silicon Valley nennt man so etwas eine Lösung auf der Suche nach dem Problem. So zäumen Sie den Gaul von hinten auf und das wird Ihnen großen Kummer bereiten. Sie können keine überzeugende Botschaft formulieren, wenn Sie Ihr Zielpublikum nicht genau kennen. Eine Botschaft, die bei dem einen Publikum gut ankommt, lässt ein anderes kalt.

Sie werden auch einen Haufen Geld für Werbung ausgeben, die nicht funktionieren wird, wenn Sie das falsche Publikum ansprechen, und Verkaufsabschlüsse werden ein mühsamer Kampf sein.

Wenn Sie gerade eines dieser Symptome bei sich feststellen, könnte es daran liegen, dass Sie keine glasklare Vorstellung von Ihrem Zielmarkt haben.

Gutes Marketing bedeutet **Dinge für Ihre Leute, nicht Leute für Ihre Dinge**. Produkt kommt nach Markt. Also ist es wesentlich, herauszufinden, wer Ihre Leute sind.

Stellen Sie sich vor, Sie seien Bürgermeister Ihrer Stadt. Was brauchen Ihre Bürger? Wahrscheinlich fällt die Antwort von Stadt zu Stadt unterschiedlich aus.

Wenn ich zum Beispiel an meine Wohngegend denke, fallen mir sofort bestimmte Dinge ein. Es gibt eine gefährliche Straßenkreuzung, an der man eine Ampelanlage anbringen müsste. Jedes Jahr passieren dort schlimme Unfälle, und jeden Morgen staut sich dort der Verkehr in Richtung Hauptstraße.

LEAN-MARKETING-PRINZIP 3:
Markt kommt vor Produkt

Wir haben auch ein Problem mit Tagesgästen, die illegal auf dem Fußweg parken, um zum Strand und den nahe gelegenen Klippen zu gelangen. Sie machen Lärm, hinterlassen eine Menge Müll und stören damit die Anwohner.

Es gibt auch manches, was die Stadtverwaltung gut macht, wie die Waldflächen zu pflegen und zu hoch gewachsenes Gras und Totholz zu beseitigen, um Waldbrände zu vermeiden. Diese Maßnahmen wären für andere Städte völlig irrelevant. Ein guter Bürgermeister entscheidet auf der Basis, die Bedürfnisse der Bewohner seiner Stadt zu kennen.

Und Sie sollten Ihren Zielmarkt genauso behandeln. Zuerst brauchen Sie ein glasklares Bild davon, wer diese Leute sind und welche Probleme sie haben. In diesem Kapitel behandle ich ein paar wirkungsvolle Tools, um dies herauszufinden.

Einen Zentimeter breit und einen Kilometer tief

Vor Kurzem war ich unterwegs mit Freunden und wir versuchten uns zum ersten Mal im Tontaubenschießen. Unser Lehrer war ein olympischer Leistungsschütze. Sein hilfreichster Tipp war, den natürlichen Impuls zu ignorieren, dass man versucht, der Tonscheibe zu folgen, wenn sie geworfen wird. Stattdessen wies er uns an, mit dem Gewehr auf die voraussichtliche Fluglinie der Tonscheibe zu zielen, es so wenig wie möglich zu bewegen und dann zu schießen, wenn die Scheibe auf der Linie in Sicht kam.

Auf ähnliche Weise versuchen die meisten angehenden Unternehmer, vielen Zielmärkten zu folgen, und am Ende verfehlen sie sie alle. Vielleicht sind Sie Bilanzbuchhalter, Anwalt, Fleischer, Bäcker, Kerzenproduzent oder was auch immer. Fast jeder kann mit Ihrem Produkt oder Ihrer Dienstleistung etwas anfangen, also scheint es logisch, das Netz so breit wie möglich auszuwerfen, um sie alle einzufangen.

Es fühlt sich kontraintuitiv an, einen eng begrenzten Zielmarkt zu wählen. Ihr Bauchgefühl sagt Ihnen, Sie sollten versuchen, Ihren Markt und das Angebot Ihres Produktes oder Ihrer Dienstleistung auszuweiten. Aber das ist ein Fehler. Genau wie Sie unvermeidlich die Tontaube verfehlen werden, wenn Sie ihr folgen, werden Sie Ihr Ziel verfehlen, falls Sie versuchen, jedem hinterherzujagen und allen alles zu bieten.

Der Weg, um den Markt zu beherrschen, beginnt mit einem eng gefassten Fokus. Facebook richtete sich in den ersten zwei Jahren nur an Colleges. Apples Comeback basierte sechs Jahre lang nur auf dem iPod.

Amazon ist heute der Laden, wo man alles bekommt, begann aber als Online-Buchhandlung. Nach drei oder vier Jahren beherrschten sie den Markt in dieser Kategorie, dann kamen Musik und Videos dazu, dann Spielzeug, dann Elektronik, dann Werkzeuge. Den Rest der Geschichte kennen Sie. Hätten sie schon als »Laden für alles« angefangen, würde es sie heute wahrscheinlich nicht mehr geben.

Wenn ich jemanden treffe, der meint, er sei bereits in einem Nischenmarkt tätig, frage ich ihn oft, was denn sein Zielmarkt sei, und er sagt dann etwas wie: »Frauen über 40.« Na toll, das ist also eine Eingrenzung auf 1,5 Millionen Menschen. Was sollen wir damit anfangen?

Ich würde zwar nicht behaupten, Ihre Nische kann nie klein genug sein, aber wenn Sie glauben, bereits in einer ausreichend kleinen Nische tätig zu sein, trifft dies wahrscheinlich doch nicht zu.

Ihre Nische sollte einen Zentimeter breit und einen Kilometer tief sein. Ein Zentimeter breit bedeutet, Sie visieren ein eng definiertes Segment oder Untersegment eines Marktes an. Einen Kilometer tief bedeutet, ein Markt, der groß genug ist, sucht nach einer Lösung für ein spezifisches Problem.

Das muss kein riesiger Markt sein. Es muss nur der richtige Markt für Sie sein. Sie können so erfolgreich sein, wie Sie es sich niemals hätten träumen lassen, auch wenn 99,9 Prozent der Welt noch nie von Ihnen gehört hat.

Die Frau im roten Kleid

Vor Kurzem hörte ich, wie Alex Hormozi die Ablenkungen durch die Jagd nach neuen Märkten und günstigen Gelegenheiten »die Frau im roten Kleid« nannte, womit er sich auf den Film *Matrix bezog*. In einer Szene führt Morpheus ein virtuelles Trainingsprogramm mit seinem Lehrling Neo durch. Sie gehen eine Straße entlang, die voller Menschen in grauer einheitlicher Kleidung ist, während Morpheus Neo die Matrix erklärt. Dann taucht eine wunderschöne Frau in einem leuchtend roten Kleid in der Menge auf, die ihnen entgegenkommt. Sie wirft Neo ein sexy Lächeln zu, während sie vorbeigeht, und er kann die Augen nicht von ihr lassen. Morpheus bleibt stehen, um Neos Aufmerksamkeit wiederzugewinnen, und fragt, ob er ihm zuhört oder die Frau im roten Kleid ansieht. Dann sagt er ihm, er solle sich umsehen. Als er das tut, zielt Agent Smith, ein simulierter Bösewicht, gerade mit einer Waffe auf Neos Kopf – eine Mahnung, dass Ablenkung tödlich sein kann.

Wenn Ihr Unternehmen nur in geringem Maße erfolgreich ist, werden permanent Ablenkungen, neue Gelegenheiten und verlockend glänzende Dinge auf Sie zukommen. Jede Faser in Ihnen wird danach schreien, das Netz weiter zu spannen, Ihr Angebot zu erweitern und dem sexy Neuen zu folgen. Das ist die Frau im roten Kleid. Während Sie immer erfolgreicher werden, kommt sie immer wieder, und jedes Mal scheint sie Ihnen noch attraktiver, denn Ihnen werden immer größere und bessere Möglichkeiten präsentiert.

Als Unternehmer gehören Neuerungen zu unserer DNA. Die neue Idee, das neue Produkt, der neue Markt. Auch ich bin in keiner Weise immun gegen die Verlockungen der Frau im roten Kleid. Ich muss mich dauernd daran erinnern, auf unsere aktuellen Möglichkeiten konzentriert zu bleiben, weil Fokus und Energie endliche Ressourcen sind.

Stellen Sie sich vor, Sie haben zehn Einheiten Energie. Wenn Sie sie in zehn verschiedene Richtungen verteilen, machen Sie in jede Richtung einen Fortschritt einer Einheit. Aber wenn Sie alle zehn Energieeinheiten auf eine einzige Richtung konzentrieren, erhalten Sie zehn Einheiten Fortschritt in diese Richtung.

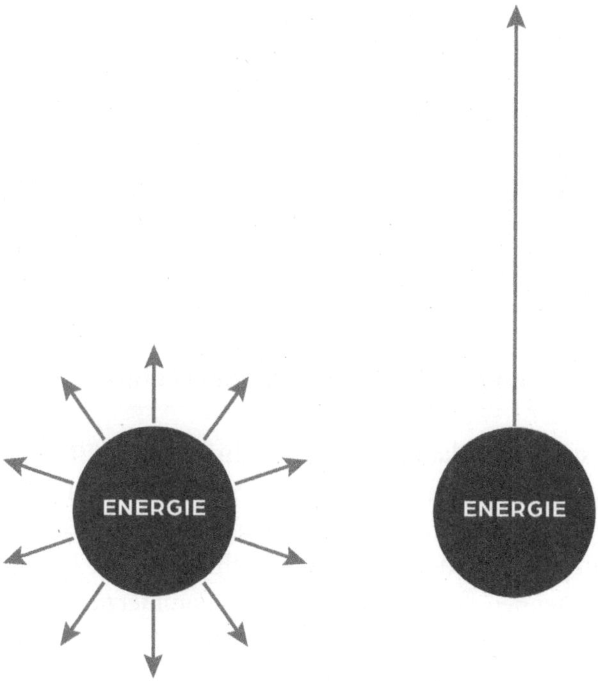

Am Markt konkurrieren Sie mit Leuten, die all ihre Energieeinheiten in eine Richtung gebündelt haben. Einige wenige mögen so talentiert sein, dass sie mehrere Dinge auf einmal auf hohem Niveau zustande bringen. Sie sollten jedoch davon ausgehen, nicht dazuzugehören. Nehmen Sie vielmehr an, dass Sie, wie die meisten Erfolgreichen, Kompromisse eingehen müssen. Und zwar viele.

Zwei Dinge haben mir geholfen, mit der Frau im roten Kleid fertig zu werden und dabei konzentriert zu bleiben. Erstens ein »Parkhaus« für zukünftige Ideen, Unternehmensvorhaben oder Produkte. Dadurch habe ich das Gefühl, dass sie nicht verloren gehen – sie sind noch immer da, wenn ich irgendwann in der Zukunft einmal über die Kapazitäten verfügen werde, mich mit ihnen zu befassen. In Wahrheit könnte ich die ganzen Produkte, Ideen und Vorhaben in meinem Parkhaus in zehn Leben nicht umsetzen. Aber es fühlt sich immer noch besser an, als sie einfach zu löschen.

Als Zweites hat mir geholfen, dass ich so viele Unternehmen von innen kennengelernt habe. Von außen betrachtet sehen viele Märkte und Firmen profitabel und einfach aus. Wenn ich aber sehe, wie hoch ihr Aufwand wirklich ist und was unterm Strich übrigbleibt, bin ich nur noch selten so enthusiastisch. Viele hochwertige, umsatzstarke Unternehmen weisen eine geringe Hebelwirkung und miserable Geschäftsmodelle auf.

Spezialisierung verkauft sich, Generalisierung stößt ab

Spezialisierung verkauft sich, Generalisierung stößt ab. Das kann ich Ihnen in fünf Sekunden beweisen. Sehen Sie sich in Ihrem Handy oder Computer Ihren Suchverlauf an. Konzentrieren Sie sich nun auf die Begriffe, mit denen Sie etwas suchten, was Sie kaufen wollten. Marketer nennen diese Suchbegriffe oft »kommerzielle Absicht«. Sie werden merken, dass Ihre Suche spezifisch ist.

Sie haben wahrscheinlich nicht »Arzt« oder »Auto« in die Suchmaske eingegeben. Sie haben viel eher etwas eingegeben wie »Dermatologe Brooklyn Zentrum« oder »welcher Porsche 911 hat Allradantrieb?«.

Die spezifischen Suchbegriffe Ihres Marktes zu kennen, ist entscheidend für den Erfolg Ihres Inbound-Marketings. Und Sie kommen niemals zu solchen Suchbegriffen, wenn Ihre Zielgruppe zu weit gefasst ist.

Spezifisch und zielgerichtet vorzugehen, ist eine großartige Möglichkeit, ein Produkt oder eine Dienstleistung auf maximalen Profit hin zu optimieren. Sie können das in der Körperpflegebranche beobachten. Produkte wie Deodorants oder Rasierklingen gibt es für Männer oder Frauen. Die Produkte sind oft identisch, nur dass die für Männer in Blau oder Schwarz verpackt sind, und die für Frauen in Rosa. Dadurch kaufen die meisten Haushalte beides. Außerdem wird auf die für Frauen bestimmten Produkte oft eine sogenannte »Rosa-Steuer« erhoben, das heißt, sie sind teurer als die Herrenprodukte. Ich lehne diese Taktik ab und bewundere sie gleichermaßen. Ich bewundere sie, weil sie eine zusätzliche Gewinnmarge schafft, die direkt in den Gewinn fließt, eine tolle Sache, die mir das Herz erwärmt. Hohe Margen sind meine Sprache der Liebe.

Etwas Ähnliches wird bei Schmerzmitteln praktiziert, die die meisten Drogerien verkaufen. Im Regal finden Sie eine Schachtel mit Medikamenten zur allgemeinen Schmerzlinderung, daneben gibt es Varianten, die gegen bestimmte Schmerzen sind, zum Beispiel Kopfschmerzen, Menstruationskrämpfe, Rückenschmerzen, Nebenhöhlenentzündung und Arthritis. Allerdings gibt es keine spezifischen Mittel gegen Schmerzen in bestimmten Körperteilen. Der Wirkstoff, zum Beispiel Paracetamol oder Ibuprofen, ist in allen diesen Produkten identisch. Die Hauptunterschiede liegen in der Verpackung und im Preis.

Warum macht man sich die viele Mühe und gibt Geld für Druck, Verpackung und Regalplatz aus? Weil die Hersteller wissen: Wenn Sie Rückenschmerzen haben, und auf der Packung steht »Lindert Rückenschmerz«, dann sagen Sie: »Das ist genau das Richtige für mich«, greifen zu und gehen zur Kasse.

Ihre Produkte oder Dienstleistungen sollen eine ähnliche Wirkung auf dem Markt erzielen – einen spezifischen Schmerzpunkt anvisieren, damit der Kunde sagt: »Das ist genau das Richtige für mich.«

Nichts ist so ungleich wie die Gleichbehandlung ungleicher Menschen

Häufig fragt man mich: »Brauche ich einen eigenen Marketingplan für jeden meiner Zielmärkte?« Die Antwort hängt davon ab, ob Sie wirklich unterschiedliche Zielmärkte bedienen oder ob es einfach nur Segmente eines bereits bestehenden Marktes sind.

Auch wenn Sie nur einen einzigen Zielmarkt haben, ist es klug, ihn zu segmentieren. Wie ich schon früher gesagt habe: Eine Botschaft, die bei dem einen Publikum gut ankommt, lässt ein anderes vielleicht völlig kalt.

Wenn man unterschiedliche Zielgruppen gleichbehandelt und identisch bewirbt, begeht man einen großen Marketingfehler, der zu einer Menge Verschwendung führt – Verschwendung von Zeit, Geld und Arbeit. Irrelevantes Marketing schafft für Ihren Kunden oder potenziellen Kunden keinen Wert, und es untergräbt Ihre Marke, anstatt sie aufzuwerten.

Wenn Sie zum Beispiel Babyprodukte herstellen, nutzen Sie vielleicht mehrere Distributionskanäle. Sie können von Ihrem Online-Shop direkt an den Endverbraucher oder über einen Großhandelskanal an Einzelhändler verkaufen, die Ihre Produkte an die Endverbraucher vertreiben.

Und wie finden wir nun heraus, ob Einzelhändler und Endverbraucher unterschiedliche Zielmärkte mit ihrem eigenen Marketingplan sind oder nur Segmente ein und desselben Marktes? Ich würde dazu folgende Punkte überprüfen:

- Werden sie auf völlig unterschiedliche Botschaften reagieren?
- Werden sich die Werbemittel für die jeweilige Zielgruppe deutlich unterscheiden?
- Wird der Prozess der Kundenpflege unterschiedlich sein?
- Wie wird mein Verkaufsprozess für jeden von ihnen aussehen?
- Wie werde ich die kurzfristigen Onboarding- und langfristigen Kundenverwaltungsprozesse für jeden einzelnen Kunden organisieren?

In unserem Beispiel würden die beiden Gruppen wahrscheinlich auf erheblich unterschiedliche Botschaften reagieren. Die Eltern eines Babys möchten wissen, ob das Produkt sicher ist und hält, was es verspricht.

Einem Einzelhändler sind diese Dinge auch wichtig, aber das ist vermutlich nicht die Botschaft, die seine Aufmerksamkeit fesselt. Ein Einzelhändler ist begeistert, wenn Sie ihm erzählen, wie hoch die potenzielle Marge für ihn ist, wie angesagt das Produkt gerade bei den Verbrauchern ist, und welche Abverkaufsraten er erwarten kann. Die Botschaften sind also völlig unterschiedlich.

Wir werden wahrscheinlich auch verschiedene Werbemittel einsetzen. Um unseren Verbrauchermarkt zu erreichen, könnten wir Pay-per-Click-Anzeigen und nutzergenerierte Inhalte in den sozialen Medien nutzen. Um Einzelhändler zu gewinnen, würden wir vermutlich in Fachzeitschriften werben oder Vertriebsmitarbeiter zu Branchenmessen schicken.

Der Prozess der Kundenpflege ist ebenfalls unterschiedlich. Verbraucher benötigen eher wenig bis keine Kundenpflege, denn sie kaufen das Produkt impulsiv oder weil es einen bestimmten Bedarf erfüllt. Mit den Händlern zu verhandeln und Regalflächen bei den Einzelhändlern zu beschaffen, wird dagegen wahrscheinlich einen langen Verkaufszyklus nach sich ziehen.

Der Verkaufsprozess würde bei den Verbrauchern nur darin bestehen, sie zu motivieren, den Artikel in den Einkaufswagen zu legen und dann an der Kasse ihre Kreditkartendaten einzugeben. Der Verkaufsprozess bei den Einzelhändlern hingegen würde einen langwierigen Prozess erfordern, von der Unterzeichnung einer Liefervereinbarung über das Aushandeln von Kreditbedingungen bis zur Integration mit ihren Beschaffungs- und Logistiksystemen.

Zapfen Sie die Nachfrage an

Als ich erstmals die Jobbezeichnung »Demand Generation Manager« (*deutsch: Manager für Nachfragegenerierung*) hörte, musste ich kichern. Die meisten Unternehmen können ebenso gut eine Nachfrage generieren, wie sie die Sonne aufgehen lassen können.

Ihr Ziel ist es, die Nachfrage *anzuzapfen*, anstatt zu versuchen, sie zu *generieren*. Sie wollen wie eine Solarzelle sein, die die Sonnenstrahlung absorbiert und sie so effizient wie möglich in nutzbare Energie umwandelt.

Es ist zwar möglich, eine Nachfrage zu generieren, aber das ist schwierig und teuer, und es dauert sehr lange. Im Jahr 1873 brachte Colgate die erste kommerziell hergestellte Zahnpasta heraus. Noch lange Zeit danach war Zähneputzen etwas, was vor allem die Reichen und Schönen praktizierten. Es war noch nicht die heutige allgemeine tägliche Routine. Colgate wendete Jahrzehnte und Millionen von Dollar auf, um die Kunden davon zu überzeugen, dass sie Mundgeruch haben. Erst nach dem Zweiten Weltkrieg verbreitete sich die Praxis des Zähneputzens schließlich. Das ist ein Beispiel für echte generierte Nachfrage.

Wenn der Schüler bereit ist, erscheint der Lehrer – mit anderen Worten, man kann niemanden dazu bringen, eine Botschaft aufzunehmen, für die er nicht bereit ist. Vor ein paar Jahren noch interessierte ich mich überhaupt nicht für Gesundheit, Ernährung oder Fitness. Wenn ich einen Fitness-Junkie oben ohne sah, murmelte ich vor mich hin: »Muskelprotz.« Man hätte mir das beste Fitnessprogramm oder Ernährungsprodukt der Welt vorsetzen können, und ich hätte nicht einmal hingesehen. Man hätte es mir schenken können, und ich hätte es nicht genommen. Der Schüler war noch nicht bereit.

Heute sind mir Gesundheit und Wellness sehr wichtig. Der Schüler ist jetzt bereit. Ich gebe einen Haufen Geld aus für gute Ernährung, Personal Trainer und Fitnessgeräte. Ich nehme an Kursen teil und lasse mich von Biohackern beraten. Artikel mit diesen Themen interessieren mich, und Typen mit Waschbrettbauch bewundere ich, weil ich heute weiß, was man dafür alles tun muss.

Wenn Sie je versucht haben, das Verhalten eines anderen zu ändern, auch wenn es für diesen gut wäre, dann wissen Sie, wie schwierig das ist. Wenn Sie versuchen, das am Markt zu schaffen, werden Sie es mit Ihrem Geschäft äußerst schwer haben.

Sie mögen etwas Wunderbares anbieten, aber wenn Sie es an die falschen Leute verkaufen, wird es nichts werden. Allzu viele versuchen, den Blinden Brillen zu verkaufen. Wenn sie dann auf Widerstand stoßen, meinen sie, sie müssten noch mehr Druck machen und Funktionen und Nutzen hervorheben.

Wenn Sie sich in das Sichtfeld der Leute stellen, werden Sie immer erfolgreicher sein, als wenn Sie sie dazu bewegen wollen, Sie anzusehen. Zapfen Sie die bereits bestehenden, unerfüllten Bedarfe an.

Doch selbst wenn es einen Bedarf in einem Markt gibt, fällt er unterschiedlich stark aus. In seinem Buchklassiker *Breakthrough Advertising* spricht Eugene Schwartz über die fünf Stadien des Kundenbewusstseins:

1. **Unbewusst**: jemand, der nicht einmal weiß, dass er ein Problem hat.
2. **Problembewusst**: jemand, der ein Problem hat, aber nicht weiß, dass es dafür Lösungen gibt.
3. **Lösungsbewusst**: jemand, der weiß, dass es Lösungen gibt, aber keine ausgesucht hat und Ihre Lösung oder Ihr Produkt nicht kennt.
4. **Produktbewusst**: jemand, der Ihre Lösung oder Ihr Produkt kennt, aber nicht sicher ist, ob es sein Problem löst, oder Sie im Markt nicht ausgewählt hat.
5. **Maximal bewusst**: jemand, der viel über Ihre Lösung oder Ihr Produkt weiß. Er steht kurz vor dem Kauf, muss aber noch die Details wissen.

Bei den **Unbewussten** ist es in der Regel sinnlos, Werbung an sie zu richten. Der Versuch, sie von ihrem Problem zu überzeugen, ist wenig aussichtsreich. Wenn Sie etwas wirklich Einzigartiges anbieten (was riskant ist) und unbedingt ein Leben voller Frustration und Schmerz führen wollen, dann ist der beste Weg, mit den Unbewussten in Kontakt zu treten und eine Empfindung oder Einstellung anzusprechen, mit der sie sich identifizieren können. Viele Erfinder leben in dieser Welt und sterben meist arm und desillusioniert.

Jemand, der **problembewusst** ist, weiß, dass er ein Problem hat, kennt aber noch keine möglichen Lösungen (einschließlich Ihrer). Er gehört zu einer hervorragenden Zielgruppe für Content Marketing (siehe Kapitel 13). Seine Suchanfragen beginnen oft mit »wie man«, gefolgt vom gewünschten Ergebnis.

Lösungsbewusste potenzielle Kunden sind schon interessierter. Sie wissen, dass sie ein Problem haben und dass es Lösungen dafür gibt, aber haben noch nicht von Ihnen gehört. Eine typische Suchanfrage für jemanden in diesem Stadium wäre z. B. »bester Luxus-SUV mit sieben Sitzen«. Diese potenziellen Kunden sind gute Kandidaten für Content Marketing, das ihnen ein Tool oder eine Ressource an die Hand gibt, um ihr Problem einzuschätzen oder zu verstehen, und zwar so, dass sie dabei auf Ihre Lösung hingewiesen werden. Ihr Flaggschiff-Asset (siehe Kapitel 8) eignet sich hervorragend für diese Zwecke.

Produktbewusste potenzielle Kunden werden als warme Leads betrachtet. Sie sind sich bewusst, dass sie ein Problem haben, sie wissen, dass Sie eine potenzielle Lösung dafür bereithalten, aber sie sind sich unsicher, ob Ihr Angebot ihr Problem lösen wird. Wahrscheinlich vergleichen sie Ihre Lösung mit anderen konkurrierenden Lösungen. Ein Suchbegriff für einen Produktbewussten könnte lauten: »Vergleich BMW X7 mit Range Rover«. Bei diesen potenziellen Kunden ist eine Lead-Pflege entscheidend. Fakten, Erfahrungsberichte und Nachweise, wie gut ihr Leben mit Ihrer Lösung sein wird, sind ebenfalls wichtig.

Die **maximal Bewussten** sind sogenannte heiße Leads. Sie wissen, was Sie tun. Sie wissen, dass Sie ihr Problem lösen können, und sie wollen Ihre Lösung. Sie brauchen vielleicht nur einen Anreiz, einen Grund oder ein Angebot, um zu kaufen. Typische Suchbegriffe wären: »Bestes Angebot für einen BMW X7 in San Francisco«. Starke Aufforderungen zum Handeln, die Angst, etwas zu verpassen, oder Garantien können sie über die Ziellinie tragen.

Die Schnittmenge ist Ihre Nische

Starke Nischen vereinen mehrere weiter gefasste Elemente. Wenn Sie etwas Gängiges tun und viel Aufmerksamkeit erwecken wollen, müssen Sie darin außergewöhnlich sein. Das ist für die meisten Menschen ein Problem, weil fast niemand so gut ist. Das ist dann wirklich außergewöhnlich.

Der jamaikanische Sprinter Usain Bolt gewann den 100-Meter-Lauf bei den Leichtathletik-Weltmeisterschaften in Berlin 2009 mit einer Zeit von 9,58 Sekunden.

War der Läufer auf dem vierten Platz – der Typ, der nicht einmal eine Bronzemedaille bekam – fünf Sekunden hinter Usain? Zwei Sekunden? Eine Sekunde? Tatsächlich lag er nur ein paar Zehntelsekunden hinter ihm. Aber diese 0,35 Sekunden machten den Unterschied aus zwischen einem Platz auf dem Podium, Weltruhm, Millionen Dollar an Sponsoring und Preisgeld, oder mit leeren Händen abzureisen und ein Leben in der Versenkung zu führen.

Das bedeutet für uns gute und schlechte Nachrichten.

Der Beste der Welt zu sein in dem, was man tut, egal, was das ist, ist eine Möglichkeit, sich von der Menge abzuheben, aber es ist unglaublich schwer zu schaffen und erfordert die Hingabe eines olympischen Athleten. Und selbst das garantiert keinen Erfolg. Das ist die schlechte Nachricht.

Die gute Nachricht ist, dass Sie gar nicht der Beste der Welt sein müssen, um Ihren Kunden ein großartiges Ergebnis zu liefern, großen Wert auf dem Markt zu schaffen und ein wunderbares Leben zu führen. Der Typ auf dem vierten Platz ist immer noch ein toller Läufer.

Als Finanzbuchhalter müssen Sie nicht der Weltbeste sein, um Ihren Kunden wunderbare Ergebnisse zu liefern. Aber um Sie aufmerksam zu machen und sich von allen anderen Finanzbuchhaltern zu unterscheiden, werden Sie mehr ausrichten müssen, als ihnen bloß zu erklären, wie sie Steuern sparen, denn das leistet auch jeder andere Finanzbuchhalter.

In *Mach den Unterschied!* schrieb mein Freund Mike Michalowicz: »Besser ist nicht besser. Anders ist besser.« Eine großartige Möglichkeit, vollkommen anders zu sein als die anderen, besteht darin, Kompetenzen zu bündeln – Talent Stacking. Damit vereinen Sie eine Schnittmenge aus vielen verschiedenen Bereichen in sich. Dann müssen Sie auch nicht der Beste in irgendeinem dieser Bereiche sein.

Im Food-Bereich ist das völlig normal – zum Beispiel Jumbo-Donuts. Dabei muss man nicht die besten Donuts der Welt machen. Sie erzielen sofort Aufmerksamkeit, weil sie riesig sind. Andere Food-Beispiele sind grünes Ketchup oder Cookie-Teig-Eis.

Dieses Buch und meine Arbeit sind auch Beispiele für Talent Stacking und für die Platzierung an einer solchen Schnittstelle.

Bin ich der weltbeste Schriftsteller? Ich versichere Ihnen, dass ich das nicht bin.

Bin ich umwerfend komisch? Sagen wir mal so: Wenn Dave Chapelle und ich je zur selben Zeit in der Stadt sind, und Sie sind in der schwierigen Lage, sich zwischen einem Besuch seiner Comedy Show und einem meiner Vorträge entscheiden zu müssen, tun Sie sich einen Gefallen und gehen Sie zur Dave-Chapelle-Show.

Bin ich der hellste Technikkopf auf Erden? Bin ich nicht.

Bin ich der Weltbeste darin, komplexe Konzepte herunterzubrechen und sie einfach darzustellen? Darin bin ich ganz gut, aber ich hänge Leuten wie Richard Feynman mindestens einen Nobelpreis hinterher.

Aber wenn ich das alles zusammennehme, komme ich auf eine ziemlich einzigartige Schnittmenge. Ich vereinfache das Komplexe für Unternehmer und Führungskräfte, gebe ihnen einfach auszuführende Rahmenbedingungen und Systeme an die Hand, statte sie mit leistungsstarken Technologie-Tools aus und verpacke das Ganze in ein gut verständliches und (hoffentlich) unterhaltsames Paket.

Dharmesh Shah, Milliardär und Gründer von HubSpot, beschrieb es als das Venn-Mengendiagramm des Erfolgs. Es geht in etwa so:

Stellen Sie sich ein riesiges Whiteboard vor, auf dem jeder Mensch auf der Welt als Punkt dargestellt ist. Es gibt also etwa acht Milliarden Punkte auf diesem Whiteboard.

Wir ziehen nun einen Kreis um alle, die gut schreiben können. Seien wir großzügig und sagen wir, das sind 10 Prozent. Also 800 Millionen Menschen. Das ist ganz schön viel Konkurrenz.

Dann ziehen wir einen weiteren Kreis um alle mit guten Geschäftskenntnissen. Seien wir wieder großzügig und sagen, das sind 1 Prozent.

Wir ziehen einen dritten Kreis um alle mit vertieften Kenntnissen über Systeme, Technologien und Software-Tools. Sagen wir, 5 Prozent.

Schließlich ziehen wir einen Kreis um alle, die bereit sind, die unzumutbaren Schwierigkeiten und Mühen auf sich zu nehmen, die mit dem Schreiben und Veröffentlichen eines Sachbuchs verbunden sind. Das wären höchstens 0,05 Prozent der Bevölkerung.

Die Anzahl der Punkte innerhalb der Schnittmenge dieser vier Kreise wäre unglaublich gering. Ich schätze, es sind insgesamt vielleicht 100 Punkte. Meine weltweite »Konkurrenz« besteht also aus etwa 100 anderen Autoren in meinem Umfeld. Ich kenne etwa 30 von ihnen persönlich, und wir betrachten uns nicht als Konkurrenten, denn in diesem Spiel können mehrere Personen gewinnen. Tatsächlich tauschen wir oft Ideen aus und machen gegenseitig Werbung für unsere Bücher.

(Es sind so wunderbare Autoren wie Mike Michalowicz, David Jenyns, Todd Herman, John Jantsch, Dan Martell und Daniel Priestley. Sie sollten all ihre Bücher kaufen.)

Andererseits bündeln wir nicht irgendwelche beliebigen Kompetenzen, sondern solche, die einander so viel wie möglich verstärken und verbessern.

Wenn Sie Kompetenzen bündeln, die absolut nichts gemeinsam haben, wie Sporttauchen und Stricken, wird es schwierig sein, eine Schnittmenge zu finden. Sie werden zwar wenig bis gar keine Konkurrenz haben, aber auch wenig bis gar keine Nachfrage. Ich bin mir nicht sicher, wie stark Strickware das Taucherlebnis steigern könnte, aber ich vermute einmal, nicht so sehr.

Wenn Sie sich Kompetenzbereiche verschaffen wollen, rate ich Ihnen, Fähigkeiten zu erlernen, die selten sind, aber auch Dinge verstärken und verbessern, die Sie ziemlich gut beherrschen. Genau das schafft dann enormen Mehrwert.

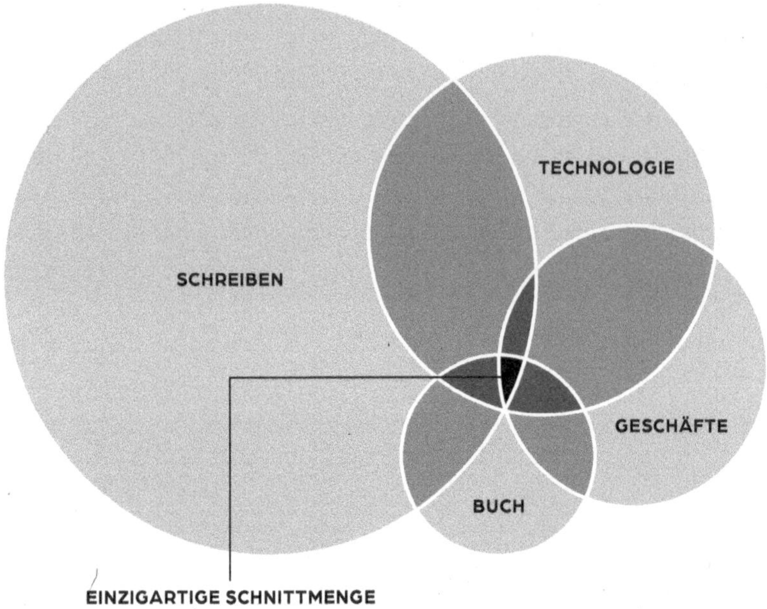

Die gute Nachricht ist, dass Sie das bereits tun. Sich in Marketing und Einflussnahme zu verbessern, ist eine Kompetenz, die fast jeden Aspekt Ihres Geschäfts und Ihres Lebens verstärkt und optimiert.

Indem Sie Kompetenzen bündeln, müssen Sie in keiner davon der Beste sein, nur in jeder gefährlich genug. Im Land der Blinden ist der Einäugige König.

Sieben Methoden, Ihre Nische zu finden

Wenn Sie Ihren Zielmarkt eingrenzen, kann es helfen, ihn aus mehreren Dimensionen zu betrachten. Hier sind die sieben relevanten Dimensionen, wenn ich jemanden dabei unterstütze, seine zentimeterbreite, aber kilometertiefe Nische zu finden:

1. **Standort oder Geografie**: zum Beispiel San Diego, der amerikanische Mittelwesten, Australien, Vancouver

2. **Demografie**: zum Beispiel Baby-Boomer, britische Auswanderer, 35-45-Jährige, Geschiedene, Frauen
3. **Gemeinsame Werte**: zum Beispiel Philanthropie, Adrenalin-Junkies, Glaube, Umweltbewusstsein, Reisefans
4. **Branche**: zum Beispiel Zahnmedizin, Rechtswesen, Bau, IT-Service
5. **Bedarf**: zum Beispiel Leute, die ein Buch schreiben wollen, Produkte aus China importieren wollen, staatliche Fördermittel beantragen
6. **Problem**: zum Beispiel Ängste, Verantwortung, Energielosigkeit, finanzieller Stress
7. **Trend**: zum Beispiel medizinische Psychopharmaka, Spiritualität, digitale Währungen, Biohacking, künstliche Intelligenz

Sie können eine dieser Dimensionen verwenden, aber oft ist es am wirkungsvollsten, mehrere zu berücksichtigen. Sie könnten zum Beispiel der Buchhalter sein, der britische Auswanderer in Australien betreut, oder der Anwalt in Kalifornien, der Softwareunternehmen in rechtlichen Fragen im Zusammenhang mit KI berät.

Es ist viel wahrscheinlicher, dass jemand sagt: »Das ist genau das Richtige für mich«, wenn Ihr Angebot genau auf seine Bedürfnisse zugeschnitten ist. Sie können sich vorstellen, dass jemand in diesen Zielmärkten viel eher eine spezifische Suche durchführt, wie »Muss ich meine britische Rente in Australien angeben?« oder »Verletzt generative KI das Urheberrecht?« als »Finanzberater« oder »Anwalt«.

Dabei ist es wichtig, zu überlegen, ob Ihre Nische oder Unternische wächst, schrumpft oder stabil ist. Wenn Sie ein wachsendes Segment oder Untersegment anzapfen, gibt Ihnen das einen schönen Schub.

Fast schon die Lizenz zum Gelddrucken ist es, wenn Sie sich eine Nische suchen, die sowohl wächst als auch lukrativ ist. Zum Beispiel sind Paare mit doppeltem Einkommen ohne Kinder (auch bekannt als DINKs, *double income, no kids*) eine wachsende und wohlhabende Bevölkerungsgruppe. Eine Variante davon sind die DINKWADs (*double income, no kids, with a dog*). Abgesehen von den offensichtlichen Ausgaben für ihre vierbeinigen Lieblinge geben sie auch viel für persönliche Dienstleistungen, Komfort, Unterhaltung und Technik aus.

Es lohnt sich, solche demografischen Trends und Verschiebungen zu beachten, denn sie können ein wichtiger Faktor für Ihren Erfolg sein.

Helfen Sie dem Menschen, der Sie einmal waren

Der plötzliche Tod meines Vaters löste bei mir eine Midlife-Crisis aus. Ich verbrachte drei lange Jahre an diesem düsteren Ort. Während dieser Zeit nahm ich mir jeden einzelnen Bereich meines Lebens vor: meine bröckelnde Gesundheit, mein Mangel an Energie, meine kriselnde Ehe, meine mittelmäßige Arbeitsleistung und mein zerrütteter Glaube. Ich war sowohl physisch als auch psychisch geschwächt.

Ich erspare Ihnen die Details, aber ich habe mich da herausgekämpft. Ich habe meine Ernährung umgestellt, meinen Körper und Geist gestärkt, meine Ehe in Ordnung gebracht und mich auf die wirkungsvollsten Projekte meines Geschäfts konzentriert. Mithilfe von Büchern, Kursen, Coaches und Beratern habe ich eine Menge Dinge über eine Menge Dinge gelernt und dabei viele meiner Probleme gelöst.

Ich bin sicher kein Experte in den Bereichen, in denen ich viele meiner Midlife-Crisis-Probleme überwunden habe, aber bei all dem, was ich gelernt und durchgemacht habe, denke ich schon, dass ich jemandem mit ähnlichen Problemen weiterhelfen könnte.

Es war mein früheres Marketingdefizit, das mich zu meinem heutigen Bereich brachte. In meinem ersten Unternehmen um Kunden zu kämpfen, führte mich auf eine lange und teure Reise, auf der ich herausfand, wie Marketing funktioniert. Jetzt nutze ich diese schwer verdiente Erfahrung, damit andere diesen Prozess abkürzen können.

Wenn Sie selbst einmal in der Situation Ihrer potenziellen Kunden waren, ist es weitaus einfacher, sie zu verstehen. Sie können ihre Emotionen und Gedanken viel besser nachvollziehen, weil Sie selbst schon einmal dort waren. Ihre Botschaften werden weitaus wirkungsvoller, wenn Sie sich in das innere Selbstgespräch dieser Leute einklinken. Außerdem ist dies erfüllend und motivierend, ein schöner Nebeneffekt.

Rory Vaden hat es einmal viel eleganter formuliert. Er sagte: »Sie sind in der besten Position, um der Person zu helfen, die Sie einmal waren.« Ich liebe diesen Satz. Wenn Sie sich einen Zielmarkt oder ein Segment aussuchen, haben Sie einen Riesenvorteil, wenn Sie die Probleme der Leute aus eigener Erfahrungen kennen.

Recherchieren Sie undercover

Manchmal sieht man eine Chance – einen unterversorgten Markt oder ein unterversorgtes Marktsegment –, hat aber nicht das Glück, schon einmal dabei gewesen zu sein. Das ist ein Problem, aber es ist nicht unlösbar. Ich rate Ihnen, es folgendermaßen anzugehen:

Stellen Sie sich vor, Sie sind ein Spion mit dem Top-secret-Auftrag, in einen Zielmarkt einzudringen und möglichst viele Informationen darüber zu sammeln. Was würden Sie tun? Suchmaschinen sind schon ein guter Anfang, aber echte Marktforschung geht über ein paar einfache Suchanfragen hinaus.

Auf geht's – Sie sind der Topspion Ihres Landes, und der Präsident hat Sie persönlich beauftragt, diesen Zielmarkt zu infiltrieren und tiefe, umsetzbare Erkenntnisse daraus zu liefern. Wovon träumen diese Leute? Was sind ihre Wünsche? Wovor haben sie Angst? Was sind ihre Motivationen? Was sind ihre Stärken und Schwächen? Welche Vorurteile hegen sie? Ihr Land hängt von Ihnen und der Qualität Ihrer Informationsbeschaffung ab. Ich würde so vorgehen:

Zuerst würde ich herausfinden, wo sie sich im Internet versammeln, um zu chatten. Bestimmte Zielmärkte und Subkulturen neigen zu bestimmten Plattformen. Die häufigsten sind Facebook Groups, X (früher Twitter), Reddit, LinkedIn und Discord. Klammern Sie auch nicht ältere Online-Foren oder Message-Boards aus. Trotz ihrer angestaubten Aufmachung und ihres altmodischen Anscheins sind viele Communitys dort noch immer aktiv. Zum Beispiel ist Hacker News ein Message-Board, auf dem viele Software-Start-ups Nachrichten austauschen, Ideen teilen und endlose Debatten über alle möglichen Details führen. Gamer tummeln sich auf Discord.

Ich bin ganz besessen von Reddit. Man kann dort in fast jedes Thema tief einsteigen. Wenn man dort eine Frage postet, bekommt man oft eine Riesenmenge an Antworten. Weil es weitgehend anonym ist oder über Pseudonyme funktioniert, sind die Leute dort eher offen und aufrichtig. Es gibt »Subreddits« über praktisch alles, was man sich vorstellen kann, und vieles, was man sich gar nicht vorstellen will. Es gibt Subreddits, auf denen man alles diskutiert, von Investmentstrategien bis zu den intimsten Details im Sexleben der Leute. Viele Subreddits befassen sich mit Banalem oder Unsinnigem, andere tauchen tief ein in die dunklen Winkel des menschlichen Verhaltens und der Psychologie.

Private Facebook-Gruppen sind ein weiterer wertvoller Ort für Online-Recherchen. Da die Leute dort meist ihre echten Namen und Profilfotos verwenden, sind die Diskussionen eher oberflächlich, aber das ist von Gruppe zu Gruppe anders. Während Reddit eher nerdy ist, sind die Facebook-Gruppen meist weniger technikaffin. Es gibt aktive Gruppen über Produkte, Menschen, lokale Gemeinschaften und alles, was man sich vorstellen kann. Viele Unternehmen und Produkte nutzen Facebook-Gruppen als Community-Zusatz, sodass sich dieser Ort gut dafür eignet, sich über die Probleme der Kundschaft Ihrer Konkurrenz zu informieren.

Als Nächstes würde ich mir Podcasts anhören und Bücher und YouTube-Kanäle ansehen. Die meisten Nischen oder Unternischen weisen ein paar Vordenker auf. Sie haben oft das »klassische« Buch für eine bestimmte Branche oder Nische geschrieben, und manchmal produzieren sie auch Content und geben Interviews in Podcasts und auf YouTube. Das ist durchaus wertvoll, aber man muss sich bewusst sein, dass es eine gestellte Situation ist, wenn die Leute in Formaten für die Öffentlichkeit interviewt werden. Sie werden immer eine gefilterte Version der Situation wiedergeben.

Als Nächstes würde ich mir Branchenzeitschriften oder Newsletter ansehen. Manche davon gibt es immer noch als Printversion, doch die meisten sind inzwischen online. Viele davon sind nur gegen Bezahlung zugänglich oder erfordern eine Registrierung, aber wenn Sie einen Markt ansteuern, lohnt es sich durchaus, sich zu registrieren, um ihn tiefer zu ergründen. Diese Publikationen sind oft spezifisch, und Sie finden sie praktisch in jeder Nische, von Abfallmanagement bis zum Lehrgang »Wie ich mein Geld anlege« für Ärzte.

Ich mag sie, weil sie aktuelle Informationen bieten, die die Menschen in der Branche so wertvoll finden, dass sie dafür bezahlen. Außerdem erfährt man, wer die Werbekunden und Sponsoren in dieser Branche sind und auf welche Schmerzpunkte ihre Angebote ausgerichtet sind. Bei langjährigen Werbekunden und Sponsoren lohnt es sich, näher hinzusehen, weil sie wahrscheinlich eine gute Rendite für ihre Werbeausgaben erhalten. Und wenn es in der Nische, die Sie sich gerade ansehen, keine Fachzeitschrift und keinen Newsletter gibt, dann starten Sie eine solche Publikation!

Zum Schluss halte ich noch einen meiner besten Hacks für Sie bereit, um schnell in einen Zielmarkt hineinzufinden. Besuchen Sie Konferenzen, Messen oder Veranstaltungen von Branchenverbänden. Ich mache das oft, und innerhalb eines Tages weiß ich mehr über eine Branche, ihre Schmerzpunkte und welche Themen gerade aktuell sind, als wenn ich sechs Monate Online-Recherche betrieben hätte.

Die Hauptredner auf Konferenzen sind meist das Who's Who der Branche. Die Vorträge, Präsentationen und Podiumsdiskussionen drehen sich um die angesagten Themen der Branche. Wenn Sie sich mit anderen Teilnehmern unterhalten, erhalten Sie Einblicke, die Sie als Außenseiter nur schwer erlangen würden. Genau wie bei Facebook-Gruppen und Reddit-Unterkategorien finden Sie Konferenzen über fast jedes erdenkliche Thema, jede Nische und jede Branche. Dies ist eine super wirkungsvolle Methode, um Ihre Marktforschung zu beschleunigen.

Ob Sie nun online oder offline recherchieren, Sie streben danach, Ihren Zielmarkt in der Tiefe zu verstehen. Wenn Sie die dort verbreiteten Hoffnungen, Träume, Sehnsüchte und Ängste herausfinden und bei den drängendsten Schmerzpunkten ansetzen, wird Ihr Marketing um ein Vielfaches effektiver werden.

Perlen vor die Säue

Mich fasziniert der einfache Gedanke, dass man wesentlich mehr für exakt dasselbe Produkt oder dieselbe Dienstleistung verlangen kann, indem man einen passenderen Markt bedient. Denn dieser Markt wertschätzt das, was Sie tun, weitaus mehr.

Ich beobachte oft, wie talentierte Unternehmer ihre Perlen vor die Säue werfen. Sie haben eine unglaubliche Fähigkeit oder Lösung, aber verkaufen sie an einen Markt, der dieses Angebot nicht wertschätzt. Der große Durchbruch gelingt dann oft durch einen Wechsel des Zielmarktes oder Segments.

Das wirkt sich direkt darauf aus, wie leicht Sie etwas verkaufen, und wie viel jemand für Ihr Angebot zu zahlen bereit ist. Es ist wichtig, die Lösung für ein Problem zu liefern, aber Geld verdienen Sie nur, wenn Sie diese Lösung auch auf den richtigen Markt bringen.

Kürzlich habe ich erlebt, wie ein Mann es besonders gut verstand, mit aussagekräftigen Inhalten in den sozialen Medien für Aufsehen zu sorgen. Doch seine wahre Meisterleistung war es, einen Markt zu finden, der seine Arbeit am höchsten schätzte und dementsprechend dafür zahlte. Seinen Markt bildeten Unternehmen, die kurz vor der Börsennotierung standen. Eine gute Geschichte kann die Bewertung dieser Firmen um Hunderte von Millionen oder sogar Milliarden Dollar steigern. Als Gegenleistung für seine Arbeit forderte er eine kleine Beteiligung an dem Unternehmen. Dies führte oft zu einer Auszahlung in Millionenhöhe, wenn das betreffende Unternehmen schließlich an der Börse gelistet war.

Viele Menschen mit derselben Begabung wie er verdienen nur einen Bruchteil dessen, was er einnimmt, weil sie versuchen, Blut aus einem Stein herauszupressen. Sie verkaufen ihre Dienste an den Coffeeshop oder die Reinigung vor Ort, die diese Arbeit entweder nicht wertschätzen oder nicht in der Lage sind, viel zu zahlen. Wenn Sie Ihren Zielmarkt strategisch auswählen, kann das bedeuten, an den Verdienst für dieselbe Arbeit viele Nullen dranzuhängen.

Ein guter Angler weiß nicht nur, wie er fischen muss. Er weiß, wo die besten Fischgründe sind. Den richtigen Zielmarkt auszuwählen, ist die erste Grundlage für Ihren Marketingerfolg. Was Sie diesem Zielmarkt verkaufen, kommt danach. Das werden wir uns als Nächstes ansehen.

Kapitel 2 – Aktionspunkte

- Bündeln Sie Ihre Fähigkeiten, Erfahrungen und Ihr Wissen auf eine Weise, die Sie einzigartig und wertvoll für einen spezifischen Zielmarkt macht.
- Achten Sie darauf, dass Ihr Zielmarkt nicht zu breit ist. Wenden Sie mehrere Nischendimensionen an, um Ihren Zielmarkt eng einzugrenzen.
- Recherchieren Sie undercover und sammeln Sie Informationen und Einblicke in Ihren Zielmarkt, sowohl online als auch persönlich.

3

Was verkaufen Sie (wirklich)?

KAPITEL 3 – VORSCHAU

Viele Marketer wenden enorme Ressourcen dafür auf, die Funktionen und Nutzen ihrer Produkte oder Dienstleistungen zu kommunizieren. Viel wirkungsvoller ist es aber, die Psychologie der menschlichen Wünsche und Sehnsüchte zu verstehen, und wie sie das Kaufverhalten bestimmt.

Die Kernpunkte in diesem Kapitel sind:

- Wie Sie zur innersten Motivation Ihres Zielmarktes vordringen, indem Sie die Technik der fünf Warum-Fragen anwenden.
- Die sieben Elemente, die jedem Kaufverhalten zugrunde liegen.
- Die vier Hebel, die einen Mehrwert schaffen, den Ihr Markt bezahlen wird, auch wenn Ihr Angebot Massenware ist.
- Wie Sie sich aus der Masse am Markt hervorheben, indem Sie sich bewusst positionieren.
- Die Preisgestaltung und welche Schlüsselrolle sie dabei einnimmt, Ihr Produkt oder Ihre Dienstleistung attraktiv für Ihren Zielmarkt zu machen.
- Wie die »samtene Absperrkordel« Kunden in Fans und treue Anhänger Ihres Produkts oder Ihrer Dienstleistung verwandelt.

Der heilige Gral

Sie stehen kurz davor, ein neues Restaurant zu eröffnen. Eine Mischung aus Vorfreude und Nervosität durchströmt Ihren Körper. Wie das Schicksal so spielt, stoßen Sie zufällig auf eine Wunderlampe. Sie reiben daran und ein Geist kommt hervor und sagt: »Hallo, Unternehmer, ich erfülle dir einen Wunsch, egal welchen.« Was wünschen Sie sich? Einen großartigen Standort? Einen Koch mit Michelin-Stern? Ein wunderbares neues Speisenkonzept? Das sind alles schöne Dinge, aber was Sie wirklich brauchen, ist eine Menschenmenge, die Hunger hat.

Den Begriff Produkt-Markt-Fit prägte der renommierte Unternehmer und Risikokapitalgeber Marc Andreessen. Er schreibt: »In einem großartigen Markt – einen Markt mit sehr vielen wirklich potenziellen Kunden – zieht der Markt die Produkte aus den Start-ups heraus.«

Das Konzept des *Customer Pull* (*von englisch* pull, *ziehen, Anm. d. Übers.*) ist eine Schlüsselkomponente des Lean-Gedankens. Der Kunde verlangt Produkte, Dienstleistungen oder Lösungen für seine Probleme von den Unternehmen, anstatt dass diese sie dem Kunden aufdrängen, der sie oft gar nicht will.

Die meisten Unternehmer sind verliebt in ihr Produkt oder ihre Dienstleistung und starren wie besessen auf ihre Wettbewerber. Wer sich jedoch zu sehr um seine Konkurrenten sorgt, erzeugt unnötige Ängste und verwässert seinen Fokus. Die meisten Firmen, die scheitern, sterben durch Verhungern, nicht durch Mord.

Manche Unternehmer behaupten, ihr Produkt oder ihre Dienstleistung sei so einzigartig, dass es gar keine Konkurrenz gibt. Das stimmt nur selten, und wenn, dann ist es eine riesige rote Fahne, die vor niedriger Nachfrage warnt.

Den Produkt-Markt-Fit bestimmen nicht Sie oder Ihre Wettbewerber. Ihre Kunden bestimmen ihn. Das ist weitaus wichtiger, als »das beste« Produkt oder »die beste« Dienstleistung anzubieten, denn es erzeugt eine Zugkraft auf der Nachfrageseite.

Meiner Meinung nach hat Starbucks nicht den besten Kaffee, McDonald's nicht die besten Burger und Apple nicht die beste Unterhaltungselektronik. Aber jeder von ihnen hat ein enorm erfolgreiches Unternehmen aufgebaut, dank des starken Produkt-Markt-Fit und der Zugkraft auf der Nachfrageseite. Jetzt wird es Zeit, dass Sie es ebenso angehen.

Ihr wunderbares Produkt oder Ihr toller Service sind in der Lage, Kunden zu *binden*, was wichtig ist, aber mittels effizienten Marketings *akquirieren* Sie Kunden, und das brauchen Sie zuerst. Niemand weiß, wie gut Ihr Produkt oder Ihre Dienstleistung ist, bis er oder sie es erworben hat. Bevor man kauft, weiß man nur, wie gut Ihr *Marketing* ist. Einfach gesagt: **Der bessere Marketer gewinnt immer**. Ein fundamentales Element, um das Spiel des Marketing zu gewinnen, ist der Produkt-Markt-Fit.

Wenn Ihnen der Produkt-Markt-Fit fehlt, scheint es Ihnen, als würden Sie einen Felsbrocken bergauf rollen. Marketing kann da helfen, aber es wird schwer sein, und Sie werden jeden einzelnen Verkauf stark anschieben müssen, um ihn abzuschließen.

Wenn Sie über einen starken Produkt-Markt-Fit verfügen, rollt der Felsbrocken bergab. Sie nutzen den natürlichen Schub der Nachfrage. Hier wirkt das Marketing als Beschleuniger und verhilft Ihnen zu einer enormen Geschwindigkeit. Das ist der heilige Gral.

Feuchte Roboter

Viele hochintelligente Menschen sind überzeugt, dass wir in einer Simulation leben – wie Figuren in einem Videospiel oder einer virtuellen Umgebung. Das ist ein Gedanke, der mir oft in den Sinn kommt.

Vielleicht ist es der Nerd in mir, aber ich sehe überall Algorithmen. Ein Hund, der sich kratzt, ein Mensch, der niest, die Sonne, die aufgeht. All dies scheinen Algorithmen zu sein, die wie bei Computern auf eine Eingabe oder einen zeitlichen Auslöser reagieren.

Mich fasziniert auch, wie vorhersagbar das menschliche Verhalten ist. Das ist der Sinn und das Ziel der Psychologie, nehme ich an – dieses Verhalten zu beschreiben, vorherzusagen und zu ändern. Wenn wir alle völlig unterschiedlich und unberechenbar wären, gäbe es dieses Forschungsgebiet nicht.

Es ist, als wären wir laufende, sprechende Computer. Wir haben eine »Hardware«, unseren Körper. Und wir haben eine »Software«, unseren Geist. Um einen Begriff von Scott Adams zu verwenden: Wir sind »feuchte Roboter«.

Unsere Hardware und Software können versagen, uns unterstützen und, bis zu einem gewissen Grad, Upgrades erhalten. Stellen Sie sich dieses Buch als wichtiges »Software-Update« vor.

Wenn Sie wollen, dass ein Computer oder Roboter etwas tut, weisen Sie ihn über Computercode an. Wenn Sie wollen, dass ein Mensch etwas tut, verwenden Sie Wörter. Mit der richtigen Kombination von Wörtern können Sie, wie ich meine, jeden Menschen dazu »programmieren«, fast alles zu tun.

In Kapitel 5 gehe ich detaillierter darauf ein, wie man die richtige Kombination von Wörtern einsetzt, um feuchte Roboter zu programmieren.

Schauen wir uns zunächst die sieben Kerngüter an, die alles menschliche Verhalten bestimmen.

Was Menschen *wirklich* kaufen oder verkaufen

Wenn ich Unternehmer frage, was sie verkaufen, beschreiben sie meist ihr Produkt oder ihre Dienstleistung und wie sie funktionieren. Das ist ein netter Anfang, und es erklärt den Weg zum Ziel, aber das letztliche Ziel interessiert mich viel mehr. Was verkaufen Sie *wirklich*?

Die *Five Whys* – die fünf Warum-Fragen – sind eine Problemlösungstechnik, die als Schlüsselkomponente des Toyota-Produktionssystems entwickelt wurde und im Rahmen des Lean-Ansatzes und des Lean Manufacturing häufig verwendet wird. Bei dieser Technik fragt man fünfmal nach dem »Warum«, um die Grundursache eines Problems aufzudecken, anstatt sich auf die Symptome oder unmittelbaren Probleme zu konzentrieren. Da die Five-Whys-Methode tiefer in das Problem eindringt, kann man mit ihrer Hilfe die Grundursache identifizieren und effektive, dauerhafte Lösungen entwickeln.

Hier ein Beispiel für die Five-Whys-Technik, angewandt auf eine Produktionslinie in einer Fabrik, in der es oft zu Ausfallzeiten kommt.

Warum kommt es in der Produktionslinie zu Ausfallzeiten? Weil sie überhitzt.

Warum überhitzt sie? Weil das Kühlsystem nicht richtig funktioniert.

Warum funktioniert das Kühlsystem nicht richtig? Weil es durch Verschmutzung verstopft ist.

Warum ist das Kühlsystem durch Verschmutzung verstopft? Weil es keinen regelmäßigen Wartungsplan dafür gibt.

Die Grundursache für die Ausfallzeiten ist also, dass es keinen regelmäßigen Wartungsplan für das Kühlsystem gibt.

Doch die Five-Whys-Technik ist über den Bereich Produktion oder technische Fehlerbehebung hinaus nützlich. Sie kann auch die Grundursachen für die meisten menschlichen Verhaltensweisen aufzeigen. Zum Beispiel:

Warum brauchst du einen Kredit? Weil ich mir einen Mercedes der S-Klasse kaufen will.

Warum willst du dir einen Mercedes der S-Klasse kaufen? Weil ich schon lange einen will.

Warum willst du schon lange einen? Weil es zeigt, dass ich erfolgreich und wohlhabend bin, wenn ich einen fahre.

Warum willst du zeigen, dass du erfolgreich und wohlhabend bist? Weil das zu zeigen mir den Respekt und die Bewunderung anderer Menschen einbringen wird.

Warum wünschst du dir Respekt und Bewunderung von anderen? Weil das meinen Status in meiner Peer-Gruppe anhebt.

Für mich haben die Five Whys nichts Magisches an sich, aber die Technik des wiederholten Hinterfragens bringt Sie näher an den wahren Kern eines Themas.

Wenn ich frage: »Was verkaufen Sie *wirklich*?«, muss ich eventuell noch ein paar weitere Fragen stellen, aber wir werden am Ende bei einer oder mehrerer der folgenden Antworten landen:

1. Geld und Reichtum
2. Zeit und Bequemlichkeit
3. Sex und Partnersuche
4. Status, Ruhm und Anerkennung
5. Sicherheit, Frieden und Grundbedürfnisse
6. Freizeit, Unterhaltung, Spiel
7. Freiheit

Diese sieben Kerngüter sind das *Einzige*, was Menschen wirklich kaufen oder verkaufen. Sie sind der Antrieb hinter jedem menschlichen Verhalten.

© marketoonist.com

Um festzustellen, was das Kaufverhalten motiviert, ignorieren Sie das, was die Leute Ihnen sagen, und achten Sie stattdessen darauf, was sie wirklich *tun*. Was im Marketing wahr ist, wird nicht davon bestimmt, was die Menschen mündlich äußern, sondern davon, wie sie ihre Geldbörse benutzen. Deshalb bin ich kein großer Fan von Fokusgruppen oder Umfragen. Sie können als Datengrundlage dienen, sind aber in der Regel ungenau, weil die Menschen Sie und sich selbst belügen.

Immer, wenn Sie sich fragen: »Warum tun sie das?« oder »Warum tue ich das?« bezieht sich die Antwort auf das Streben nach einem oder mehreren dieser Kerngüter. Und immer wenn Sie sich fragen: »Wie bringe ich diese Person dazu, zu tun, was ich will?«, ist die Antwort dieselbe.

Sehen wir uns die Kerngüter etwas näher an.

Die sieben Kerngüter

Geld und Reichtum

Hilft es den Menschen, Geld zu verdienen oder zu sparen? Hilft es, ihr Vermögen zu schützen oder zu vermehren?

Nach Wohlstand zu streben, ist der Motor unserer Wirtschaft und beeinflusst fast jede unserer Entscheidungen. Wohlstand und Geld haben zwar miteinander zu tun, sind aber nicht dasselbe. Man kann Wohlstand haben, ohne Geld zu haben. Wohlstand sind die Dinge, die man haben will: Essen, Kleidung, Häuser, Autos, Reisen an coole Orte usw.

Wenn Sie einen Zauberstab hätten, mit dem Sie ein Auto herzaubern, ein Essen kochen oder Ihr Haus putzen oder irgendetwas anderes Wünschenswertes erreichen könnten, dann wären Sie der reichste Mensch der Welt und bräuchten überhaupt kein Geld.

Umgekehrt, wenn Sie auf einer einsamen Insel stranden würden und hätten alles Geld der Welt, würde es Ihnen nichts nützen, außer Sie könnten es für die benötigten Dinge eintauschen.

In der Praxis sind Geld und Wohlstand oft austauschbare Begriffe, aber was Sie, Ihre potenziellen Kunden und ich wirklich wollen, ist Wohlstand.

Zeit und Bequemlichkeit

Spart es den Menschen Zeit oder Energie?

Während Geld eine erneuerbare Ressource ist, kann man Zeit nicht zurückgewinnen, wenn sie einmal vergangen ist. Sie ist unsere wertvollste Ressource.

Dies macht Annehmlichkeiten, um Zeit zu sparen, zu einem starken Antrieb für menschliches Verhalten.

Wie Evan Williams, der Mitbegründer von Twitter (heute X), es ausdrückte: »Bequemlichkeit entscheidet über alles.« Die Bequemlichkeit trifft oft an unserer Stelle die Entscheidungen, und manchmal setzt sie sich dabei sogar über unsere Vorlieben und Überzeugungen hinweg.

Ich gehe lieber zu Fuß oder fahre mit dem Fahrrad, aber mit dem Auto zu fahren, ist so bequem, dass es mein häufigstes Verkehrsmittel ist. Wenn ich irgendwo zu Fuß hingehe oder mit dem Rad hinfahre, muss ich mir das vorher bewusst vornehmen.

Ich unterstütze eigentlich lieber unabhängige Einzelhändler, aber Amazon ist einfach so bequem, dass ich dort am häufigsten einkaufe. Ein Produkt mit einem Klick zu kaufen und es am nächsten Tag ins Haus geliefert zu bekommen, ist einfach überzeugend.

Die Bequemlichkeit lässt andere Möglichkeiten oft lächerlich wirken. Wenn Sie einmal eine Waschmaschine benutzt haben, erscheint es irrational, Ihre Kleidung noch mit der Hand zu waschen. Wenn Sie einmal eine Fernsehserie auf Netflix im Serienmarathon angesehen haben, erscheint es undenkbar, jedes Mal auf einen bestimmten

Tag zu warten, um die nächste Episode Ihrer Serie zu sehen. Es wirkt nach außen hin sogar ziemlich exzentrisch, wenn jemand sich gegen bequeme zeit- und energiesparende Geräte sperrt, wie die Leute, die kein E-Mail benutzen oder kein Smartphone besitzen wollen.

Man kann von den meisten Dingen mehr bekommen, aber niemals mehr Zeit, was sie zu einem unglaublich starken Antrieb für menschliches Verhalten macht.

Sex und Partnersuche

Hilft es den Menschen, einen Lebens- oder Sexpartner zu finden?

Der angeborene Trieb, sich zu reproduzieren, beherrscht das Verhalten jedes Lebewesens.

Aus diesem Grund ist der Satz »Sex sells« ein Grundprinzip in der heutigen Werbung und in den Medien. Mit Sex lässt sich alles verkaufen, von CRM-Software bis hin zu Kaffee. Ein Zitat, das oft Oscar Wilde zugeschrieben wird, lautet: »Alles auf der Welt dreht sich um Sex, außer Sex. Beim Sex geht es um Macht.«

Das Prinzip »Sex sells« ist nicht nur ein Marketing-Gag, sondern ist eine biologisch und psychologisch tief verankerte Tatsache.

Übrigens, dieses zu Buch lesen, macht Sie 37 Prozent sexier. 😉

Status, Ruhm und Anerkennung

Verbessert es den sozialen Status der Menschen oder verschafft es ihnen Anerkennung?

Menschen sind soziale Wesen. Die soziale Rangordnung ist im Menschen genetisch verankert (wie auch bei allen Primaten). Von seinem Stamm ausgeschlossen zu werden, ist wohl die härteste Strafe, die man erhalten kann. Es gab Zeiten, da bedeutete das sogar den Tod.

Menschen legen sich für Status, Ruhm oder Anerkennung unfassbar ins Zeug.

Wir sollten hier anmerken, dass Status stark vom Kontext abhängt. Man kann einen hohen Status in einem Bereich erlangen, aber in einem anderen ein Niemand sein. Zum Beispiel sind Sie vielleicht als Alphatier im Vorstand anerkannt, aber wenn Sie einen Boxring betreten, gehen bei Ihnen innerhalb von zehn Sekunden die Lichter aus.

Ein wesentlicher Teil von Status ist, ihn zu signalisieren. Dazu später mehr.

Sicherheit, Frieden und Grundbedürfnisse

Verschafft es den Menschen Frieden oder senkt es Risiken?

Dazu gehören physische und psychische Sicherheit, genügend Kalorien, Trinkwasserversorgung, Obdach, beheizter Wohnraum und so weiter.

Diese Grundbedürfnisse sind das Fundament unseres Lebens. Unser Gehirn ist vor allem anderen auf Überleben geschaltet und dieses Ziel wird es immer hartnäckig verfolgen.

Freizeit, Unterhaltung, Spiel

Hilft es den Menschen, sich zu entspannen, sich zu erholen oder dem Alltag zu entfliehen?

Freizeit, Unterhaltung und Spiel sind wesentlich für das menschliche Wohlbefinden. Sie spielen eine entscheidende Rolle für ein ausgeglichenes und erfülltes Leben. Sie sind keineswegs optional oder überflüssig, sondern tragen zur kognitiven, sozialen, emotionalen und körperlichen Entwicklung bei.

Freizeit, Unterhaltung und Spiel fördern auch den sozialen Zusammenhalt, verbinden uns mit anderen, ermöglichen uns, gemeinsame Erfahrungen zu machen, und Werte, Überzeugungen und Traditionen über Generationen hinweg weiterzugeben. Sie fördern ein Gefühl der Zugehörigkeit und der Verbundenheit mit dem Stamm.

Freiheit

Fühlen sich die Menschen dadurch freier?

Wenn sie alles hätten, aber die Entscheidungsfreiheit verlieren würden, wären Sie dennoch unglücklich.

Ich denke dabei an Menschen wie Könige oder Erben von Familienvermögen, deren Lebensweg vorbestimmt ist. Trotz ihres immensen Reichtums, der Macht, des Status und der Tatsache, dass für alles gesorgt ist, geben manche ihre Pflichten auf, weil sie die Freiheit ermangeln, ihren eigenen Weg zu gehen.

Freiheit und Unabhängigkeit sind die Grundlage, auf der viele Nationen gegründet wurden. Sie sind auch eine häufige Motivation von Unternehmern.

Wenn einem eine Option aufgezwungen wird, selbst wenn sie gut ist, ist sie sofort nicht mehr so attraktiv. Im Gegensatz dazu sind Menschen, die frei wählen dürfen, viel positiver gestimmt bei ihren Entscheidungen, selbst wenn diese suboptimal sind.

HINWEIS: Nicht alle menschlichen Wünsche lassen sich eindeutig abgrenzen. Hinter vielen Dingen stecken mehrere Antriebe. Ein Auto kann zum Beispiel unter Zeit und Bequemlichkeit fallen, aber es hat auch mit Status, Freizeit und Freiheit zu tun.

Wie mit den meisten Dingen kann man auch mit den sieben Kerngütern handeln. Zeit wird oft gegen Sicherheit gehandelt, Freiheit kann gegen Status, und fast alles kann gegen Geld gehandelt werden.

Vitamine und Schmerzmittel

Jede menschliche Entwicklung kann man wie folgt zusammenfassen: Gib dem langfristigen Ziel die Priorität über das kurzfristige. Warum also tun wir das nicht automatisch? Warum treibt nicht jeder Sport, spart und investiert für die Zukunft, isst vernünftig und baut sich gute Beziehungen auf? Weil unser Gehirn auf Überleben eingestellt ist, nicht auf Erfolg. Ihrem Gehirn ist es egal, ob Sie erfolgreich oder glücklich sind. Es will nur, dass Sie überleben. Wenn Sie also eine Pizza sehen, die voller Kalorien ist, denkt Ihr Gehirn: »Super, jede Menge Kalorien; wir werden ein bisschen länger überleben«, und es signalisiert Ihnen, die Pizza zu essen.

Für die meisten Menschen die längste Zeit der Geschichte über bestand die größte Herausforderung darin, zu überleben, also war das durchaus sinnvoll. Iss, trink und freu dich des Lebens, denn morgen sterben wir vielleicht. Es ist ein relativ neues Phänomen, dass wir nicht mehr ständig in Gefahr sind, zu sterben. Trotzdem ist unser Gehirn noch immer auf Überleben, Sicherheit und Vermeidung von Schmerz eingestellt. Sonstige Vorteile und Gedanken über die Zukunft sind optionale Extras.

Das ist eine wichtige Information für Marketer. Wenn Ihr Zielmarkt Ihr Angebot als Vitamin wahrnimmt – also als etwas Optionales, das in der Zukunft irgendwelche Vorteile bringen mag – dann werden Sie es nur schwer verkaufen. Sie wollen, dass die Leute Ihr Angebot als Schmerzmittel wahrnehmen, etwas, was sie einnehmen können, damit der Schmerz sofort nachlässt.

Manche glauben jetzt vielleicht, dass »Schmerzmittel« zu den lebensnotwendigen Gütern wie Nahrung, Wasser und Unterkunft gehören, während die Konsumgüter, die nicht zur Basis zählen, Vitamine sind. Doch das ist nicht wahr. Ob etwas ein Vitamin oder ein Schmerzmittel ist, hängt nicht von Ihrem Produkt ab, sondern von Ihrem Markt. Ein Mercedes-Benz der S-Klasse zum Beispiel mag ein Marktsegment als Vitamin betrachten, ein anderer jedoch als Schmerzmittel.

Wenn Sie nach dem Produkt-Markt-Fit suchen, besteht Ihre Aufgabe auch darin, den Markt zu finden, der Ihr Angebot als Schmerzmittel wahrnimmt, und nicht als Vitamin. Das ist die hungrige Menschenmenge, wenn Sie ein Restaurant führen. Es ist der Mensch mit Migräne, wenn Sie ein Schmerzmittel verkaufen.

Schmerz lässt Ihren Markt effektiver handeln als Vergnügen. Wenn Ihr Zielmarkt dringend eines oder mehrere der sieben Kerngüter in einer Form benötigt, die Sie mit Ihrem Produkt oder Ihrer Dienstleistung befriedigen, ist das pure Magie. Sie verfügen dann über den so wichtigen *Produkt-Markt-Fit*.

Worin auch immer Ihr Produkt oder Ihre Dienstleistung besteht, es ist nur ein Platzhalter, der eines oder mehrere der sieben Kerngüter liefert. Stellen Sie sich das wie eine Gelatinekapsel vor, die die Wirkstoffe einer Pille enthält. Um seinen Status innerhalb seiner Peer-Group zu erhöhen oder beizubehalten, kauft ein Kunde vielleicht ein Schmerzmittel in Form eines Mercedes.

Welches der sieben Kerngüter, das Ihr Produkt oder Ihre Dienstleistung liefern kann, fehlt Ihrem Zielmarkt? Das ist eine Schlüsselfrage.

Die meisten Unternehmer verbringen ihre Zeit damit, einem gleichgültigen Publikum von Funktionen und Vorteilen vorzuschwärmen. Das ist so, als wolle man jemandem, der noch nie Kopfschmerzen hatte, ein Schmerzmittel verkaufen. Noch aussichtsloser ist der Versuch, ihnen die Verpackung – die Gelatinekapsel – zu verkaufen, die sie noch weniger interessiert. Egal, was man ihnen über die Kapsel, deren Farbe und Material erzählt, man stößt auf taube Ohren.

Man erreicht nur selten schon beim ersten Versuch den Produkt-Markt-Fit. Dazu braucht man meistens einige Anläufe oder Kehrtwenden. Ich erzähle Ihnen ein Beispiel aus meinem Unternehmen. Vor ein paar Jahren erkannten wir in einem unserer Coaching-Programme, dass der Unternehmer fast immer der Flaschenhals war. In unseren Coaching-Gesprächen einigten wir uns auf eine Strategie und auf die nächsten Schritte, um die Dinge voranzubringen. Eine Woche, zwei Wochen, manchmal sogar einen Monat später stellten wir fest, dass wir hinsichtlich der vereinbarten Aktionsschritte kaum oder gar nicht vorangekommen waren.

Warum? Weil der Unternehmer zu beschäftigt war – er hatte zu viele Bälle in der Luft, löschte Brände und wurde von schönen, glänzenden Dingen abgelenkt. Das erlebten wir inzwischen bei vielen Kunden.

Wir versuchten es mit den üblichen »Trainer«-Methoden – Rechenschaftspflicht, Ermahnungen, Ansporne usw. Nichts funktionierte, weil Unternehmer meist Menschen sind, die das große Ganze vor Augen haben, Visionäre, Menschen mit Ideen. Ich bin so und Sie vielleicht auch. Das ist eine superwichtige Rolle, aber mit einem entscheidenden Nachteil – solche Menschen sind nicht gut in Mikro-Implementierung (mehr dazu, wie Sie das überwinden, in Kapitel 11).

Also unternahmen wir das Nächste, Offensichtlichste, und brachten sie dazu, einen Marketingkoordinator einzustellen. Jemanden, der die alltägliche Implementierung des Marketings übernahm. All die Dinge, die zwar entscheidend waren, aber auch zu langweilig und zeitraubend für den Unternehmer.

Doch damit stießen wir auf eine weitere Hürde. Der Unternehmer schob die Einstellung hinaus, brauchte Monate, um jemanden an Bord zu holen – und am Ende entschied er sich oft für einen ungeeigneten Mitarbeiter.

Wir lösten dieses Problem, indem wir unser Programm um einen Vermittlungsservice für Marketingkoordinatoren erweiterten. Wir nahmen ihnen die gesamte Arbeit ab, von den Bewerbungsgesprächen über Einstellung, Einarbeitung bis hin zur Schulung eines Marketingkoordinators. Dann arbeiteten wir mit dieser Person zusammen, um das Marketing zu implementieren – all die Aufgaben, die der Unternehmer nicht schaffte, wollte oder die er einfach hasste.

Dadurch erzielten unsere Kunden nach und nach enorme Ergebnisse. Sie spürten, dass wir ihnen ein Riesengewicht von den Schultern genommen hatten, und liebten uns dafür, das für sie erledigt zu haben.

Als wir mit dem Coaching und der Beratung begannen, hätte ich nie gedacht, dass wir einmal einen Personalvermittlungsservice anbieten würden – aber jetzt ist es so. Ich habe eine bestehende Nachfrage und einen starken Schmerzpunkt angezapft. So schufen wir ein erstklassiges Programm, das unseren Kunden zu starken Ergebnissen verhilft.

Wäre ich weiterhin in mein Produkt verliebt geblieben und nicht in meine Kunden, würde ich immer noch frustriert versuchen, ein eckiges Klötzchen in ein rundes Loch zu stecken.

Wenn das Wichtigste gar nicht das Wichtigste ist

Ich habe mich nie als Autofan gesehen, aber mehrere Freunde von mir sind es. Einer meiner engsten Freunde sagt, ein Autofan steckt in jedem Mann, er müsse nur geweckt werden. Ich habe den Verdacht, dass er recht hat.

Besagter Freund schleppt mich oft zu Rennstreckentagen und Supercar-Treffen mit. Dort riskieren wir unser Leben, indem wir zu schnell über Rennstrecken rasen.

Mir ist aufgefallen, wie sehr die Besitzer von Ferrari und anderen Supersportwagen sich am Motorengeräusch ihrer Autos erfreuen. Die Motoren von Ferrari, insbesondere die V8- und V12-Motoren, sind für ihre charakteristischen Auspuffgeräusche bekannt. Besitzer und Enthusiasten schwärmen oft, der Klang ihrer Motoren sei »Musik in meinen Ohren«. Da zurzeit der Autofan in mir langsam erwacht, stimme ich dem zu.

Viele vergleichsweise bescheidene Elektroautos sind tatsächlich schneller und bieten eine viel explosivere Beschleunigung als herkömmliche Supersportwagen. Da elektrische und moderne benzinbetriebene Motoren jedoch leiser laufen, vermitteln sie nicht das gleiche Gefühl wie das donnernde Grollen eines traditionellen Hochleistungsmotors. Es ist ein bisschen wie Sex ohne Ton. Aus diesem Grund spielen einige Autohersteller über die Lautsprecher im Innenraum künstlich erzeugte Motorengeräusche ab, um dem Auto einen wilden, sportlichen Anschein zu verleihen.

Bevor ich an Supercar-Treffen teilnahm, meinte ich, potenzielle Supercar-Käufer interessierten sich vor allem für Geschwindigkeit. Das ist zwar ein wichtiges Verkaufsargument, aber oft sind es die Emotionen, die sie beim Motorengeräusch empfinden, die den Kauf besiegeln.

Sie sollten wissen, was Ihr Zielmarkt wirklich kauft. Oft ist das, was Sie anbieten, relativ undifferenziert und nicht das, was die Kunden zum Kauf bewegt.

Kürzlich begegnete mir ein weiteres Beispiel dafür.

Auf Reisen wählen viele gesundheitsbewusste Menschen ein Hotel nach der Qualität seiner Fitnessausstattung aus. Die Nähe des Hotels, die Preise und die Zimmerausstattung sind zwar Faktoren, die bei der Buchungsentscheidung eine Rolle spielen, doch die sind bei Hotels in näherem Umkreis meist ähnlich. Die Fitnessausstattung ist oft der entscheidende Faktor.

Wenn Sie ein Hotel besitzen und das nicht wissen, passieren Ihnen vielleicht kostspielige Fehler. Sie geben eventuell große Summen für die Renovierung der Zimmer aus, und hoffen, mehr Gäste anzuziehen, obwohl Sie die Modernisierung Ihres Fitnessstudios oder Fitnesscenters einen Bruchteil davon gekostet hätte. Anstatt auf Ihrer Website Fotos vom nahen gelegenen Fluss und lokalen Attraktionen zu zeigen, wie alle anderen Hotels in der Gegend, sollten Sie mit detaillierten Fotos von Ihrem Fitnesscenter aufwarten und eine Liste der verfügbaren Trainingsgeräte anfügen.

Wir führen für unsere Kunden häufig ausführliche Interviews durch, um herauszufinden, warum ihre Kunden bei ihnen kaufen. Die Ergebnisse überraschen unsere Kunden immer wieder. Sie sind selten das, worauf sie sich bei ihrer Arbeit fokussieren.

Tun Sie das Gewöhnliche, aber außergewöhnlich gut

Was kommt Ihnen in den Sinn, wenn Sie das Wort »Unternehmer« hören? Neue Ideen? Die Welt verändern? Innovation? Venture Capital, Exits für Riesensummen?

Wenn Sie einen durchschnittlichen Menschen fragen, wer ein echter Unternehmer ist, sagt er vielleicht Steve Jobs, Elon Musk oder Mark Zuckerberg. Das sind wunderbare Unternehmer, sicher, aber sie sind extreme Ausnahmeerscheinungen.

Immer wenn ich unglaublich reiche Unternehmer kennenlerne, treibt mich die Neugier dazu, sie über ihre Erfolgsstory auszufragen. Selten höre ich dann, dass sie eine neue Idee hatten, eine revolutionäre Technik oder irgendeine bahnbrechende Erfindung. Meist befassen sie sich mit etwas Normalem und Langweiligem. Häufige Antworten, die ich in letzter Zeit hörte, waren »Abfallmanagement«, »eine Klinikkette« oder »ein Portfolio aus E-Commerce-Shops«.

Praktisch keiner von ihnen hatte eine neue Idee oder ein neues Konzept, und nur äußerst wenige sicherten sich Risikokapital oder gingen große Risiken ein. Es sind normale, langweilige Unternehmen, die **gewöhnliche Dinge tun, nur ungewöhnlich gut**.

Oft haben sich diese Unternehmer vom Angestellten oder Ein-Mann-Betrieb bis zur Übernahme oder Skalierung hochgearbeitet, als sich die Chance dazu ergab. Ihr Erfolg beruhte oft darauf, über fünf bis 20 oder mehr Jahre Prozesse verbessert oder modernisiert zu haben. Nicht jeder Held trägt ein Cape wie Superman.

Hier ist ein zuverlässiger, risikoarmer Weg, um Produkt-Markt-Fit und Wohlstand zu erreichen: Helfen Sie den Menschen, das zu bekommen, was sie bereits wollen (die sieben Kerngüter), und beseitigen Sie die Hürden, die sie davon abhalten, es zu erhalten.

Beispiele, die ich vor Kurzem von Eigentümern solcher Profitmaschinen gehört habe, sind unter anderem:

- Eine Funktion schaffen, um online bestellen oder buchen zu können.
- Die Logistiksysteme der Lieferanten oder Kunden integrieren.
- Einen Home- oder Lieferservice anbieten.
- Die Möglichkeit bieten, zu mieten oder zu leasen, anstatt zu kaufen.
- Ein Standardprodukt an Kundenwünsche anpassen.
- Eine Einzelanfertigung zum Standardprodukt machen.
- Bau- oder Herstellungszeit reduzieren.

Keine dieser Ideen ist revolutionär oder erfordert ein Genie. Menschen wechseln selten den Anbieter, weil sie dann ein besseres Produkt oder eine bessere Dienstleistung erhalten. Ab einem bestimmten Leistungsniveau gibt es kaum noch Unterschiede bei der eigentlichen Sache, die man tut. Der Grund für den Wechsel sind oft Probleme bei der Geschäftsabwicklung oder vermeintlich weniger Unannehmlichkeiten bei anderen Anbietern.

Ich war schon für mehrere Steuerberater tätig. Sie alle arbeiteten mit demselben Steuergesetzbuch und hielten im Großen und Ganzen dieselbe Trickkiste zur legalen Minimierung der Steuern bereit. Mein Ansatz, um etwas zu verändern, bezog sich nie auf ihre technischen Fähigkeiten oder ihre Arbeit als Steuerberater. Es waren Dinge wie der Umgang mit Telefonanrufen, proaktives Handeln, wie man auf E-Mails und Anfragen reagiert und so weiter. Mit anderen Worten, alltägliche Dinge.

Was Wert vermehrt und was ihn vernichtet

Preis und Wert sind die beiden Hauptvariablen, die Sie auf Ihrem Weg zum Produkt-Markt-Fit immer wieder miteinander abgleichen sollten. Je größer die Kluft zwischen dem wahrgenommenen Wert Ihres Produkts oder Ihrer Dienstleistung und dem Preis ist, desto größer ist die Nachfrage.

Jeder will ein gutes Geschäft machen. Wenn diese Kluft so groß ist, dass Ihr Markt immer wieder sagt: »Halt die Klappe und nimm mein Geld«, dann haben Sie einen echten Produkt-Markt-Fit.

Die meisten Unternehmer versuchen, die Kluft zwischen Wert und Produkt zu vergrößern, indem sie den Preis senken, aber bei diesem Spiel gewinnt man nicht. Bei einem Wettlauf nach unten geht der Sieger als Erstes bankrott. Viel wirkungsvoller ist es dagegen, sich auf eine Wertsteigerung zu konzentrieren. Indem man die Unannehmlichkeiten im Ablauf zwischen dem Kunden und dem gewünschten Ergebnis reduziert, kann man enormen Mehrwert schaffen.

Die vier wichtigsten Hebel, die sich auf den Wert Ihres Produkts auswirken, sind Zeit, Aufwand, Risiko und Nebenwirkungen. Wenn diese erhöht werden, wirken sie sich negativ auf den Wert Ihres Produkts oder Ihrer Dienstleistung aus. Werden sie verringert, verbessern sie Ihr Wertversprechen. Diese negativen oder positiven Folgen können völlig real oder auch nur eine Wahrnehmung von außen sein. Das Ergebnis ist das gleiche. Für Ihre potenziellen Kunden ist die Wahrnehmung die Realität, und der wahrgenommene Wert *ist* der Wert.

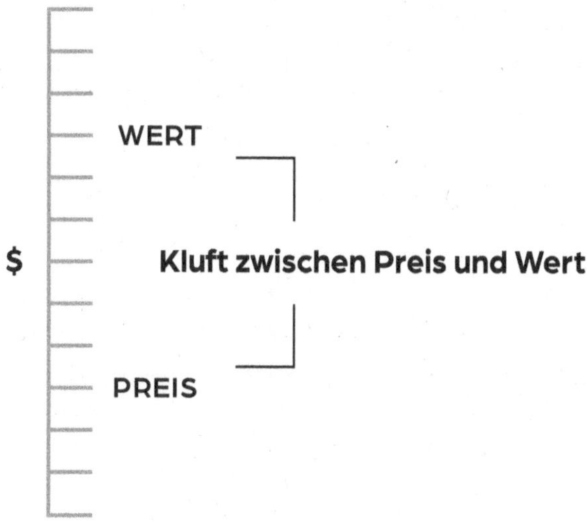

Sehen wir uns diese Werthebel einmal näher an.

Zeit: Wie lange dauert es, bis man das gewünschte Ergebnis erzielt? Ein Schmerzmittel, das die Migräne sofort lindert, ist wertvoller als ein Medikament, das erst nach drei Stunden wirkt. Bei manchen Produkten oder Dienstleistungen lässt sich eine zeitliche Verzögerung nicht vermeiden, aber diese kann zum Teil ausgeglichen werden, wenn Sie dafür ein paar schnelle Erfolge vorweisen können.

Aufwand: Wie leicht oder schwer ist es, zum gewünschten Ergebnis zu kommen? Wenn das gewünschte Ergebnis ein Gartenhaus ist, eignet sich ein vormontiertes Haus oder eines mit Montageservice eher als eines, das der Käufer selbst montieren muss.

Risiko: Wie wahrscheinlich ist es, dass Sie das gewünschte Ergebnis erreichen? Eine medizinische Behandlung mit einer 90-prozentigen

Erfolgsquote ist wertvoller als eine mit einer 50-prozentigen Chance. Der Hebel »Risiko« birgt zwei Varianten – das Lieferantenrisiko und das Kundenrisiko:

- **Lieferantenrisiko**: Werden Sie halten, was Sie versprechen? Der beste Indikator für die Zukunft ist Ihre frühere Leistung. Hier stellen Bewertungen, Fallstudien und Testimonials wirksame Belege dar. (Darauf gehe ich in Kapitel 14 näher ein.) Eine Garantie, bei der das Risiko auf Sie zurückfällt, kann ebenfalls helfen, obwohl dies immer noch das Vertrauen voraussetzt, dass Sie die Garantie auch wirklich einhalten.
- **Kundenrisiko**: Ist der Kunde in der Lage, das zu tun, was aus Ihrer Sicht nötig ist, um das gewünschte Ergebnis zu erzielen? Wann immer der Kunde etwas schaffen muss, um das gewünschte Ergebnis zu erzielen, wird sich ihm eine große Hürde in den Weg stellen – Selbstzweifel. Selbstzweifel sind ein riesiger Umsatzkiller. Auch wenn ich glaube, dass Sie ein hervorragender Ernährungsberater sind – werde ich die Diät auch durchhalten? Auch wenn ich Sie für einen hervorragenden Fotografen halte – bin ich für ein tolles Porträt überhaupt fotogen genug?

Nebenwirkungen: Welche negativen Aspekte stellen sich ein, auch wenn man die gewünschten Ergebnisse erzielt? Ein nagelneues Auto mag das gewünschte Ergebnis sein, aber Wartung und Instandhaltung sind negative Nebenwirkungen. Das Auto ist wertvoller, wenn Wartung und Instandhaltung bereits inbegriffen sind.

Das perfekte Produkt oder die perfekte Dienstleistung funktioniert sofort, erfordert keinen Aufwand, ist mit Sicherheit erfolgreich und verursacht keine negativen Nebeneffekte. Das wäre dann das wertvollste Produkt oder die wertvollste Dienstleistung in Ihrer Kategorie.

Allerdings gibt es bei allen Produkten und Dienstleistungen eine oder mehrere solcher Wertminderungen, unabhängig davon, ob sie wirklich da sind oder nur so empfunden werden. Kontinuierlich nachzubessern und nach Perfektion zu streben, sind wichtige Aspekte im Lean-Ansatz. In dem Maße, wie Sie Zeit, Aufwand, Risiko und Nebenwirkungen Ihres Angebots verringern, werden Sie für Ihren Markt immer wertvoller.

Positionierung

Vor einigen Jahren fragte mich mein Vater, wie viel ich mit meinem Geschäft verdiente. Als ich es ihm sagte, erwiderte er: »Oh, das ist ja mehr, als ein Arzt verdient!« Ein Arzt, das war der bestbezahlte, angesehenste Beruf, den er sich vorstellen konnte.

Es mag noch eine Konditionierung aus meiner Kindheit sein, aber immer, wenn ich einen neuen Arzt aufsuche, habe ich das Gefühl, es gibt einen Statusunterschied, und er versucht mir zu signalisieren, dass sein Status höher ist als meiner. Ich sage »er«, weil ich das bei Ärztinnen nie denke.

Vor Kurzem ging ich zu einem Spezialisten. Ich betrete den Warteraum, der seinem Namen alle Ehre macht, und melde mich bei der Rezeptionistin an. »Er ist gleich bei Ihnen«, sagt sie, und lügt mir dabei ins Gesicht. Wie meist in diesem Fall ist alles hier darauf ausgerichtet, seine Zeit zu optimieren. Die Räume sind gepflastert mit Zertifikaten, Preisen und Ehrungen, die er im Lauf der Jahre erhalten hat.

40 Minuten nach dem vereinbarten Termin wird mein Name endlich aufgerufen, und ich betrete das innerste Heiligtum des Arztes. »Nehmen Sie Platz«, sagt er, ohne mich überhaupt anzusehen, während er in einer Mappe herumblättert, auf der mein Name steht. Seine Miene war irgendwie verärgert, als würde ich seine Tagesplanung stören und seine Zeit verschwenden. »Was arbeiten Sie?« fragt er, während er noch immer in den Unterlagen blättert.

»Marketingberater und Autor.«

Er schiebt die Brille nach vorne, mustert mich von oben bis unten, rollt mit den Augen und wendet sich wieder den Unterlagen zu, in denen er etwas notiert. Ich bin mir ziemlich sicher, dass er im Feld »Tätigkeit« eintrug: »arbeitslos«. Ich versuche, mein angekratztes Ego zu retten und hole Luft, um ihm von dem Bestseller zu erzählen, den ich geschrieben habe, als er mich abwürgt und sagt: »Gut, ziehen Sie die Hose aus und legen Sie sich auf dem Bauch auf den Untersuchungstisch.« Mir egal, wie viel Geld du machst oder wie viele Bücher du verkauft hast, der mit den Hosen ist dem ohne Hosen immer überlegen. Gut gespielt, Doktor. Gut gespielt.

An jenem Tag lernte ich zwei Dinge: Erstens, eine »digitale Untersuchung« wird nicht mit dem Computer durchgeführt. Das Zweite war, welche Macht die Positionierung bedeutet. Seine Positionierung als Spezialist und Experte bewirkte, dass ich es tolerierte, wie unpünktlich und unfreundlich er war, während er für die kurze Untersuchung ein Honorar berechnete, das mir das Wasser in die Augen trieb.

Ich schlage hier keineswegs vor, dass Sie Ihre Position als Ausrede für schlechten Kundenservice benutzen. Aber eine erstklassige Positionierung entscheidet absolut darüber, dass man gut behandelt und bezahlt wird. Sie sind gerade dabei, sich irgendwo in Ihrem Markt zu positionieren. Die Frage ist: Tun Sie das ganz bewusst?

Die meisten Menschen und Unternehmen positionieren sich im Mittelmaß. Sie haben weder eine Premiumposition noch sind sie die Billigsten. In der Mitte tummelt sich die Masse, die von allen möglichen Orten der schlechteste ist. Wenn Sie eines der äußeren Enden im Spektrum der Positionierung einnehmen, verleiht Ihnen das sofort einen Differenzierungsvorteil.

Die Entscheidung, sich als billigster Anbieter zu positionieren, sollten Sie nur mit äußerster Vorsicht treffen, und nur dann, wenn es Ihnen einen einzigartigen Kostenvorteil gewährt. Ansonsten rate ich davon ab. Sie werden minderwertige Kunden anziehen. Solche Kunden beschweren sich am meisten, zahlen zu spät und brauchen die meiste Unterstützung. Die werden Ihnen am meisten Kopfschmerzen bereiten.

Sie haben vielleicht schon die eine oder andere Version von folgendem Meme gesehen:

500-Dollar-Kunde: »Mit dieser Investition setze ich mein Vertrauen in Sie, und Sie müssen wirklich Ergebnisse liefern.«

50 000-Dollar-Kunde: »Summe überwiesen. Danke.«

Premiumkunden erwarten ebenfalls Ergebnisse, aber es bleibt Ihnen genügend Spielraum, diese auch zu liefern. Premiumkunden haben in der Regel auch realistischere Erwartungen. Jeder hat schon Erfahrungen mit Kunden gemacht, die nichts bezahlen wollen, aber alles erwarten.

Der Preis ist ein Signal

Die Wirtschaftswissenschaft lehrt uns, dass primär Angebot und Nachfrage den Preis bestimmen – dass die Menschen sich aufgrund sämtlicher verfügbarer Information entscheiden, um den Nutzen zu maximieren. Doch nur Wirtschaftswissenschaftler und Spinner glauben, Menschen handeln rational. Wenn Sie jemals jemanden gesehen haben, der sich ein Lotterielos kauft, und dabei hofft, reich zu werden, wissen Sie es besser.

Der Preis ist ein Signal. Er kann ein Signal für Qualität sein. Wenn Ihr Preis zu niedrig ist, verlieren Sie die Kunden, die Qualität suchen, denn sie wissen, Sie können zu einem so niedrigen Preis keine hochwertigen Produkte oder Dienstleistungen liefern.

Der Preis ist aber auch ein Signal für Status. Wenn ein Rolls-Royce zum Preis eines Hyundai zu haben wäre, würde er für die Reichen sofort seine Attraktivität verlieren. Sein Preis ist ein Merkmal. Zur Tatsache, einen Rolls-Royce zu besitzen, gehört der ganze Hintergrund, den man braucht, um ihn zu besitzen.

In unserer Gesellschaft ist Bescheidenheit grundsätzlich ein Ideal, aber tatsächlich wird sie nicht belohnt. Sie denken vielleicht, Sie stünden über solchen Signalen und Statusspielchen, aber das ist eher unwahrscheinlich. Es gibt sicher irgendeinen Bereich, in dem Status für Sie zählt, und dort sollten Sie ihn nach außen hin signalisieren.

Ihr Bereich kann Reichtum, Schönheit, Menschlichkeit, Intelligenz, Mode, Macht oder etwas ganz anderes sein. Ironischerweise geben sich viele große Mühe, sich bescheiden zu zeigen.

Statussignale erscheinen vielleicht verschwenderisch, aber sie erfüllen einen bestimmten Zweck. Signale sind im Tierreich weitverbreitet. Tiere legen irrationale und kostspielige Verhaltensweisen an den Tag, um potenziellen Partnern zu signalisieren, wie fit sie sind, oder um Raubtiere davon abzuhalten, sie anzugreifen. Gazellen springen manchmal hoch in die Luft, wenn sie ein Raubtier bemerkt haben. Man nimmt an, sie wollen damit signalisieren, dass sie zu gesund und schnell sind, um gejagt zu werden. Pfaue stellen ihre großen, bunten Fächerschweife zur Schau, die nur durch einen hohen Stoffwechselaufwand aufrechtzuerhalten sind, um potenziellen Partnerinnen zu signalisieren, wie gesund und fit sie sind. Der Mensch macht dasselbe.

Das Spektrum zwischen Nutzen und Signal

Jedes Produkt, das man kauft, ist irgendwo im Spektrum zwischen seinem unmittelbaren Nutzen und seinem Signalwert angesiedelt. Ein T-Shirt für 5 Dollar ist primär Nutzen. Ein 200-Dollar-Designer-T-Shirt ist primär Signal.

Auch ein Hochschulabschluss liegt in diesem Spektrum. Da ist der Nutzen des angesammelten Wissens, aber darauf könnte man auch ohne jahrelangen Aufenthalt auf dem Campus und ohne einen Berg Studienschulden zugreifen. Viele Hochschulen stellen sogar ihren gesamten Lehrplan und ihre Vorlesungen kostenlos online zur Verfügung. Ein Abschluss an einer renommierten Universität signalisiert vor allem Status, Wettbewerbsfähigkeit und Wohlstand.

In meinem Wohngebiet haben viele Häuser einen Tennisplatz, der von der Straße aus zu sehen ist. Ich bin ein begeisterter Spaziergänger, und in den zehn Jahren, die ich hier lebe, habe ich noch nie jemanden Tennis spielen sehen. Bei einem privaten Tennisplatz geht es also in erster Linie um das Signal, nicht um Tennis.

Luxusgüter erhöhen den Insider-Status. Außenstehende verstehen nicht, warum jemand so viel Geld für etwas so Lächerliches bezahlt, und genau das ist der Punkt. Es ist eine ähnliche Dynamik wie bei einem Insider-Witz. Außenseiter verstehen ihn nicht, aber Insider fühlen sich dadurch wie eine eingeschworene Gemeinschaft.

Das Nutzen-Signal-Spektrum

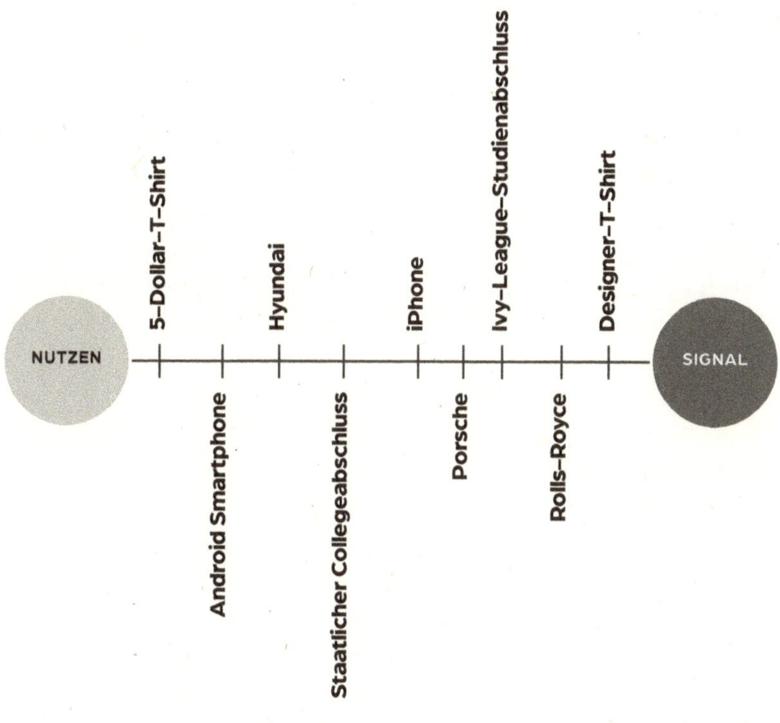

Im Lauf der Jahre habe ich für mehrere Kunden im Diamantengeschäft gearbeitet. Fast jeder von ihnen beteuerte, seine Produkte seien von besserer Qualität als Diamanten von Tiffany. Aber sie verstanden nicht, worum es eigentlich geht. Wenn man vorweisen kann, etwas bei Tiffany gekauft zu haben, oder wenn man diese kleine blaue Schachtel von der Farbe eines Vogeleis öffnet, dann hat man nicht wirklich einen Diamanten erworben. Man verfügt dann über das, wofür er steht. Vor ein paar Jahren verkauften Tiffany & Co. eine handelsübliche Büroklammer für 165 Dollar und eine in Gold für 1500 Dollar. Es ist klar, dass der Käufer nicht den Nutzen der Büroklammer kauft, sondern die Geschichte dahinter.

Wenn Sie Büroklammern anbieten, genügt es jedoch nicht, einfach den Preis auf 165 Dollar hochzusetzen. Tiffany & Co. haben sich ihre Premiumpositionierung und Preisgestaltung verdient und Sie sollten das ebenfalls anstreben.

Ein Fehler, den viele begehen, ist, die Preise nach dem Kostenaufschlagsmodell anzusetzen. Beim Kostenaufschlagsmodell berechnet man die Inputkosten und versieht sie mit einem prozentualen Aufschlag, und das ergibt dann den Verkaufspreis. Aber die Kunden interessieren sich nicht im Geringsten für Ihre Kostenstruktur. Ein besserer Ansatz ist die wertorientierte Preisgestaltung, bei der Sie den Preis für Ihr Produkt oder Ihre Dienstleistung aufgrund des für den Kunden gebotenen Werts und der von Ihnen angestrebten Marktpositionierung festlegen.

Die Samtabsperrkordel

Ein DJ mit überdimensionalem Kopfhörer hantiert an Schaltern, Reglern und Plattentellern herum. Cool aussehende Typen sind von schönen Frauen umgeben, die sich im Takt der Musik bewegen. Eine rote Samtabsperrkordel trennt diesen VIP-Bereich von den übrigen Leuten und markiert eine deutliche Grenze, wer drin ist und wer draußen.

Eine samtene Absperrkordel gibt es überall, ob beim Fliegen, beim Konzertbesuch oder im Vergnügungspark. Es hebt den Status derer, die im Inneren sind, und signalisiert Außenstehenden etwas, das sie anstreben können. Ein Kunde, der sich wie ein Mitglied in einem exklusiven Club fühlt, wird eher zu einem begeisterten Fan als ein reiner Transaktionskunde. Begeisterte Fans sind für Ihr Unternehmen viel wertvoller.

Sie können eine solche Absperrkordel durch visuelle Elemente herstellen, durch einen Jargon oder Insider-Rituale. Ich nenne mal ein paar Beispiele:

Wer mit dem iPhone Textnachrichten sendet und empfängt, erhält blaue Sprechblasen, während alle anderen grüne Sprechblasen bekommen. Millionen von iPhones wurden an Nutzer, vom Banker bis zum mittellosen Studenten, verkauft, weil sie die Demütigung nicht ertrugen, der Einzige in ihrer Gruppe mit grünen Sprechblasen zu sein.

Ein weiteres Beispiel ist der verwaschene Pullover Ihrer Universität. Er schafft sofort eine Verbindung und man hat eine gemeinsame Insider-Erfahrung mit eigenem Jargon, Symbolen, Maskottchen und Liedern. Jargon ist ein wichtiger Bestandteil, um den Insider-Status zu signalisieren. Im Golfsport zum Beispiel ist die »80er-Marke« ein wichtiger Meilenstein und ein Symbol für konstante Leistung bei Amateurgolfern.

Vor ein paar Jahren kaufte ich mir einen Jeep Wrangler, um Fahrräder, Strandutensilien oder meinen Hund zu transportieren. Es ist ein Auto von niedriger Qualität, aber es macht Spaß und ist vielseitig einsetzbar. Immer wenn ich an einem anderen Jeep Wrangler vorbeifahre, winkt mir der Fahrer. Zuerst dachte ich, das sei ein Bekannter, und versuchte immer, diesen »Freund aus alten Zeiten« wiederzuerkennen. Aber dann verstand ich, dass es sich um ein Insider-Ritual bei Jeep-Wrangler-Fahrern handelte.

Der ultimative begeisterte Fan ist einer, der sich mit Ihrer Marke identifiziert.

Verschiedene Stars haben sogar Namen für ihre glühenden Anhänger, wie die »Swifties« von Taylor Swift oder die »Little Monsters« von Lady Gaga.

Setzen Sie die samtene Absperrkordel ein, um für ein Erlebnis zu sorgen, das Ihre Kunden oder ein Kundensegment zu Insidern macht und ihren Status anhebt.

Kapitel 3 - Aktionspunkte

- Was kaufen Ihre Kunden *wirklich*? Nutzen Sie die sieben Kerngüter, um zu verstehen, was Ihre Kunden tatsächlich zum Kauf motiviert.
- Setzen Sie die vier großen Hebel ein, um den Wert Ihres Angebots zu erhöhen.
- Schaffen Sie ein Erlebnis wie eine »samtene Absperrkordel«, das den Status Ihrer Kunden anhebt und sie zu Insidern macht.

KRAFTMULTIPLIKATOR 1

TOOLS

Das richtige Werkzeug

Vor einiger Zeit bestellte ich mir für mein Homeoffice einen großen höhenverstellbaren Schreibtisch mit Elektromotor. Was ich nicht erwartet hatte: Er kam als flaches Paket an. Ich riss den Karton auf, und was nun da lag, sah aus wie eine Million Teile, in Plastikfolie und Styropor verpackt. Da waren Schrauben von jeder erdenklichen Größe, Kabel, Elektroteile und eine Bauanleitung, die aussah wie der Bauplan für eine Boeing 747. Das war eindeutig das Werk eines mies gelaunten, sadistischen ehemaligen IKEA-Ingenieurs.

»Soll ich einen Handwerker rufen, um ihn zusammenbauen zu lassen?« fragte mich meine Frau. Da ich das als Angriff auf meine Männlichkeit empfand, versicherte ich ihr, dies sei für mich ein Kinderspiel.

Nachdem ich mehrere Stunden lang versucht hatte, mit einem alten, rostigen Schraubenzieher Schrauben gewaltsam in einen Metallrahmen zu drehen, hatte ich blutige Hände, und der Schreibtisch war erst in Teilen aufgebaut.

Dass ich genau in diesem Moment und an diesem Ort nicht zum Vorschlaghammer griff und auf den Tisch eindrosch, beweist, dass mein Managementtraining zum Thema Stressbewältigung tatsächlich wirkt. Ich gab es auf und tätigte den Anruf, den kein Mann tätigen will. Der Handwerker kam ein paar Stunden später und öffnete zuversichtlich seinen Werkzeugkasten.

Ich fühlte mich wie ein Trottel, als ich zusah, wie er die Schrauben mithilfe seines Akkuschraubers sanft versenkte. Er schaffte innerhalb von Minuten, womit ich mich stundenlang herumgeschlagen hatte.

»Richtiges Werkzeug für den richtigen Job«, dachte ich, um mich zu trösten. Ähnlich dumm hatte ich mich gefühlt, als ich versuchte, manche Marketingprozesse mühevoll per Hand zu erledigen, wo es doch ein einfaches Tool gab, das dies in einem Bruchteil der Zeit erledigen konnte.

Wie Sie zum Iron Man werden

Früher mussten die Menschen Landwirtschaft von Hand betreiben. Die Arbeit auf den Feldern war äußerst anstrengend. Als der Mähdrescher aufkam, wurde er zu einer der wirtschaftlich wichtigsten Erfindungen aller Zeiten, da er den Arbeitsaufwand für die landwirtschaftlichen Betriebe deutlich reduzierte. Mit den heutigen landwirtschaftlichen Geräten kann ein einzelner Landwirt allein Tausende von Hektar bewirtschaften. Die Produktionseinheit pro Landwirt ist heute um ein Vielfaches höher als noch vor 150 Jahren. So werden viel mehr Lebensmittel für viel mehr Menschen zu viel niedrigeren Preisen produziert. Das hat den Landwirten eine enorme Hebelwirkung verschafft.

LEAN-MARKETING-PRINZIP 4:

Nutzen Sie Tools und Technologie für mühsame Arbeit und sorgen Sie für reibungsloses Geschäftsabläufe

Strategisch eingesetzt, können Tools die besten Mitarbeiter sein, die Sie je hatten. Während Sie schlafen, Zeit mit der Familie verbringen oder kreativ arbeiten, erledigen sie all die lästigen und sich wiederholenden (aber wichtigen) Aufgaben in Ihrem Unternehmen. Sie nehmen keinen Urlaub und melden sich niemals krank. Viel wichtiger ist aber, dass sie Ihnen einen Großteil der mühsamen Arbeit abnehmen und Ihnen dabei helfen, Ihre Marketingprozesse zu automatisieren, zu erweitern und zu verstärken. Automatisierung ist für Ihre Zeit das, was der Zinseszins für Ihr Geld ist.

Manche Leute meinen, Technologie könne alle Vertriebs- oder Marketingfunktionen übernehmen. Sie stellen Fragen wie: »Wie kann ich meinen gesamten Vertrieb automatisieren?« oder »Wie kann ich ein Programm erstellen, das das gesamte Marketing für mich übernimmt?«

Auch wenn Tools unglaublich viel nützen, überschätzt man sie leicht. Das passiert, weil man denkt: Wenn ich nur Michelangelos Hammer und Meißel hätte, könnte ich genau so eine David-Statue erschaffen wie er.

Ich erlebe oft, wie jemand, der wenig von Marketinggrundlagen versteht, hofft, dass ein neues KI-Tool oder das neueste Blabla-Programm alle seine Marketingprobleme lösen wird. Das wird nicht klappen. Tools sind sicher wichtig, aber wie Sie sie einsetzen, ist viel wichtiger.

Jede gute Marketinginfrastruktur ist hochgradig prozessorientiert. Manche Prozesse werden mit Software-Tools und Automatisierung durchgeführt, andere erledigt Ihr Team, und wieder andere werden mit einer Kombination aus beidem durchgeführt. (Im Teil »Prozesse« dieses Buches werde ich noch viel mehr darüber erzählen.)

Mit Ihren Marketing-Tools können Sie zwar viele Prozesse komplett automatisieren, aber die meisten Tools nutzt man eher zur Ergänzung als zur vollständigen Automatisierung.

Ein Kernprinzip des Toyota-Produktionssystems und des Lean Manufacturing ist *Jidoka*, auch *Autonomation* (*von Automatisierung und autonom, Anm. d. Übers.*) genannt. *Jidoka* kommt aus dem Japanischen und bedeutet in etwa »Automatisierung mit menschlichem Touch«. Es verbindet die Stärken von Maschinen (Beständigkeit, Geschwindigkeit, Unermüdlichkeit) mit den Stärken menschlicher Arbeitskraft (Urteilsvermögen, Anpassungsfähigkeit, Einsicht), um ein effektiveres und effizienteres System zu schaffen.

Wenn Sie jemals einen der Iron-Man-Filme gesehen haben, werden Sie die Figur Tony Stark kennen. Er ist ein schrulliger Wissenschaftler, der mithilfe eines elektrisch verstärkten Exoskelett-Anzugs Superkräfte erlangt, die ihn zum Iron Man machen.

In vieler Hinsicht weist dieser Anzug die Merkmale der *Autonomation* auf. Er verbindet Starks Intuition, Entscheidungen und physische Handlungen mit der Technologie des Anzugs und verleiht ihm so übermenschliche Kräfte. Der Anzug braucht seine Entscheidungen und Steuerung, erweitert aber Starks Fähigkeiten, sodass er weitaus mehr schafft, als Stark es allein je könnte.

Eine Fabrik braucht als Erstes die Werkzeuge und Maschinen, um Produkte herzustellen, die bestimmte Vorgaben erfüllen. Ganz ähnlich müssen auch wir unsere »kundengenerierende Fabrik« mit geeigneten Tools ausstatten.

Setzen Sie Technologie für reibungslose Geschäftsabläufe ein

Tools und Technologie können ein starker Wettbewerbsvorteil sein, wenn Geschäftsabläufe durch sie reibungslos ablaufen.

Aus diesem Grund streamen Sie heutzutage Medien und nutzen Apps, die Ihnen mit ein paar Klicks das Essen liefern oder Ihnen eine Fahrt irgendwohin vermitteln.

Manche Unternehmen *errichten* mit Technologie unnötige künstliche Hürden. Wenn Sie schon einmal frustriert von einer automatischen Telefonstimme aufgelegt oder eine Webseite verlassen haben, weil es zu schwierig war, sich da durchzuklicken, dann haben Sie die Erfahrung auf der Kundenseite gemacht.

Lean-Marketer nutzen Tools und Technologien, die mehr ausrichten, als Kunden abzuschrecken oder zu frustrieren.

Der Einsatz von Tools und Technologien für die schweren, langweiligen Aufgaben Ihrer Marketinginfrastruktur und für einen reibungslosen Ablauf zwischen Ihren Kunden und deren gewünschtem Ergebnis wird Ihnen schnelles Wachstum ermöglichen. Also: Schwingen Sie sich in den Iron-Man-Anzug und werden Sie zum Marketingsuperhelden.

4

Ihr Marketing-nervenzentrum

KAPITEL 4 – VORSCHAU

Das Customer Relationship Management System (CRM) ist das Nervenzentrum Ihrer Marketinginfrastruktur. Mit CRM-Systemen steuern und automatisieren Sie viele Ihrer Marketing-, Vertriebs- und Betriebsabläufe.

Die Kernpunkte in diesem Kapitel sind:

- Die drei Arten von CRM-Systemen, die Sie kennen sollten.
- Die fünf wesentlichen Funktionen, die Ihr Marketing-CRM-System erfüllen muss.
- Wie Sie mit Kennzeichnung und Segmentierung zielgerichtete und relevante Nachrichten senden.
- Wie Sie Marketingautomatisierung und Trigger Ihre mühsame Arbeit erledigen lassen.
- Wie Sie mittels Broadcast-Nachrichten zeitkritische Mitteilungen versenden.
- Ob Sie mehrere CRM-Systeme brauchen oder nicht.
- Wie Sie es schaffen, mehrere CRM-Systeme zu integrieren.

Das beste CRM-System

Ihr CRM-System ist das Herzstück Ihrer Marketinginfrastruktur.

Wenn Sie es richtig nutzen, unterstützt es Sie bei fast jedem wichtigen Prozess in Ihrem Unternehmen, sei es Lead-Flow, Vertrieb, Onboarding und vieles andere.

Leider nutzt die Mehrzahl der Unternehmen ihr CRM-System nicht strategisch. Die meisten verwenden es bloß als passive Datenbank. Diese Daten sind wertvoll, aber nur, wenn Sie mit ihnen auch etwas anfangen. Wenn Sie mit Ihren Daten nichts Nützliches anstellen, könnten Sie sie genauso gut als Liste führen (und viele Unternehmen tun das auch!).

Diese drei gängigen Arten von CRM-Systemen sollten Sie kennen:

- CRM zur Marketingautomatisierung
- CRM für Vertriebsmanagement
- Operatives CRM

Meist überlappen sich die Funktionen zwischen den drei Arten ein Stück weit. Abhängig von Ihrem Unternehmen, brauchen Sie eines, zwei oder sogar alle drei davon.

Ich werde oft gefragt, welches denn »das beste« CRM-System sei. Das beste CRM-System ist eines, das Sie auch wirklich nutzen. Im Folgenden stelle ich Ihnen alle Arten der CRM-Systeme vor und gebe Ihnen Tipps.

CRM zur Marketingautomatisierung

Die Marketing-CRM-Systeme unterscheiden sich dramatisch in Preis, Funktion und Nutzerfreundlichkeit. Sie sollten fünf Basisfunktionen bieten:

- Kundendaten speichern
- Kennzeichnung und Segmentierung von Kunden

- Auslösen von automatisierten Vorgängen
- Broadcast-Nachrichten versenden
- Reporting

Jedes CRM-System, das sein Geld wert ist, umfasst all diese Funktionen, wenn auch die jeweiligen Bezeichnungen dafür abweichen können.

Es sei darauf hingewiesen, dass CRM-Systeme, auch wenn sie all diese Funktionen beinhalten, in der einen oder anderen Funktion stärker oder schwächer sind. Das ist normal. Sie sollten das CRM-System wählen, das Ihre Anforderungen am besten erfüllt.

Sie führen zum Beispiel ein vorrangig online tätiges Unternehmen, in dem Sie viele komplexe Automatisierungen verwenden, aber nur grundlegende Anforderungen ans Reporting haben. Oder Sie haben ein lokales Ladengeschäft, bei dem die Funktion für Broadcast-Nachrichten unabdingbar ist, aber eine grobe Kennzeichnung und Segmentierung von Kunden genügt.

HINWEIS: In den folgenden Abschnitten spreche ich über »Nachrichten«, die Ihr CRM-System senden oder auslösen kann. So, wie ich den Begriff hier verwende, kann eine »Nachricht« fast jede Art von Kommunikation sein. In der Regel ist es eine E-Mail, aber es kann auch eine Textnachricht, eine Push-Benachrichtigung, eine Sprachnachricht oder sogar eine Postkarte oder ein postalischer Brief sein. Die meisten CRM-Systeme verfügen über integrierte E-Mail-Nachrichtenfunktionen und lassen sich für andere Arten von Nachrichten oft in Dienste von Drittanbietern integrieren.

Natürlich ist eine Software nicht statisch. Die Anbieter von CRM-Software fügen im Lauf der Zeit Funktionen hinzu oder verbessern sie, und wenn Sie einmal diese Funktionen bei einem System verstanden haben, werden Sie vieles davon auch auf andere Systeme anwenden können.

Sehen wir uns die einzelnen Funktionen einmal genauer an.

Kundendaten speichern

In erster Linie speichert ein CRM-System Daten über Ihre potenziellen Kunden, Leads und vorhandenen Kunden. Doch diese Funktion kann von System zu System in Umfang und Reichweite stark variieren.

In seiner einfachsten Form sammelt und speichert das System lediglich Namen und E-Mail-Adressen. Das mag in einem rein digitalen Unternehmen mit einfachen Anforderungen ausreichen. Die meisten Firmen speichern jedoch mehr Daten über ihre potenziellen Kunden, Leads und Kunden. Folgende Daten werden normalerweise in einem CRM-System vorgehalten:

- E-Mail-Adresse
- Postanschrift
- Telefon- oder Mobiltelefonnummer
- Standortinformationen
- Anmerkungen und Kommentare
- Geburtstage oder besondere Daten
- Interessen
- Aktivitäten

Die meisten CRM-Systeme ermöglichen auch, Kundenfelder einzurichten, um spezielle Informationen zu sammeln, die für Ihr Unternehmen wichtig sein könnten. Wenn Sie etwa eine Blumenhandlung führen, möchten Sie vielleicht den Namen des Partners Ihres Kunden speichern. Sie können dazu ein Kundenfeld »Name des Partners« in Ihrem CRM-System einrichten.

Manche Daten in Ihrem CRM-System werden händisch eingetragen, andere automatisch eingefügt. Zum Beispiel vernetzt sich ein effizientes CRM-System automatisch mit Ihrer Webseite. Auf diese Weise verfolgt es automatisch, welche Webseiten Ihre Kunden oder Interessenten besuchen. Auch wenn wir bei der Nutzung von Daten nicht zu weit gehen sollten – solche Informationen können für Marketing und Vertrieb wertvoll sein.

Vielleicht sind Sie Finanzberater und stellen fest, dass ein Interessent alle Seiten auf Ihrer Website besucht hat, die sich mit konservativen Anlagen und Risikomanagement befassen. Das wäre eine nützliche Information, wenn Sie sich mit ihm treffen oder mit ihm telefonieren. Sie könnten das Gespräch in diese Richtung lenken, anstatt ihn mit Gerede über hohe Renditen bei risikoreichen Anlagen zu verunsichern.

Vielleicht möchten Sie auch händisch Daten in Ihr CRM eingeben, zum Beispiel Notizen über Ihre Gespräche mit potenziellen Kunden.

Kennzeichnung und Segmentierung von Kunden

Wenn Sie irrelevante Inhalte an Ihre Zielgruppe versenden, werden sie sich vermutlich ausloggen, abmelden oder Sie ignorieren. Es ist auch kostspielig, weil Sie für unnötige Medien bezahlen. Mit Kennzeichnungen per Tags können Sie Ihre Liste in mehreren Dimensionen segmentieren.

Stellen Sie sich zum Beispiel vor, Sie seien Immobilienmakler in der idyllischen Kleinstadt Fakeville. Brian, Jenny und David befinden sich in Ihrem CRM-System. Brian und seine Familie suchen ein Ferienhaus direkt am schönen Strand von Fakeville. Jenny wohnt schon in Fakeville. Ihr Unternehmen ist gewachsen und nun sucht sie nach etwas Besserem. Sie liebt sowohl den Strand als auch die Waldgegend, daher ist sie offen für beides. David wohnt nicht in der Gegend. Er ist Investor und sucht nach Immobilien mit hoher Rendite. Er hat Fakeville als eine der Städte herausgesucht, die seinen Investmentkriterien entsprechen.

Brian erhält also in Ihrem CRM-System die Kennzeichnungen »Ferienhaus« und »Strand«, Jenny bekommt die Tags »Eigenheimbesitzer«, »Strand« und »Wald«, und David »Investor« und »Rendite«.

Ein schönes neues Strandhaus kommt auf den Markt. Es ist ein hochwertiges Objekt, aber die Rendite aus der Miete wäre niedrig. Sie erstellen in Ihrem CRM-System eine Liste mit allen, die die Kennzeichnung »Strand« aufweisen. So können Sie sowohl an Brian als auch an Jenny eine relevante Nachricht senden, ohne David zu behelligen.

Später wird eine einzigartige Immobilie in der Waldgegend angeboten. Sie wurde im letzten Jahr über kürzere Zeiträume vermietet und hat dem Eigentümer eine Rendite weit über dem Durchschnitt eingebracht. Sie erstellen eine Liste in Ihrem CRM-System mit den Tags »Wald« und »Rendite«. Dadurch werden Jenny und David informiert und Brian bekommt keine für ihn irrelevante Nachricht.

Sie erfahren, dass die Regierung einige wichtige Infrastrukturen in Fakeville verbessern will. Sie planen nun eine Informationsveranstaltung für Investoren, um sie darauf hinzuweisen, dass dadurch mehr Arbeitsplätze in der Stadt entstehen und die Nachfrage nach Wohnraum deutlich steigen wird. Sie erstellen eine Liste von Personen mit der Kennzeichnung »Investor«. David erhält dann eine relevante, zeitkritische Nachricht, Brian und Jenny dagegen nicht.

Das ist ein simples Beispiel, aber es veranschaulicht, wie man Tags verwenden kann, um relevant und zielgerichtet vorzugehen. Hätten Sie jede Nachricht an jeden auf der Liste geschickt, hätten alle eine Menge irrelevanter, möglicherweise lästiger Meldungen erhalten; solche Nachrichten sind eine Marketing-»Verschwendung«, weil sie der Verbindung zu Ihrer Zielgruppe schaden und dieser keinen Wert liefern. Kennzeichnung und Segmentierung ermöglichen Ihnen, die richtige Botschaft zur richtigen Zeit an die richtigen Personen zu senden.

Eine Faustregel ist, eher zu viele Tags als zu wenige zu vergeben. Vielleicht verkaufen Sie nur online und finden es unnötig, Personen nach ihrem geografischen Standort zu kennzeichnen. Es ist aber dennoch besser, diese überflüssige Kennzeichnung einzutragen und die Daten zur Verfügung zu haben, als später nicht weiterzukommen, weil die Daten fehlen. Wenn Sie in fünf Jahren Ihr erstes Ladengeschäft eröffnen möchten, ist es vielleicht nützlich, die Standortdaten aller Personen auf Ihrer Liste zu haben.

Auslösen von automatisierten Vorgängen

Automatisierte Vorgänge werden als Funktion von CRM-Systemen eindeutig unterschätzt und viel zu wenig genutzt. Wenn Sie sie einmal verwenden, werden Sie später gar nicht mehr begreifen, wie Sie ohne sie auskommen konnten. Diese Funktionen nehmen Ihnen einen großen Teil der lästigen Routinearbeit ab.

Automatisierungen können durch viele Faktoren ausgelöst werden, z. B. Nutzerverhalten, Zeitspanne, Tags und schier unzählige Variablen. Nur Ihre Vorstellungskraft begrenzt die Möglichkeiten.

Wenn zum Beispiel jemand Ihrem CRM-System hinzugefügt wird, könnte das eine Begrüßungssequenz auslösen. Die Sequenz könnte eine Willkommens-E-Mail enthalten, die sofort verschickt wird. Dann wird nach 24 Stunden einen Hinweis für einen Ihrer Vertriebsmitarbeiter erstellt, der den Interessenten anrufen soll. 48 Stunden später kann dann eine Informations-E-Mail herausgehen. So könnten Sie zum Beispiel zeitgebundene Auslöser nutzen. Auf Begrüßungssequenzen und E-Mail-Marketing gehe ich in Kapitel 12 noch genauer ein.

Um etwas anspruchsvoller vorzugehen, führen Sie Trigger ein, die durch Verhaltensweisen ausgelöst werden. Wenn sich zum Beispiel ein Interessent auf Ihrer Webseite die Preisinformationen für ein bestimmtes Produkt ansieht, könnte Ihr CRM-System ihm automatisch gezielte E-Mails zu diesem Produkt zusenden.

Sie haben wahrscheinlich schon die automatische Reaktion »Warenkorb verlassen« gesehen. Sie haben in einem Online-Shop ein oder zwei Produkte in Ihren Warenkorb gelegt, aber den Bestellvorgang nicht abgeschlossen. Eine oder zwei Stunden später erhalten Sie eine E-Mail, die Sie daran erinnert, dass sich noch Artikel in Ihrem Warenkorb befinden. Sie enthält einen hilfreichen Link oder Rabattcode, um Sie zum Bestellen zu motivieren. Das ist ein Beispiel für eine Automatisierung, die eine Verhaltensweise auslöst. Diese Automatisierungen wirken besonders effektiv, steigern sofort den Umsatz und retten Einnahmen, die sonst verloren gewesen wären.

Broadcast-Nachrichten versenden

Broadcast-Nachrichten sind ideal für zeitsensible Kommunikation. Sie werden meist von Hand und zu einem bestimmten Datum und einer bestimmten Zeit versendet.

Nehmen wir als Beispiel eine Black-Friday-Kampagne. Sie können eine Woche vor dem Termin eine Postkarte mit einem Rabattcode an Ihre VIP-Kunden schicken, damit sie schon kaufen können, bevor Sie Ihren Aktionsverkauf starten. Vor und während der Black-Friday-Aktion können Sie mit E-Mails an die Kunden auf Ihrer Liste Spannung aufbauen sowie die Angst hervorrufen, etwas zu verpassen. Zum Schluss, ein paar Stunden vor Ende des Black Friday, können Sie noch eine Textnachricht mit der Botschaft »letzte Chance« versenden. Der Einsatz mehrerer Medien ist ein wirksames Mittel, um mehr Aufmerksamkeit bei Ihrer Zielgruppe zu erzeugen.

Wenn Ihre Inhalte meistens gleichbleiben, können Sie auch bei der Lead-Pflege auf Automatisierungen zurückgreifen. Wenn Sie zum Beispiel Yoga unterrichten, sind Ihre Inhalte heute, in einem Jahr und wahrscheinlich auch in vielen Jahren noch relevant. Sie können diesen Content effizient wiederverwenden.

Wenn Ihre Inhalte jedoch aktuell oder »schnell verderblich« sind, werden Sie hauptsächlich Broadcast-Nachrichten verwenden. Ein Immobilienmakler zum Beispiel, der Meldungen über neue Angebote auf dem Markt versendet, liefert damit Content, der im Moment relevant ist, aber schon bald veraltet sein wird.

Reporting

Ihr Marketing-CRM-System umfasst viele Abläufe, es ist also eine wichtige Datengrundlage, um festzustellen, wie effektiv Ihr Marketing ist.

Wir erwarten von unserem System grundsätzliche Informationen, zum Beispiel wer eine Nachricht geöffnet hat, wie viele Leute auf »kaufen« geklickt und wie viele den Kaufvorgang abgeschlossen haben.

Auch die Berichterstattung kann weitaus ausgefeilter ablaufen. Einige CRM-Systeme verfügen über Lead-Scoring-Funktionen. Sie bewerten jeden Kontakt in Ihrem CRM-System auf der Basis seines Verhaltens. Wenn ein Lead alle Ihre E-Mails öffnet, auf Links klickt und viel Zeit auf Ihrer Website verbringt, ist er wahrscheinlich viel heißer als jemand, der nie E-Mails öffnet oder mit Ihrem Content interagiert.

In den meisten Fällen können Sie Automatisierungen aufgrund von Lead-Score-Änderungen auslösen. Wenn ein Kontakt beispielsweise von »warm« zu »heiß« wechselt, können Sie eine Automatisierung auslösen, die eine Aufgabe für einen Ihrer Vertriebsmitarbeiter erstellt: Dieser ruft dann den potenziellen Kunden an.

Manche CRM-Systeme verfolgen viele Kennzahlen und erstellen umfassende Berichte. (Auf die Kennzahlen gehe ich in Kapitel 15 näher ein.) Bei anderen ist die Berichtsfunktion eher einfach und bei diesen müssen Sie die Daten in ein separates Tool exportieren, um die benötigten Berichte zu erstellen.

CRM für Vertriebsmanagement

Wenn Sie ein Vertriebsteam haben, brauchen Sie wahrscheinlich ein Vertriebsmanagement-CRM-System, das dessen Aktivitäten und Verkaufs-Pipelines organisiert und verwaltet.

Wenn Ihr Vertriebsprozess simpel ist, können Sie vielleicht sogar Ihr CRM-System für Marketingautomatisierung für diesen Zweck verwenden. Die meisten Unternehmen mit einem Vertriebsteam und mehreren Berührungspunkten mit potenziellen Kunden während des Vertriebszyklus brauchen jedoch eher ein spezielles CRM-System für Vertriebsmanagement. Es kann frustrieren, mehrere Tools verwenden zu müssen, die ähnlich erscheinen oder deren Funktionen sich überlappen. Sie werden oft zwischen Einfachheit und Spezialisierung abwägen müssen, wenn Sie Ihre Marketing-Tools auswählen.

Eine Schlüsselfunktion Ihres Vertriebs-CRM-Systems besteht darin, Ihren Vertriebsmitarbeitern Aktivitäten zuzuweisen und diese dann nachzuverfolgen. Wen sollen sie als Nächstes anrufen oder per E-Mail kontaktieren? Je nachdem, ob Sie im Outbound- oder Inbound-Verkauf tätig sind (oder eine Mischung aus beidem), werden Sie wahrscheinlich unterschiedliche Kennzahlen und Aktivitäten in Ihrem System verfolgen.

Manche Vertriebs-CRM-Systeme umfassen integrierte E-Mail- und Anruffunktionen. Mit einigen können Sie sogar Anrufe aufzeichnen und die Aufzeichnung im System speichern, um sie später zu überprüfen und für Coachings zu verwenden.

Aber egal ob Sie ein komplettes Vertriebs-CRM-System verwenden oder es mit Ihrem Marketingautomatisierungssystem kombinieren, Sie benötigen auf jeden Fall eine Lösung, um die Vertriebsaktivitäten und -leistungen zu verfolgen.

Operatives CRM

Wenn Sie anfangen, mit Kunden zu arbeiten, ist es wichtig, Ihre Interaktionen mit ihnen zu dokumentieren und nachzuverfolgen.

Je nach Branche und Art Ihrer Tätigkeit kann das benötigte operative CRM-System völlig unterschiedlich ausfallen.

Eine im Team gemeinsam genutzte Tabelle oder Datenbank kann bei besonders einfachen Anforderungen schon ausreichen. Die meisten Unternehmen brauchen jedoch bald schon eine andere Lösung, da das jeweilige Team, der Kundenstamm und die Anforderungen wachsen.

Wenn Sie projektabhängig arbeiten oder ein Beratungsunternehmen haben, ist das beste operative CRM-System für Sie wahrscheinlich ein Projektmanagement-Tool. Zu Firmen dieser Art gehören Marketingagenturen, Beratungs- sowie Coaching- und Schulungsunternehmen.

Wenn Ihre Arbeit eher aus Transaktionen oder Reparaturen besteht, wäre ein Helpdesk-, Service- oder Auftragsverwaltungssystem das richtige CRM-System für Sie. Es passt gut zu Handwerks-, Bau-, Telekommunikations- und IT-Unternehmen.

Sofern Sie hauptsächlich Produkte über einen Online-Shop oder Marktplatz verkaufen, wird Ihr operatives CRM-System wahrscheinlich in Ihre E-Commerce-Plattform integriert sein.

Wenn Sie in einer stark regulierten Branche oder in einem Sektor mit speziellen Arbeitsabläufen arbeiten, werden Sie wahrscheinlich ein branchenspezifisches operatives CRM-System verwenden. Dieses berücksichtigt in der Regel die Aspekte Compliance und Regulierung. Lösungen dieser Art nutzen häufig Arztpraxen, Finanzdienstleister, Hypothekenmakler, Anwaltskanzleien und Immobilienmakler.

Praxisverwaltungssysteme im medizinischen Bereich speichern Röntgenbilder, verwalten Patiententermine und halten klinische Anmerkungen sicher vor.

Im Bereich Finanzdienstleistungen stellen Systeme sicher, dass Ihre Beratung und Ihre Empfehlungen mit den gesetzlichen und aufsichtsrechtlichen Anforderungen übereinstimmen. Sie übernehmen auch spezielle Aufgaben, wie Versicherungsprämien zu berechnen oder Dokumente zu erstellen.

Doch egal in welcher Branche Sie tätig sind, Ihr operatives CRM-System sollte Sie und Ihr Team unterstützten, indem es:

- über aktuelle Kunden-, Klienten- oder Patientenkontaktinformationen verfügt.
- Interaktionen mit Kunden, Klienten oder Patienten dokumentiert.
- relevante Dateien oder Links zu Dateien speichert.
- die Einhaltung gesetzlicher Vorschriften sicherstellt.
- Arbeitsabläufe, Aufträge oder Projekte verwaltet und über deren aktuellen Stand berichtet.

Wie Sie Ihre CRM-Systeme miteinander verknüpfen

Ihre CRM-Systeme spielen in den verschiedenen Phasen, die Ihre Kunden bei Ihnen durchlaufen, eine wichtige Rolle.

In der Awareness-Phase nutzen Sie Ihr CRM-System intensiv für die Marketingautomatisierung.

In der Lead-Nurturing-Phase, in der die potenziellen Kunden »aufgewärmt« werden und sich als warme oder heiße Leads herausstellen, überschneiden sich Ihre CRM-Systeme für Marketingautomatisierung und Vertriebsmanagement vermutlich bis zu einem gewissen Grad.

Ihr Vertriebsmanagementsystem wird wahrscheinlich als Schlüsselinstrument in der Phase der Vertriebsumstellung fungieren.

Ihr operatives CRM-System wird in der Lieferphase eine wichtige Rolle spielen und Ihnen erlauben, ein erstklassiges Kundenerlebnis zu ermöglichen.

Wenn Sie mehrere CRM-Systeme verwenden, macht das Ihre Tool-Ausstattung zwar etwas kompliziert, doch wenn Sie die Systeme miteinander integrieren, wird es etwas weniger komplex. Manche Lösungen unterstützen von Haus aus die gegenseitige Integration, vor allem Marketingautomatisierungs- und Vertriebsmanagementsysteme.

Eine weitere Option, CRM-Systeme zu integrieren, bezieht sich auf Workflow-Automatisierungstools von Drittanbietern. Letztere verbinden die Systeme und können Daten zwischen ihnen synchronisieren. Sie ermöglichen es auch, diesen integrierten Systemen noch nützliche Logiken hinzuzufügen.

Zum Beispiel können Sie einen Workflow erstellen, der ausgelöst wird, sobald ein potenzieller Kunde in Ihrem Marketingautomatisierungs-CRM-System als »heißer Lead« eingestuft wird. Dieser Workflow würde ein Angebot in Ihrem Vertriebsmanagementsystem erstellen und einen Vertriebsmitarbeiter in Ihrem Team anweisen, den Kunden zu kontaktieren. Kommt das Geschäft zustande, könnte Ihr Vertriebsmanagement-CRM-System einen weiteren Workflow auslösen, mit dem in Ihrem operativen CRM-System ein Kundenkonto angelegt und der Onboarding-Prozess gestartet wird.

Vergleichen Sie die Marketing-CRM-Systeme und finden Sie heraus, welches für Sie als Lean-Marketing-Hebel das richtige ist. Informieren Sie sich dazu unter LeanMarketing.com/hub

Manche CRM-Systeme bieten alles in einem: Marketingautomatisierung, Vertriebsmanagement und operative Komponenten, allerdings erfüllen sie selten alle diese Funktionen gleich gut. Vielleicht gehen Sie diesen Kompromiss aber gerne ein, weil Sie so nur ein einziges System erwerben müssen und Ihnen das einfacher erscheint.

Ein weiterer Ansatz, der alles in einem bietet, ist eine CRM-Systementwicklungs-, Anpassungs- und Anwendungsplattform. Sie können ein solches CRM an Ihre Branche oder Ihre geschäftlichen Anforderungen anpassen und die von Ihnen benötigten Marketingautomatisierungs-, Vertriebsmanagement- und Betriebsfunktionen erstellen. Für diesen Ansatz entscheiden sich oft größere Unternehmen.

Wenn Sie allerdings nicht über ein riesiges Budget, eine eigene IT-Abteilung und eine äußerst hohe Schmerzgrenze verfügen, rate ich Ihnen von dieser Option ab. Ich habe schon oft erlebt, wie ein solches Projekt kostspielig wird und langwierige Softwareentwicklungszyklen nach sich zieht. Außerdem sind Sie dann vollkommen Ihrem Softwareentwickler ausgeliefert, der die benutzerdefinierten Komponenten erstellt und wartet. Auch hier gelten die gleichen Nachteile wie bei allen Alleskönnersystemen – es kann von allem ein bisschen, aber es meistert nichts.

Kapitel 4 – Aktionspunkte

- Wenn Sie schon ein Marketing-CRM-System haben, prüfen Sie, ob es Ihren Anforderungen entspricht. Falls nicht, probieren Sie ein paar aus, um herauszufinden, welches das Beste für Sie sein könnte.

- Stellen Sie sicher, dass die Kontakte in Ihrem CRM-System gekennzeichnet und segmentiert werden.
- Verwenden Sie Ihr Marketing-CRM-System, um Teile in Ihrem Lead-Pflegeprozess zu automatisieren, die Sie bisher manuell erledigt haben.

5

Wie Sie feuchte Roboter programmieren

KAPITEL 5 - VORSCHAU

Die Worte, die Sie verwenden, wirken sich radikal auf Ihre Ergebnisse aus. Wenn Sie es schaffen, bessere Werbetexte zu erstellen, werden Sie auch besser im Marketing.

Die Kernpunkte in diesem Kapitel sind:

- Wie Sie Ihren Zielmarkt darauf »programmieren«, zu tun, was Sie wollen.
- Der größte Fehler beim Texten, und wie Sie ihn vermeiden, sodass Sie auf sich aufmerksam machen.
- Die Zehn Gebote des Werbetextens für mehr Einfluss und Überzeugungskraft.
- Wie die falschen Worte einen tödlichen Unfall verursachten, und wie Sie diesen Fehler in Ihrem Marketing vermeiden.
- Wie Sie die emotionalen Auslöser Ihres Zielmarktes betätigen.
- Wie Sie Schreibblockaden für immer beseitigen.
- Wie Sie mit dem Konzept »Magnetische Botschaften« kurze Mitteilungen verfassen, die überzeugen und zum Handeln motivieren.

Es kommt nur darauf an, welche Worte Sie verwenden

In Kapitel 3 habe ich den Begriff »feuchte Roboter« und die sieben Kerngüter vorgestellt, die der Antrieb für jedes menschliche Verhalten sind.

Genau wie ein Programmierer Code verwendet, um etwas Bestimmtes im Computer zu bewirken, verwenden talentierte Marketer Worte, um Menschen zu beeinflussen. In diesem Kapitel geht es darum, wie man das »Programm« schreibt, das feuchte Roboter veranlasst, zu tun, was Sie wollen.

Marketing ist die Königsdisziplin der Betriebswirtschaft und Werbetexten ist die Königsdisziplin im Marketing. Ich habe lange überlegt, ob ich in diesem Kapitel den Begriff »Werbetexten« überhaupt verwenden sollte, denn das, worüber ich hier reden werde, ist so viel mehr als das, was er ausdrückt.

Wenn Sie so zu kommunizieren lernen, dass andere Ihnen zuhören und aktiv werden, wird sich das auf all Ihre Lebensbereiche auswirken. In diesem Kapitel verrate ich Ihnen die stärkste Technik, andere mit Worten zu beeinflussen und zu überzeugen. Es ist das ultimative Tool in Ihrer Marketing-Toolbox und wir befassen uns ausführlich damit, es messerscharf zu machen.

Ein weniger intelligenter Mensch, der gut kommunizieren kann, wird immer besser dastehen als ein superintelligenter Mensch, der das nicht vermag. Das ist eine wunderbare Nachricht, denn es ist weitaus einfacher, seine Kommunikationsfähigkeiten auszubauen als seine Intelligenz.

Das Mantra von Phil M. Jones, Autor von *Exactly What to Say*, lautet: »Verändere deine Worte. Verändere deine Welt.« Ich stimmte ihm da vollkommenzu. Die Zeit, die ich aufgewendet habe, um zu lernen, wie ich Worte richtig nutze, war meine ertragreichste Investition im Privatleben und im Beruf. Genau aus diesem Grund lesen Sie dies jetzt und hier.

Texte zu verfassen, betrifft jeden Marketingbereich, auch wenn es kein »Schreiben« im literarischen Sinne ist. Die Grundlage von fast allem, was Sie in Sachen Marketing tun, sind Worte, auch wenn sie in Videos oder Audiobeiträgen verwendet werden.

In diesem Kapitel vermittle ich Ihnen meine besten Ratschläge, um starke Texte zu schreiben, die Ihre potenziellen und aktuellen Kunden aktiv werden lassen.

Ich hege zwar so manche Fantasie, eines Tages prickelnde erotische Romane zu schreiben, doch wir werden uns im Moment erst einmal auf Worte konzentrieren, mit denen Sie Geld verdienen. Geld zu machen, erregt viele Menschen, also schlage ich vielleicht zwei Fliegen mit einer Klappe.

In jedem Fall wird die Art zu schreiben, auf die wir uns nun konzentrieren, Ihnen nicht den Pulitzer-Preis einbringen. Ihren Schwager mit dem Master in Philosophie, der immer pleite ist und sich als Künstler versteht, werden Ihre Texten nicht beeindrucken. Aber Ihr Bankberater wird beeindruckt sein. Ich hoffe, das geht für Sie in Ordnung. Wenn nicht, dann wäre jetzt ein guter Zeitpunkt, um dieses Buch an jemand anderen weiterzureichen.

Gute Werbetexte bilden die Grundlage für alles, was ich in den Abschnitten »Guthaben« und »Prozesse« dieses Buches besprechen werde. Um großartige Marketingtexte zu verfassen, befolgen Sie einfach meine zehn Gebote für das Schreiben von Werbetexten.

1. Textergebot: Du sollst unterhalten

Ob man eine Reihe von E-Mails oder eine Vertriebsseite schreiben oder ein Video oder einen Podcast aufnehmen will, eine häufige Frage lautet: »Wie lang sollte es sein?« Das ist aber so, als würde man fragen: »Wie viele Blätter hat ein Baum?« oder »Wie groß ist eine Schüssel mit Nachos?« Es ist ein klarer Fall: Eine Schüssel mit Nachos sollte immer riesig sein und überlaufen vor Salsa und geschmolzenem Käse.

Wenn es darum geht, Content zu erstellen, herrscht der weitverbreitete Irrtum vor, Menschen hätten eine kurze Aufmerksamkeitsspanne. Deshalb werden Sie oft unsinnige Ratschläge hören wie:

»Halten Sie Ihre E-Mails kurz« oder »Videos sollten maximal zwei bis drei Minuten lang sein«. Aber die Leute schauen sich stundenlang x Episoden einer Netflix-Serie an, verfolgen mehrstündige Podcasts bis zum Ende und verlieren sich über Stunden in endlosen YouTube »rabbit holes«.

Die Wahrheit ist, Menschen haben keine kurze Aufmerksamkeitsspanne – sie haben eine kurze *Langeweile*-Spanne. Die Menge an verfügbarem Content hat massiv zugenommen, warum also sollte man eine langweilige Version wählen, wenn es unterhaltsamere Formen gibt? Wenn Sie Ihr Publikum bei der Stange halten, wird es auch aufmerksam bleiben.

Das bringt uns zur Kardinalregel des Werbetextens: **Sei nicht langweilig**. Man kann fast jede andere Regel brechen, nur diese nicht.

Stellen Sie sich Ihren Content als *Infotainment* vor. Ja, wir wollen alle informieren, beraten, motivieren und so weiter, aber Ihre Information wird nicht aufgenommen, wenn sie langweilig ist. Stellen Sie sich vor, dass Unterhaltung Ihre Botschaft transportiert. Wenn Ihre Botschaft nicht in Unterhaltung verpackt ist, kommt sie nicht an.

Sind Sie schon einmal auf der Autobahn im zähfließenden Verkehr stecken geblieben, weil weiter vorne ein Unfall passiert ist? Frustrierend. Während Sie sich der Unfallstelle nähern, sehen Sie die blinkenden Lichter eines Krankenwagens und stellen fest, dass der Unfall auf der Spur in der Gegenrichtung ist. Es gibt keinen logischen Grund dafür, dass der Verkehr sich auf Ihrer Seite verlangsamt. Dann fällt bei Ihnen der Groschen. Ihnen wird klar, dass jeder Fahrer vor Ihnen im Vorbeifahren abbremst, um zu gaffen und einen Blick auf den Unfall auf der anderen Seite zu erhaschen. Sie sind zu Recht empört und schimpfen: »Idioten!« Wegen dieser ganzen Gaffer, die nichts Besseres zu tun haben, sind Sie nun eine halbe Stunde zu spät dran. Aber raten Sie mal, was passiert, wenn Sie am Unfallort vorbeifahren? Natürlich werden Sie ebenfalls langsamer und schauen rüber.

Fesselnde Texte wirken genauso. Sie setzen auf die menschliche Neugier und man kann ihnen einfach nicht widerstehen, auch wenn – oder vielleicht sogar gerade wenn – sie nicht nett daherkommen. Das ist wie mit diesen Fail-Videos auf YouTube. Es ist irgendwie schlimm, sie anzusehen. Man weiß genau, was passieren wird, wenn der Mann diese wacklige Leiter hochklettert, aber natürlich kann man nicht wegsehen.

Diese Art von »kann nicht wegsehen«-Texten nennen Werbetexter manchmal »Slippery Slope« (*wörtlich übersetzt: »rutschige Rutsche«, Anm. d. Übers.*). In seinem Buch *The Adweek Copywriting Handbook* beschreibt es der legendäre Werbetexter Joseph Sugarman folgendermaßen:

> Stellen Sie sich eine steile Rutsche auf einem Spielplatz vor. Nun stellen Sie sich vor, dass jemand die gesamte Rutsche, inklusive der Seitenränder, mit Babyöl oder Schmierfett einschmiert. Stellen Sie sich nun vor, wie Sie die Leiter hochklettern, sich oben auf die Rutsche setzen und sich dann durch die Schwerkraft hinunterziehen lassen.
>
> Wenn Sie anfangen zu rutschen und schneller werden, versuchen Sie, sich an den Seitenrändern festzuhalten, um zu bremsen, aber das geht nicht. Sie rutschen immer weiter die Rutsche hinunter, entgegen allen Ihren Versuchen, das Hinunterrutschen zu verhindern. Genauso muss Ihr Werbetext fließen.
>
> Jedes Element in einer Werbung muss diesen Slippery-Slide-Effekt auslösen. Die Überschrift muss so stark und packend sein, dass man die Unterüberschrift lesen muss, und die Unterüberschrift muss so stark sein, dass man gezwungen ist, den ersten Satz zu lesen, und der erste Satz muss so leicht zu lesen und so packend sein, dass man den nächsten Satz lesen muss, und so weiter durch den ganzen Text, bis zum Ende.

Aber was ist, wenn Sie etwas Ernsthaftes verkaufen? Ist es immer angebracht, unterhaltsam zu sein? Mit unterhaltsam meine ich nicht unbedingt lustig. Unangemessen lustig zu sein, kann von Ihrer Botschaft ablenken. Es ist nicht Ihr Job, ein Komiker zu sein. Ihr Job ist es, so interessant und spannend zu sein, dass die Leute Ihnen zuhören.

Nehmen wir einmal ein seriöses Produkt wie eine Unternehmensversicherung. Welche Überschrift weckt Ihr Interesse und zwingt Sie, weiterzulesen?

Tolle Preise für Unternehmensversicherungen

oder

Was tun Sie, wenn Ihr Privatvermögen für Prozesskosten gegen Ihr Unternehmen herangezogen wird?

Die Welt fordert von Ihnen, brav und nett zu sein. Sie will, dass Sie in eine kleine, sichere Schublade passen. Das sollten Sie mit jeder Faser Ihres Daseins bekämpfen.

Unterhaltsam zu sein, bedeutet, dass Ihre Worte unmöglich zu ignorieren sind. Und wie genau sieht das dann aus? Genau wie bei der Unterscheidung zwischen Kunst und Pornografie ist es schwer, das genau zu beschreiben, aber Sie erkennen es, wenn Sie es sehen. In den folgenden neun Werbetextgeboten gebe ich alles, um es so präzise wie möglich herunterzubrechen.

2. Textergebot: Wer es nicht versteht, springt ab

Als Marketer liegt uns daran, dass unser Zielmarkt positiv reagiert. Aber wenn unsere Botschaft unklar ist, versteht man es nicht, und wenn man etwas nicht versteht, sagt man »nein«. Wenn wir die Leute dazu bringen wollen, »ja« zu sagen, muss unser Text einfach und klar sein.

Hier einige Methoden, um etwas mit einfachen und klaren Worten auszudrücken:

Schreiben Sie so, wie Sie sprechen. Ein häufiger Fehler bei Werbetexten ist, in einen Fachjargon oder akademischen Stil zu verfallen. Einen solchen Fachjargon hört man, wenn die Polizei in den Medien spricht. Sie sagen dann etwas wie: »Zwei Männer waren in eine Auseinandersetzung verwickelt, in deren Verlauf der Verdächtige seine Waffe abfeuerte und das Opfer tödlich verletzte.« Wäre der Sprecher in einer Alltagssituation, würde er einfach sagen: »Zwei Typen sind aufeinander losgegangen, dann hat einer von ihnen eine Waffe gezogen und den anderen erschossen.«

Wählen Sie Ihre Worte achtsam. Ein weiser Spruch, den ich vor Jahren einmal hörte, lautet, dass die Botschaft, die man sendet, nicht immer dieselbe ist wie die Botschaft, die ankommt. Ich behalte das seitdem immer im Hinterkopf. Ob ich zu einem Kunden spreche, einem Angestellten, einem Lieferanten oder meiner Familie, ich mache mir immer bewusst, dass der andere vielleicht eine Botschaft empfängt, die von der, die ich gesendet habe, völlig abweicht. Seitdem ich das weiß, wähle ich meine Worte weitaus achtsamer. Denken Sie daran – Menschen reagieren und kaufen auf der Basis dessen, was sie gehört haben, nicht dessen, was gesagt wurde oder gemeint war.

Schreiben Sie einfache Sätze. Wenn Sie Ihre Botschaft nicht einfach ausdrücken können, wird Ihr Publikum sich vermutlich schwertun, Sie zu verstehen. Die besten Kommunikatoren verwenden eine einfache Sprache. Einfache Sprache überzeugt. Eine gute Methode, dies zu erreichen, ist, indem Sie nicht zu viele Gedanken in einen Satz packen. Lange, komplizierte Sätze sind verwirrend und schwer zu verstehen.

Kürzen Sie, bis es perfekt ist. Einfach bedeutet, überflüssige Worte zu streichen. Sagen Sie nie etwas mit zehn Worten, wenn Sie es auch mit acht sagen können. Verwenden Sie nicht sieben Sätze, wenn Sie den Gedanken auch in drei vermitteln können.

Schreiben bedeutet zum Großteil auch, unnötige Worte und Sätze zu streichen.

Generell gilt, je mehr Sie kürzen, desto besser wird der Text. Der französische Mathematiker und Philosoph Blaise Pascal schrieb einmal: »Wenn ich mehr Zeit gehabt hätte, hätte ich einen kürzeren

Brief geschrieben.« Der zeitaufwendigste Teil beim Schreiben von guten Texten ist, sie zu überarbeiten. Viele Autoren sorgen sich wegen Schreibblockaden. Ich finde, ein schlimmeres Problem ist der »Schreibdurchfall«.

Wenn Ihr WLAN oder Mobiltelefon ausfällt oder kaum funktioniert, liegt das oft daran, dass das Verhältnis zwischen Signal und Rauschen nicht stimmt. Es kommt nicht genug Signal durch das Rauschen, verursacht durch Interferenzen oder zu viele andere Geräte, die gleichzeitig senden. Beim Textschreiben sind die unnötigen Worte das Rauschen. Unser Ziel ist es, das Signal im Verhältnis zum Rauschen möglichst laut zu gestalten.

Wir haben alle schon einmal jemandem zugehört, oft einem Politiker oder einem PR-Profi, der langatmig redet, aber nicht wirklich etwas aussagt. Hier ist das Signal im Verhältnis zum Rauschen viel zu leise.

Kennen Sie das Kindergartenlied »Old MacDonald Had a Farm«? Es verwendet eine Menge Worte für wenige Gedanken. Wenn wir es mit einem guten Signal-Rauschen-Verhältnis wiedergeben würden, würde es so lauten: Der alte MacDonald hatte eine Farm mit Kühen, Hühnern und Schweinen. Ende.

Drücken Sie sich einfach aus. Vermeiden Sie Fachjargon oder übermäßig komplexe oder akademische Sprache. Verwenden Sie Worte mit einer oder zwei Silben. Eine gute Faustregel ist die Frage, ob ein Zwölfjähriger verstehen würde, was Sie sagen. Es gibt einfache Apps, mit denen Sie den Schwierigkeitsgrad Ihres Textes anpassen.

Gestalten Sie Ihren Text visuell einfach. Unterteilen Sie den Text in Absätze mit nur ein paar Sätzen. Lange Textblöcke sind für das Auge schwer zu lesen. Brechen Sie Ihren Text durch Absätze, Aufzählungspunkte oder Zwischenüberschriften auf (mehr über diesen letzten Punkt im 9. Gebot).

Schreiben Sie betrunken, redigieren Sie nüchtern. Versuchen Sie nicht, zur gleichen Zeit zu schreiben und zu redigieren. Schreiben und Redigieren sind zwei unterschiedliche Arbeitsvorgänge. Wenn Sie schreiben, notieren Sie einfach alles, was Ihnen in den Sinn kommt, auch wenn Ihnen das Ergebnis dann peinlich ist (und das wird es sein). Machen Sie eine Stunde Pause und tun Sie etwas anderes, dann redigieren Sie den Text. Wenn Sie etwas Längeres schreiben, hilft es oft, an einem anderen Tag zu redigieren, dann sehen Sie Ihre Arbeit mit etwas Abstand.

Zum Schluss ein Profi-Hack, mit dem ich sicherstelle, dass ich mich klar und deutlich ausdrücke. Bei der Endredaktion lassen Sie sich Ihren Text vom Computer vorlesen. Die meisten Betriebssysteme verfügen über eine eingebaute Text-to-Speech-Funktion.

Wenn Sie das lesen, was Sie selbst geschrieben haben, interpretieren Sie es mit derselben Denkweise, die den Text erstellt hat. Dadurch lesen Sie oft genau das, was Sie schreiben wollten, oder meinten, es zu schreiben, anstatt das, was eigentlich da steht. Wenn Ihnen der Computer wortwörtlich das vorliest, was Sie verfasst haben, ist das absolut gnadenlos. Dabei fallen übermäßig lange und verdrehte Sätze oder ein holpriger Satzbau sofort auf.

3. Textergebot: Du sollst wunderbare Überschriften formulieren

Der legendäre Werbetexter David Ogilvy sagte einmal: »Im Durchschnitt lesen fünfmal so viele Menschen die Überschrift wie den Fließtext. Wenn Sie Ihre Überschrift formuliert haben, haben Sie 80 Cent von Ihrem Dollar ausgegeben.«

Wenn 80 Prozent der Menschen nicht über die Überschrift hinaus lesen, kann man sich das, was da passiert, mit folgender einfacher Visualisierung vorstellen: Stellen Sie sich vor, dass vor Ihnen fünf Menschen stehen, während Sie sprechen. Vier davon drehen sich nach Ihrem ersten Satz um und gehen weg. Einer bleibt noch stehen und hört sich den Rest Ihrer Worte an. Wenn Ihnen das klar wäre, hätten Sie dann diesen ersten Satz nicht viel sorgfältiger und bewusster formuliert?

Allerdings verbringen Autoren die meiste Zeit damit, den Fließtext zu schreiben, und nur einen kleinen Bruchteil mit der Überschrift. Sehen Sie jetzt, was da schiefläuft?

Sie sollten beim Texten den Schwerpunkt auf den Anfang legen, denn wenn die Überschrift die Leute nicht packt, werden sie den Rest sowieso nie sehen.

»Überschrift« kann hier wörtlich gemeint sein, wie in einem Verkaufsbrief oder Artikel, oder es kann die jeweilige Entsprechung einer Überschrift sein, je nachdem, welchen Content Sie erstellen. Auf YouTube zum Beispiel wäre das Ihr Thumbnail-Bild und -Titel. In einem Podcast wäre das der Titel oder die Episode. Bei einem kurzen Social-Media-Video wäre es der Aufhänger in den ersten paar Sekunden des Videos.

Ein guter Werbetexter verwendet viel Zeit auf die Überschrift. Wenn Sie für einen Text eine Stunde brauchen, empfehle ich Ihnen, von diesen 60 Minuten mindestens 15 Minuten zu nutzen, um Überschriften und Untertitel zu formulieren. Peilen Sie etwa 50 Varianten an. Das mag sich zwar seltsam und übertrieben anhören, aber es ist effektiv.

Ein Trick, den Journalisten seit Langem verwenden, um mit ihren Überschriften Aufmerksamkeit zu erzielen, ist, etwas extrem oder ungewöhnlich auszudrücken, und es dann mit einem Fragezeichen zu versehen. Zum Beispiel: »Könnte dies das Heilmittel gegen Krebs sein?« Indem man sie als Frage formuliert, zieht man die Aufmerksamkeit auf die Behauptung, ohne für ihren Wahrheitsgehalt verantwortlich zu sein.

Wäre der Autor sicher, dass dies wirklich das Heilmittel gegen Krebs ist, hätte er die Überschrift als Aussage formuliert, wie: »Heilmittel gegen Krebs gefunden!« Das ist im Journalismus derart häufig, dass Betteridges Gesetz der Überschriften lautet: »Jede Überschrift, die mit einem Fragezeichen endet, kann mit einem Nein beantwortet werden.« Auch wenn die Fragemethode ein bisschen hinterhältig ist, kann sie dennoch ein nützliches Hilfsmittel sein, um Ihre Überschriften knackiger zu formulieren.

Ihre Überschrift muss die Leute packen, sie unterhalten und sie in den ersten Satz hineinziehen. Kürzlich stolperte ich in meinem Newsfeed über folgende Überschrift:

> **Wie ein sehr glücklicher Enron-Manager 280 Millionen Dollar verdiente, indem er eine Stripperin schwängerte, seine Ehe zerstörte und seinen Job verlor**

Und hier ist eine klassische Überschrift mit Untertitel aus den *Northern Territory News*, einer australischen Zeitung, die für ihre verrückten Geschichten bekannt ist:

> **Warum ich mir einen Kracher in den Hintern steckte**
> Ein Mann, der schwere Verbrennungen erlitt, als Freunde einen Feuerwerkskörper in seinem Hintern zündeten, sagt, er habe seinen Freunden, die zu Besuch waren, nur etwas Spaß im Territory bieten wollen.

(Als ob die Überschrift nicht schon fesselnd genug wäre, ist auf dem Foto dazu noch ein Kerl zu sehen, der Bier aus einer Flasche trinkt, um die sich eine Schlange windet!)

Genau wie Sie sich über die Gaffer auf der Autobahn aufgeregt haben, denken Sie jetzt vielleicht: »Wer liest denn so einen Mist?« Also, ich habe Ihren Browserverlauf gecheckt, und es hat sich herausgestellt: Sie tun das.

Das sind jetzt natürlich Extrembeispiele, aber wenn 80 Cent von Ihrem Dollar für die Überschrift draufgehen, müssen Sie einfach sicherstellen, dass sie ihre Aufgabe erfüllt.

4. Textergebot: Benenne die Dinge und mache sie dir zu eigen

Wenn die Rose anders hieße, würde sie genauso süß duften … aber sich nicht annähernd so gut verkaufen. Hieße die Rose »Stachlige Stielpilz-Fuchsie«, bezweifle ich, ob sie die meistverkaufte Blume wäre, die sie heute ist, auch wenn sie faktisch gesehen dieselbe wäre.

Haben Sie schon mal bemerkt, dass berühmte Schauspieler immer so coole Namen haben wie Tom Cruise, Vin Diesel oder Whoopi Goldberg? Das ist kein Zufall. Viele haben ihren Namen geändert oder Künstlernamen angenommen, die zu ihrer persönlichen Marke passen. Tom hieß ursprünglich Thomas Mapother, Vin hieß Mark Sinclair und Whoopi hieß Caryn Johnson. Viele Schauspieler ändern ihren Namen, wenn sie in die Screen Actors Guild* eintreten.

Ebenso brauchen auch Unternehmen oder Produkte oft ein wenig Glanz. Ein großartiges Beispiel dafür ist das sogenannte vegane Leder für die Autositzbezüge von Tesla. Natürlich passt die Bezeichnung Vinyl oder Plastik, was es in Wahrheit ist, nicht zu Teslas Positionierung als umweltbewusster Luxuswagen – »veganes Leder« entspricht dem schon viel mehr.

Vielleicht könnten wir dasselbe auch für das Nashorn tun – eine Tierart, die vom Aussterben bedroht ist. Es hat auf Englisch einen furchtbaren Namen, der schwer auszusprechen und zu schreiben ist – *rhinoceros* – und der kaum Sympathie hervorruft. Wie wäre es denn mit »chubby unicorn« – »molliges Einhorn«?

Aus Blue Ribbon Sports wurde Nike (nach der griechischen Siegesgöttin). Als frittierte Nahrungsmittel in den Ruf kamen, ungesund zu sein, änderte sich der Name von Kentucky Fried Chicken in KFC.

Benennen Sie Ihre wichtigsten Konzepte, Prozesse oder Produkte und erheben Sie damit Anspruch darauf. Das ist wichtig für die Positionierung, das Branding und den Schutz des geistigen Eigentums. In Kapitel 10 werde ich auf geistiges Eigentum und die eher technischen Aspekte der Namensgebung eingehen.

Ich habe Marketing sicher nicht erfunden, aber ich habe meinen wichtigsten Konzepten und Prozessen Namen gegeben und mir das geistige Eigentum dafür gesichert, wie Der Marketingplan auf einer

* Gewerkschaft für Schauspieler in den USA

Seite oder Lean Marketing. Diese sind meine bekanntesten Marken geworden und sie sind sicher wichtiger als mein eigener Name.

5. Textergebot: Bitte, und du wirst empfangen

Flug 52 der Fluggesellschaft Avianca war ein regulärer Linienflug von Medellín, Kolumbien, nach New York City. Am 25. Januar 1990 ging der Boeing 707 der Treibstoff aus und sie stürzte 20 Meilen vor dem Internationalen Flughafen John F. Kennedy ab. Acht der neun Crewmitglieder und 65 der 149 Passagiere an Bord starben.

Man fragt sich hier sofort: Wie kann es sein, dass einem Flugzeug so kurz vor seinem Zielflughafen der Treibstoff ausgeht? Ein Leck im Tank? Irgendein technischer Defekt? Nichts davon war beim Avianca-Flug 52 der Fall.

Aufgrund der Wetterverhältnisse wurde das Flugzeug in einer Warteschleife um den JFK-Flughafen gehalten. Dem Flug waren zuvor zwei Einschätzungen für Verzögerungen gemeldet worden, die bereits verstrichen waren. Nun befanden sie sich in der Warteschleife und warteten schon so lange auf die Landeerlaubnis, dass sie sich ernsthafte Sorgen um ihren Treibstoffvorrat machten.

Zu diesem Zeitpunkt sandte der Erste Offizier Mauricio Klotz diese Funknachricht an den Fluglotsen: »Äh, ich glaube, wir brauchen jetzt Vorrang.« Dann sagte er unter anderem in den nachfolgenden Funksprüchen: »Äh, wenn wir es noch mal versuchen, geht uns der Treibstoff aus«, oder »Ja, Sir, äh, wir können noch fünf Minuten warten, mehr geht dann nicht mehr.«

Für Sie und mich klingen diese Botschaften im Nachhinein vielleicht alarmierend. Für den Fluglotsen, der bei schlechtem Wetter gleichzeitig Dutzende von verspäteten Flügen zu organisieren hatte und viele Funksprüche hin und her erhielt, gingen diese zweideutigen Meldungen jedoch leicht unter.

Fluglotsen sind darauf trainiert, auf bestimmte Worte sofort zu reagieren, wie »Mayday«, »Pan-Pan« oder »Emergency«, doch keines davon äußerte die Crew des Avianca-Fluges 52. Das besiegelte sein trauriges Schicksal und kostete unnötig viele Leben.

Das ist zwar ein Extrembeispiel, aber es veranschaulicht die potenzielle Gefahr, zu zurückhaltend zu sein, und wie wichtig eine eindeutige Sprache ist, wenn man etwas Bestimmtes beabsichtigt.

Ich sehe oft eine Menge Webseiten, E-Mails und Marketingmaterial, das vieles richtig macht, aber zu zurückhaltend ist, um eine Aktion einzufordern. Sie sollten Ihr Publikum führen und den Leuten genau sagen, was sie tun sollen. »Klicken Sie hier«, »Jetzt starten« oder »Antworten Sie auf diese E-Mail« sind gute Beispiele dafür.

Vieles von dieser Zurückhaltung entspringt dem weitverbreiteten Irrtum, beim Marketing ginge es um »Bewusstmachen«. Etwas bewusst zu machen, ist toll, aber es ist ein himmelweiter Unterschied zwischen Bewusstsein und Aktion.

Sie sind sich bewusst, dass die Schweiz ein Land ist. Doch das heißt noch nicht, dass Sie planen, dorthin zu reisen.

Sie sind sich bewusst, dass Gemüse gesund ist. Doch das heißt noch nicht, dass Sie zum Abendessen Gemüse essen.

Im Marketing ist Bewusstsein ein guter Anfang, aber das, was Sie wirklich wollen, ist Aktion.

Ein Schriftsteller der Antike sagte: »Bittet, und ihr werdet empfangen.« Um im Leben und im Beruf mehr von dem zu erhalten, was Sie wollen, müssen Sie gut bitten können. Um etwas zu bitten, ist der Anfang davon, etwas zu empfangen. Wenn Sie finden, dass Sie nicht genug von dem bekommen, was Sie wollen, mag es daran liegen, dass Sie nicht klar und direkt darum gebeten haben.

6. Textergebot: Emotion begeht das Verbrechen, Logik vertuscht es

Wenn Sie feuchte Roboter erfolgreich »programmieren« wollen, ist es essenziell zu wissen, dass Emotion sie steuert, nicht Logik. Sie geben vielleicht vor, von Logik gesteuert zu sein, aber meistens kommt man mit ihnen nirgendwohin, wenn man sich allein auf die Logik verlässt.

Seit mein Vater gestorben ist, denke ich jeden Tag an ihn. Was ich am meisten vermisse, sind seine kleinen »Dad-Witze« und seine oft unangebrachten »Beobachtungen«. Er fand sie immer lustiger als jeder andere von uns, aber sein Lachen über seine eigenen Witze war so ansteckend, dass wir immer mitlachten.

Er war sicher kein Vorbild in Sachen Woke-Correctness, aber er meinte es nie böse.

Einmal waren wir bei McDonald's, was für uns damals etwas Besonderes war. Während wir in der Schlange nach vorne rückten, stieß er mich mit dem Ellbogen an und wies mit den Augenbrauen auf einen korpulenten Kerl vor uns. Dann flüsterte er: »Der hat zwei Big Macs und einmal große Pommes bestellt, und dazu … ernsthaft …«, und er versuchte, ein Kichern zu unterdrücken, »eine Cola *light*.«

Das war ein bisschen ironisch, weil Dad die meiste Zeit seines Lebens ziemlich übergewichtig war, aber ich glaube, er fand, dass er offen damit umging, warum er so war. Als wir dann an der Reihe waren, bestellte er und zwinkerte mir zu, als er dem Servicemann betont mitteilte: »Und eine *normale* Cola.« Natürlich rollten wir dann alle mit den Augen.

Denken Sie über diese Anekdote, was Sie möchten, aber es ist schon aufschlussreich, dass, seit McDonald's das »Healthy Menu« mit Salaten und Gemüse eingeführt hat, die Verkaufszahlen der klassischen Produkte wie Big Mac oder Pommes durch die Decke gehen.

Das »Healthy Menu« bewirkte, dass man sich nicht unbedingt mehr schuldig fühlen musste, wenn man zu McDonald's ging, um sich Junk Food zu holen. Man *konnte* ja auch Grünkohlsalat bestellen, auch wenn die Verkaufszahlen von McDonald's uns verraten, dass man es nicht tun wird. Emotion begeht das Verbrechen, Logik versucht, es zu vertuschen.

Wir Marketer bemühen uns zum großen Teil darum, das irrationale Verhalten der Menschen zu nutzen. Viele meiner ersten Marketingversuche sind kläglich gescheitert, weil ich – als geborener Fachidiot und Analytiker – in meinen Texten mit Logik, Fakten, Funktionen und Nutzenvorteil argumentiert habe. Irgendwann habe ich verstanden, dass Menschen in erster Linie aufgrund von Emotionen kaufen und das dann durch Logik rechtfertigen. Die Logik muss heimlich und unbemerkt hineingeschmuggelt werden, während ein Feuerwerk der Emotionen für die perfekte Ablenkung sorgt.

Ich habe hierzu schon oft Einwände von Menschen gehört, die technische Produkte oder Business-to-Business (B2B) verkaufen. »Das funktioniert vielleicht bei Einzelverbrauchern, aber ich verkaufe an CEOs«, ist ein häufiges Gegenargument.

Aber Sie verkaufen nicht an CEOs und auch nicht B2B oder B2C – all das sind nur Konzepte. Sie verkaufen immer M2M – von Mensch zu Mensch. Und Menschen kaufen zuerst mit Emotion und rechtfertigen es später über Logik, egal ob es der CEO ist oder der Hausmeister.

Mit dem Slogan »Nobody ever got fired for buying IBM« (»Niemand wurde je gefeuert, weil er bei IBM gekauft hat«) wurden Geräte im Wert von Milliarden Dollar an Führungskräfte in aller Welt verkauft. Das ist ein großartiges Beispiel für emotionsgesteuertes Kaufverhalten bei anspruchsvollen Käufern. Da ich selbst aus der IT-Branche komme, kann ich Ihnen aus eigener Erfahrung sagen, dass IBM nie die billigste, leistungsstärkste oder günstigste Option war. Es ist eine völlig irrationale Entscheidung – bis man begreift, wie der Kaufvorgang wirklich abläuft.

Der äußere Eindruck ist im B2B- und Unternehmensvertrieb extrem wichtig. Fast jeder vom CEO abwärts denkt: »Werde ich damit bei meinem Chef dumm dastehen, oder wird man mich feuern?« Im B2B- und Unternehmensvertrieb kommen Sie viel weiter, wenn Sie sich als die »sichere« Lösung präsentieren, als wenn Sie sich als die beste oder innovativste Lösung präsentieren. In der Unternehmenswelt lobt oder befördert man Sie selten, wenn Sie eine optimale Kaufentscheidung treffen, aber Sie müssen mit negativen Konsequenzen rechnen, wenn Sie eine schlechte Entscheidung treffen.

Anspruchsvolle C-Level-Führungskräfte sind auch nichts anderes als emotionsgesteuerte feuchte Roboter, die sich zwei Big Macs, einmal große Pommes und eine Cola light bestellen oder reißerische Clickbait-Schlagzeilen anklicken. Ihr Beruf macht sie nicht weniger anfällig für emotionale Entscheidungen.

Hier sind zwei Möglichkeiten, dies in Ihren Werbetexten einzubauen:

1. **Wenn Sie schreiben, beginnen Sie mit der Emotion**. Was sollen Ihre Leser empfinden? Greifen Sie auf die sieben Kerngüter zurück: Was kaufen sie wirklich? Wollen sie Status? Wohlstand? Freiheit? Wahrscheinlich wird es eine Kombination aus mehreren Kerngütern sein, aber vielleicht dominiert eins von ihnen.
   Sie können trotzdem noch die logischen Inhalte hinzufügen, wie Preis, Wert, technische Daten und so weiter. Aber seien Sie sich immer bewusst, dass deren Hauptfunktion darin besteht, den Kauf im Nachhinein zu rechtfertigen. Um die wahren Beweggründe zu vertuschen, wenn Sie so wollen
   Der logische Teil in Ihrem Text wird wahrscheinlich unter anderem aus Zahlen und Statistiken bestehen. Die werden aber schnell langweilig und sollten beim Texten als Gefahrenzone betrachtet werden. Wenn sie zu umfangreich und komplex sind, werden Sie Ihre Leser wahrscheinlich verlieren, präsentieren Sie diese Dinge also achtsam.
2. **Geben Sie den Zahlen eine Bedeutung**. Sagen Sie nicht einfach: »Fünf Gigabytes Speicherplatz auf der Festplatte.« Sagen Sie: »1000 Songs in der Hosentasche.« Sagen Sie nicht einfach: »Wir haben drei Millionen Teilnehmer.« Sagen Sie: »Wenn alle unsere Teilnehmer eine Stadt bilden würden, wäre es die drittgrößte Stadt in Amerika.« Sehen Sie, wie viel begeisternder das ist?

7. Textergebot: Schreibe, bevor du schreibst

Wir haben alle schon einmal die Angst vor der leeren Seite erlebt – man starrt hilflos auf einen weißen Bildschirm, während der Cursor einen mit jedem Blinken in den Wahnsinn treibt. Dieses Problem tritt dann auf, wenn man in dem Moment zu schreiben beginnt, in dem man anfängt zu schreiben.

Ich stelle mir das Schreiben eher als das Ausfüllen von Lücken vor, als aus dem Nichts etwas zu erschaffen.

Ich habe Seth Godin einmal sagen hören, so etwas wie eine Schreibblockade gebe es nicht, und dass man ja auch noch nie von einem Klempner mit Klempnerblockade gehört habe. Ich stimme dem zu. Ein professioneller Klempner, der bei einem Auftraggeber ankommt, hat sein Werkzeug dabei. Und ein Werbetexter sollte das auch haben.

Ich sorge dafür, dass ich nie blockiert bin und auf einen blinkenden Cursor oder eine leere Seite starre, wenn ich etwas schreiben muss, indem ich meinen Werkzeugkasten parat habe. Hier ist die Trickkiste, die ich benutze, damit die Worte fließen:

Geschichtensammlung: Ich gehe auf die Bedeutung des Geschichtenerzählens noch im 8. Gebot ein. Eine Sammlung mit interessanten Geschichten parat zu haben, aus denen Sie schöpfen können, wird Ihren Schreibstil verbessern, und die Texte bleiben eher im Gedächtnis.

Ideensammlung: Ich führe eine Datei mit »besten Ideen«. Wenn ich eine interessante Idee habe oder eine solche höre, lese oder sehe, notiere ich sie mir in meiner Ideendatei. Ich habe in meiner Ideendatei Ordner für verschiedene Themen, die mich interessieren, wie Marketing, Verkauf, Einfluss, Erfolg und so weiter. Wenn ich dann etwas schreibe oder erstelle, kann ich auf tolle Ideen zurückgreifen.

Schnappschussdatei: Sie sehen eine großartige Werbung, Überschrift, E-Mail oder Verkaufsseite? Machen Sie ein Foto oder einen Screenshot für Ihre Schnappschussdatei und lassen Sie sich davon inspirieren, wenn Sie etwas schreiben.

Schnipsel: Das sind wörtlich zitierte Ausdrücke, Sätze und Absätze. Wenn ich etwas Interessantes oder Einzigartiges höre oder lese, füge ich es zu meiner Schnipseldatei hinzu. Das ist ähnlich wie bei der Schnappschussdatei, aber viel kleinteiliger. Ich nutze sie als Inspiration, wenn ich schreibe.

»Deswegen habe ich gekauft«: Wenn ich auf eine Werbung oder E-Mail geklickt oder etwas gesehen habe, was mich dann zum Kauf motiviert hat, mache ich mir einen Screenshot oder ein Foto davon. Das ist eine tolle Inspiration, wenn ich eine Kampagne erstelle.

Sie können diese Werkzeuge anlegen, wie Sie wollen, ich selbst finde es am einfachsten, sie als formlose Notizen anzulegen, auf die ich über all meine mobilen Geräte jederzeit zugreifen kann, um sie zu durchsuchen oder etwas hinzufügen.

Ich habe meine Vorgehensweise mit der von Profi-Autoren verglichen, die alle eine ähnliche Werkzeugsammlung führen.

Der einzige Nachteil daran ist, dass es praktisch unmöglich wird, passiver Zuhörer oder Leser zu sein. Sie werden ständig Videos oder Podcasts stoppen oder das Lesen unterbrechen, um etwas zu einer Ihrer Dateien hinzuzufügen.

8. Textergebot: Erzähle Geschichten

Der Mensch ist darauf programmiert, Botschaften über Geschichten zu empfangen. Die Tradierung über Geschichten ist viele Tausend Jahre älter als das geschriebene Wort. Der Mensch speichert Geschichten im Gedächtnis. An eine Geschichte, die jemand erzählt hat, erinnert man sich, auch wenn man das, worüber eigentlich gesprochen wurde, schon längst vergessen hat.

Ob es nun der Film ist, der einen immer wieder zum Lachen bringt, egal wie oft man ihn schon gesehen hast (bei mir ist es *Office Space*) oder der Roman, bei dem Sie geweint haben – Geschichten berühren uns alle.

Geschichten unterhalten, ihre Botschaften bleiben länger im Gedächtnis und, was am wichtigsten ist, sie erreichen die Menschen emotional, was sie in Kaufstimmung bringt.

Es gibt viele Ansätze, Geschichten zu erzählen. Die »Heldenreise« ist ein bekanntes Modell, das oft für längere Inhalte verwendet wird. Je komplexer das Konzept, desto seltener werden Sie es verwenden. Hier ist ein supereinfacher, zweistufiger Ansatz, um Geschichten zu erzählen, den ich von Vinh Giang, einem wunderbaren Geschichtenerzähler und Showman, gelernt habe:

1. **Der Vorfall**. Das Wer, Was, Wo und Wann. Erleben Sie die Geschichte nochmals, anstatt sie nur zu berichten. Der Unterschied zwischen berichten und nochmals durchleben ist VAKO (visuell, auditorisch, kinästhetisch, olfaktorisch). So gestalten Sie die Geschichte bunt und lebendig. Berichten wäre: »Ich hätte fast den Bus verpasst.« Erneut durchleben ist: »Eiskalter Regen prasselte auf mich ein, während ich durch die spärlich beleuchteten Straßen hetzte. Außer Atem und erschöpft erreichte ich die Bushaltestelle genau zu dem Zeitpunkt, als der Bus anhielt.«
2. **Die Pointe**. Hier werden Informationen zu Erkenntnissen, und die Geschichte bekommt eine Bedeutung. »Der Grund, aus dem ich Ihnen das erzähle, ist, dass …«. Setzen Sie die Pointe ans Ende der Geschichte. So können Sie fast jede Geschichte mit jeder Situation oder jeder Aussage verknüpfen. Analogien, Metaphern und Gleichnisse sind auch im Detailbereich wirkungsvolle Stilmittel. »Er zerfleischte seine Feinde wie ein wildes Tier« ist anschaulicher und einprägsamer als »Er war rücksichtslos.«

Eine Geschichte ist quasi eine Panzerfaust, während eine Analogie, eine Metapher oder ein Gleichnis wie eine Handfeuerwaffe wirkt. (Sehen Sie, schon wieder Analogien.) Analogien vereinfachen das Komplexe, verbinden das Unbekannte mit dem Bekannten und bringen Spaß und Leben in Ihren Text. Sie veranlassen Menschen, zu sagen oder zu denken: »So habe ich das noch nie gesehen«, und sie sind ein großartiges Mittel, Beziehungen aufzubauen.

Greifen Sie auf Ihre Bibliothek mit Geschichten zurück. Legen Sie sich, wie schon im 7. Gebot beschrieben, eine Geschichtensammlung an. Dokumentieren Sie alles, was Sie bewegt, fasziniert, zum Lachen oder zum Weinen bringt.

9. Textergebot: Schaffe einen dualen Pfad für die Leser

Manche Menschen lesen, manche überfliegen, und die meisten kombinieren beides. Regelmäßige Zwischenüberschriften ermöglichen es den Lesetypen, alles aufzunehmen, während die Überfliegertypen immer noch das Wesentliche Ihres Inhalts mitbekommen. So schaffen Sie einen dualen Pfad für Ihre Leser.

In diesem Buch habe ich die Kapitel und lange Textblöcke durch regelmäßige Zwischenüberschriften unterteilt. Das ist angenehmer für das Auge, holt die Überfliegertypen zurück zum Fließtext, und die Abschnitte sind in sich geschlossener.

Ein dualer Leserpfad ist nicht nur für Texte geeignet. Auf den meisten Audio- und Videoplattformen wie YouTube oder Podcasts kann man beispielsweise Kapitelmarkierungen einsetzen, um den Inhalt zu unterteilen, sodass die Zuschauer oder Zuhörer direkt zu den Abschnitten einer Episode navigieren können und wissen, wann was kommt.

Ein dualer Leserpfad ist eine wunderbare Möglichkeit, die Aufmerksamkeit Ihres Publikums aufrechtzuerhalten.

10. Textergebot: Stelle Zusammenfassungen an den Anfang und ans Ende

Haben Sie gemerkt, dass jedes Kapitel dieses Buches mit einer kurzen Zusammenfassung und einem Ausblick auf das Kommende beginnt? Das ist wie eine Vorschau auf die nächsten Attraktionen. Außerdem stehen am Ende jedes Kapitels Aktionspunkte, die Sie an die wichtigsten Inhalte erinnern und Ihnen helfen, die Informationen in die Tat umzusetzen.

Diese Elemente sowie die regelmäßigen Zwischenüberschriften erleichtern es, dem Buch zu folgen und nach einer Unterbrechung weiterzulesen.

Sagen Sie den Leuten jedes Mal, wenn Sie schreiben oder sprechen, **als Erstes, was Sie ihnen mitteilen werden**. Das sorgt für einen Wiedererkennungseffekt und ermöglicht, die Aufmerksamkeit der Menschen zu gewinnen und zu behalten. **Erzählen Sie ihnen am Ende, was Sie ihnen gerade gesagt haben**. Dadurch verstehen und behalten sie den Inhalt besser. Geben Sie zum Schluss noch praktische Handlungstipps auf der Grundlage des Gesagten, damit die Teilnehmer leichter konkrete Ergebnisse erzielen.

Verändere deine Worte. Verändere deine Welt

Die zehn Textergebote sind keine vollständige Anleitung, Sie zu einem hervorragenden Werbetexter und Kommunikator zu machen, aber Sie erzielen damit 80 Prozent der Ergebnisse mit 20 Prozent Aufwand.

Wenn Sie tiefer in die Kunst des Schreibens einsteigen wollen, empfehle ich Ihnen zwei Bücher. Das erste ist *The Elements of Style* von William Strunk Jr. und E. B. White. Es ist ein kleines Büchlein mit Prinzipien, die sich im Lauf der Zeit bewährt haben. Ich lese es alle paar Jahre wieder. Das zweite ist *On Writing* von Stephen King (Titel der deutschen Ausgabe: *Das Leben und das Schreiben*). Das ist ein ausgezeichnetes Buch, leicht und unterhaltsam zu lesen und mit handfesten Ratschlägen vom Meister seines Fachs.

Wenn Sie Ihre Worte verändern, verändern Sie Ihre Welt und Ihre Ergebnisse. Wenden Sie die zehn Textergebote im Beruf und Privatleben an. Sie gehen in eine Gehaltsverhandlung mit Ihrem Chef? Geben Sie Ihren beeindruckenden Zahlen eine Bedeutung. Sie möchten erreichen, dass Ihre Kinder das Gemüse essen? Erzählen Sie ihnen eine

Geschichte und verknüpfen Sie sie mit etwas, was ihnen wichtig ist. Sie wollen, dass Ihre potenziellen Kunden auf Ihre Marketingkampagne reagieren? Sagen Sie ihnen genau, was sie tun sollen – direkt und klar.

Magnetische Botschaften einfach gestalten

Nachdem wir nun allgemeinere Aspekte des Werbetextens behandelt haben, möchte ich Ihnen eine einfache Anleitung geben, um kürzere, eigenständigere Botschaften zu verfassen. Diese können Sie in Anzeigen, auf Landingpages, im oberen Bereich Ihrer Webseite oder überall dort verwenden, wo Sie die Aufmerksamkeit des Lesers auf sich ziehen und ihn dazu bringen möchten, zu handeln.

Bei längeren Texten haben Sie genug Zeit und Raum, um Dinge zu erklären; bei kürzeren Texten hingegen muss jedes Wort genau sitzen. Jedes unnötige Wort verringert die Wirkung Ihrer Botschaft. Ähnlich wie bei einem Algorithmus zur Datenkomprimierung gilt es, viele Informationen und Implikationen auf engstem Raum zu komprimieren.

Ich lasse Botschaften durch sieben Filter laufen, um sicherzugehen, dass sie magnetisch wirken. Obwohl es unwahrscheinlich ist, dass Sie mit einer Kurzbotschaft alle gleichzeitig erfüllen, sollten Sie sich bemühen, so viele wie möglich zu erfüllen. Die Filter sind folgende:

1. **Geht es um die Leser?** Viele Botschaften auf Webseiten, in E-Mails oder Werbeanzeigen kreisen um sich selbst. Man sieht häufig selbsterhöhende Statements wie »Wir liefern erstklassige Produkte«, »gegründet 1985« oder Ähnliches. Das interessiert niemanden. Jeder konzentriert auf sich selbst und seine eigenen Probleme. Wenn Ihre Botschaft zu sehr um Sie selbst kreist, stoßen Sie damit auf taube Ohren. Waren Sie schon mal im Gespräch mit jemandem, der ständig nur über sich selbst redet? Man wird vom anderen förmlich überrollt. Ihren potenziellen Kunden geht es genau-

so. Gestalten Sie Ihre Botschaft also mit Blick auf den potenziellen Kunden und dessen Probleme.

2. **Ist es leicht verständlich?** Wie schon im 2. Textergebot beschrieben, machen Sie Klarheit immer zur Priorität. Manchmal gerät man in Versuchung, Kurzbotschaften witzig oder mit Wortspielen zu formulieren. Das ist ja schön und gut, aber es sollte nie auf Kosten von Klarheit und Verständlichkeit geschehen. Formulieren Sie leicht verständlich. Ihr Publikum darf keine einzige zusätzliche Kalorie brauchen, um das, was Sie sagen, zu verstehen. Im Zweifel lassen Sie einen Zwölfjährigen Ihren Text lesen und Ihnen diesen danach wieder erklären.
3. **Ist es glaubwürdig?** Ist Ihre Behauptung, Ihr Angebot oder Ihr Versprechen glaubwürdig? Kann ein vernünftiger Mensch aus Ihrem Zielmarkt darauf bauen, dass Sie es schaffen, sein Problem zu lösen? Selbst wenn Ihre Botschaft zu 100 Prozent wahr ist (was sie sein sollte), kann eine Glaubwürdigkeitslücke auftauchen, die Sie schließen sollten. Eine gute Möglichkeit, dies zu tun, sind Nachweise. Anstatt etwa zu sagen: »Der beste Kundenservice der Branche«, was vage, schwer zu glauben und nicht nachzuprüfen ist, sagen Sie: »94 Prozent unserer Erstkäufer werden zu Stammkunden.« Solche Nachweise wandeln eine unglaublich klingende Behauptung in eine Tatsache.
4. **Ist es interessant oder einzigartig?** Die größte Sünde bei Kurzbotschaften ist, langweilig zu sein. Bieten Sie den Faktor »Neues«? Das Neue kann in der Botschaft, im Produkt, in der Verpackung oder in der Preisgestaltung stecken. Ich liebe es, mir Ideen aus anderen Branchen zu holen. Wenn Ihre Branche zum Beispiel normalerweise weder Abonnementpreise noch einen Lieferservice anbietet, können Sie dies nutzen, um etwas Neues oder eine Differenzierung zu schaffen. Nur vom Kernprodukt kommt selten etwas Neues.
5. **Ist es das Gute ohne das Schlechte?** Kann ich das Ergebnis mit minimalen oder sogar ganz ohne Nachteile erhalten? Denken Sie an die häufigsten Einwände Ihrer potenziellen Kunden. Bieten Sie ihnen das, was sie suchen, ohne die Risiken, Nachteile oder Opfer,

die sie befürchten? Zum Beispiel abnehmen, ohne auf die Lieblingsgerichte verzichten zu müssen.

6. **Ist klar, für wen es ist?** Wenn eine Person aus Ihrem idealen Zielmarkt Ihre Botschaft hört oder liest, sollte ihre erste Reaktion lauten: »Oh, das betrifft ja mich!« An dieser Stelle kommen grundlegende Dinge wie Zielmarktselektion oder Produkt-Markt-Fit ins Spiel. Auch wenn Sie das alles bereitstellen, ist es wichtig, es in der Kurzbotschaft klar und präzise zu kommunizieren. Ein hilfreiches Signal, für wen eine Botschaft ist, ist eine vor der Überschrift platzierte »Flagge«. Zum Beispiel: »Zahnärzte in Kalifornien: Reduzieren Sie Patienten-No-Shows und kurzfristige Absagen um 81 %.«
   Die Flagge »Zahnärzte in Kalifornien« zeigt deutlich an, für wen die Botschaft bestimmt ist, bevor man sich einem großen Problem zuwendet, mit dem die Leser in ihrem Geschäft zu tun haben.
7. **Ist klar, was sie als Nächstes tun müssen?** Geben Sie eine klare, konkrete Handlungsanweisung. Was ist die nächste physische, sichtbare Handlung, die der Leser unternehmen soll? Soll er eine Telefonnummer anrufen, auf einen Link klicken oder seine E-Mail-Adresse angeben? Vermitteln Sie ihm genau, was er als Nächstes tun soll.

Lassen Sie jede Ihrer Kurzbotschaften durch diese sieben Filter laufen, um sicherzugehen, dass sie magnetisch wirkt. Haben Sie Ihre Botschaft fertiggestellt, fragen Sie sich also:

- Geht es um die Leser?
- Ist es leicht verständlich?
- Ist es glaubwürdig?
- Ist es interessant oder einzigartig?
- Ist es das Gute ohne das Schlechte?
- Ist klar, für wen es ist?
- Ist klar, was sie als Nächstes tun müssen?

Bearbeiten Sie Ihre Botschaft und feilen Sie daran, bis sie so viel wie möglich davon erfüllt.

Kapitel 5 - Aktionspunkte

- Überprüfen Sie Ihren Content und wenden Sie die zehn Textergebote an. Achten Sie darauf, dass Sie diese Gebote in Zukunft bei jedem weiteren Content einhalten.
- Erstellen Sie je eine Content- und Geschichtensammlung, auf die Sie immer zurückgreifen, wenn Sie Content erstellen.
- Aktualisieren Sie Ihre Marketingkurzbotschaften, sodass sie so viele Filterpunkte für magnetische Botschaften erfüllen wie möglich.

6

Künstliche Intelligenz

KAPITEL 6 – VORSCHAU

Die künstliche Intelligenz (KI) verändert aktuell die traditionelle Arbeits- und Branchenwelt von Grund auf, und das wird auch in Zukunft so sein. Als Lean Marketer nutzen wir sie, um neue Möglichkeiten und effiziente Arbeitsweisen zu gestalten.

Die Kernpunkte in diesem Kapitel sind:

- Welche Geschäfts- und Aufgabenbereiche KI schädigt und welche KI unterstützt.
- Wie die natürlichen Instinkte das Urteilsvermögen schwächen, und was Sie dagegen tun können.
- Wie die Technologie die Musikbranche umgekrempelt hat, und wie das mit Ihrem Marketing zusammenhängt.
- Wie Sie KI und neue Technologien für Sie zum Wettbewerbsvorteil umwandeln, anstatt sie als Bedrohung zu sehen.
- Wie Sie im Lean Marketing von der KI profitieren.
- Wie die Large-Language-Modelle der KI funktionieren, und wie Sie deren Kapazitäten am besten nutzen.
- Wie Sie KI beim Schreiben und Erstellen von Content nicht nutzen sollten.

Es ist alles schon mal dagewesen

Die Technologie ist die ultimative disruptive Kraft. Sie gibt und sie nimmt, aber in den meisten Fällen gibt sie. Sie hat Berufe, Geschäftszweige und Branchen zerstört oder verändert, und das wird auch so weitergehen. Wenn Sie auf der falschen Seite dieses Disruptionsvorgangs stehen, sind Sie vielleicht verbittert darüber und wünschen sich die »gute alte Zeit« zurück. Doch die kommt nicht wieder und eventuell betrachten Sie sie durch eine rosa Brille.

Im 17. Jahrhundert herrschte große Sorge, dass der Buchdruck das Lernen behindern, die Welt mit zu vielen Büchern überschwemmen und die Verbreitung von falschen, frivolen oder schädlichen Informationen fördern würde.

Jahrhunderte später hören wir seltsam ähnliche Bedenken über das Internet, die sozialen Medien oder künstliche Intelligenz. Manche befürchten sogar, dass KI die Menschheit buchstäblich zerstören oder die Macht über uns ergreifen werde. Ich für mein Teil heiße unsere neuen Herrscher aus Silikon willkommen. 🤖

Mit jeder neuen Technologiewelle beginnt derselbe immer gleiche Kreislauf: Erst kommt der Hype mit den hochfliegenden Versprechungen, was das neue Ding alles verändern wird. Aufregende neue Unternehmen entstehen. Darauf folgt die Panik darüber, dass diese Technologie unsere Arbeitsplätze vernichtet, uns dumm und faul macht und die Gesellschaft dadurch degeneriert. Schließlich folgt die allgemeine Verbreitung und Akzeptanz. Die Technologie wird zum Teil des alltäglichen Lebens und Arbeitens und macht uns produktiver.

Künstliche Intelligenz versus natürliche Dummheit

Wir Menschen weisen Vorurteile und Instinkte auf, die uns so denken und uns verhalten lassen, das es uns heute nicht mehr dient. Wir sind von Natur aus dumm. Wenn wir das verstehen, laufen wir nicht Gefahr, uns entweder vom Hype oder von der Angst mitreißen zu lassen.

In seinem Buch *Factfulness* beschreibt Hans Rosling zehn Instinkte, die unsere Perspektive verzerren. Dazu gehören der Negativitätsinstinkt – unsere Neigung, das Schlechte stärker wahrzunehmen als das Gute; der Angstinstinkt – wir beachten bedrohliche Dinge stärker; und der Ein-Perspektiven-Instinkt – wir bevorzugen einfache Erklärungen und klare Narrative und wehren uns oft gegen komplexe oder vielschichtige Erläuterungen.

Als Vermarkter nutzen wir diese Instinkte, um unser Marketing effektiver zu gestalten. Als Unternehmer müssen wir uns vor ihnen hüten.

Wenn man sich auf die üblichen Hiobsbotschaften der kommerziellen Panikmacher konzentriert, könnte man meinen, die Welt gehe unter. Ihr Geschäftsmodell beruht darauf, dass sie sich unsere Instinkte von Negativität, Angst und Bevorzugung einer einzigen Perspektive zunutze machen. Mit der Schlagzeile »Milliarden von Menschen erlebten einen ereignislosen Tag« erreicht man weder Klicks noch Aufmerksamkeit.

Medien, Filme und Fernsehsendungen stellen zwar eine dystopische Zukunft dar, aber das nehme ich denen nicht ab. Wir leben in der besten Zeit der Menschheitsgeschichte und die Zukunft sieht immer besser aus. König Salomon in all seiner Herrlichkeit hatte kein so gutes Leben wie der Durchschnittsmensch heute (obwohl es zugegebenermaßen scheint, als hätte er eine Menge Spaß gehabt).

Damit sage ich nicht, wir hätten alle Probleme gelöst. Es gibt noch viele Herausforderungen, denen wir uns stellen müssen. Doch wenn der Fortschritt der letzten paar Jahrhunderte irgendein Hinweis ist, dann werden uns Technologie und jetzt auch KI helfen, so manche davon zu bewältigen.

Dass die KI superintelligent wird, also die Intelligenz der klügsten und talentiertesten menschlichen Geister übertreffen wird, ist unvermeidlich. Ob sie die Macht übernimmt und anfängt, Menschen zu züchten, um Energie zu gewinnen, ist noch offen. Wenn das passiert, begegnen uns viel größere Probleme als Marketing. Ich hoffe, dass dieses Schicksal sich auf die Menschen beschränkt, in deren Lebenslauf auf LinkedIn »Futurist« steht.

Es gibt eine handfeste Erfolgsbilanz von Science-Fiction-Inhalten, die Realität werden. Die Serie *Star Trek: The Next Generation* ist Kult für Computerfreaks. Eine der Hauptfiguren der Serie ist ein humanoider Roboter namens Data. Er kann alles, was ein Mensch kann, nur besser. Er ist schlauer, stärker und schneller. Während der gesamten Serie bemüht er sich, menschliche Gefühle und Verhaltensweisen zu verstehen und nachzuahmen. Trotz seiner überlegenen Fähigkeiten verbringt er die meiste Zeit damit, den Menschen zu dienen. Ich vermute, dass dies auch bei einer superintelligenten KI der Fall sein wird. Sie wird wohl vergeblich versuchen, herauszufinden, warum wir tun, was wir tun, und uns dennoch dabei unterstützen.

Software frisst die Welt auf

Viele der Tools und Innovationen, die Ihnen entweder schaden oder nützen werden, werden Software sein. Der Risikokapitalgeber Marc Andreessen hat bekanntlich gesagt, dass Software die Welt auffrisst. Wenn ich aus dem Haus gehe, nehme ich meistens nur mein Smartphone mit. Die Software darauf hat enorm viele physische Dinge »gefressen«, die ich früher brauchte, z. B. einen Musikplayer, eine Kamera, ein GPS-Navigationsgerät, einen Laptop, einen Garagentoröffner, eine Brieftasche oder Kreditkarten.

Egal in welcher Branche Sie arbeiten, Sie sollten davon ausgehen, dass uns bahnbrechende Veränderungen durch Software bevorstehen. Da heißt es fressen oder gefressen werden.

Prozessgesteuerte Arbeitsplätze und Unternehmen werden verschwinden. Das ist auch gut so. Denn das sind die langweiligen, repetitiven und gefährlichen Aufgaben. Man denkt oft an die sogenannten einfachen Arbeitskräfte, die dann nicht mehr gebraucht werden: Fahrer, Verpacker, Fließbandarbeiter. Diese werden stark betroffen sein, aber auch Angestellte in prozessgesteuerten Bereichen, wie Juristen, Finanzbuchhalter, Mediziner und natürlich Marketingfachleute.

Alle irgendwie wiederholbaren oder vorhersehbaren Funktionen werden irgendwann automatisiert, zunächst noch nach und nach, aber dann alle auf einmal. Kreative Arbeit und kreative Komponenten der Arbeit werden alles sein, was übrigbleibt. Ein KI-Tool könnte die schwere Arbeit übernehmen, einen langen und komplexen juristischen Vertrag aufzusetzen, aber man wird immer noch die kreativen Fähigkeiten eines Anwalts oder Bankers brauchen, um ein Geschäft zu strukturieren und auszuhandeln.

Sie brauchen kein Technikfreak zu sein, um auf der richtigen Seite der Software-Nahrungskette zu stehen. Sie sollten jedoch bereit sein, Technologie als Kraftmultiplikator in Ihrem Unternehmen einzusetzen. KI wird Ihnen nicht den Job wegnehmen oder Ihr Geschäft zerstören, aber ein Mensch, der KI nutzt, wird das schaffen.

Disruption, nicht Destruktion

Eine häufige Angst, die mit fast jedem technischen Durchbruch einhergeht, ist die vor Zerstörung. Diese Furcht ist zwar gerechtfertigt, aber nur ein Teil der Geschichte. Wenn man nur auf das starrt, was man verliert, hält es einen davon ab, die riesigen Möglichkeiten zu erkennen.

Ich habe diesen Film schon viele Male gesehen, und ich weiß, wie er endet. Die KI wird einige Jobs, Unternehmen und Branchen vernichten, aber auch viele neue entstehen lassen. Riesiger Reichtum wird dadurch erschaffen. In einem Artikel über neu entstehende Arbeitsplätze stellte der Forscher David Autor fest, dass 60 Prozent aller Arbeitsplätze im Jahr 2018 aus Tätigkeiten bestanden, die es 1940 noch nicht gab. Und wer hätte sich auch jemals vorstellen können, YouTuber, Gamer oder Podcaster seien Berufe? KI wird diesen Trend nur beschleunigen.

Sie können jetzt der alte Mann sein, der mahnend die Hand hebt und ruft: »Ihr Jungen wisst ja nicht, was richtige Arbeit ist!« – oder Sie können die neuen Jobs, Geschäftsmodelle und Branchen willkommen heißen, die durch KI geschaffen, ermöglicht und vergrößert werden.

Im Jahr 1930 verwendete die Gewerkschaft der amerikanischen Sänger umgerechnet zehn Millionen Dollar auf eine Kampagne, um die Menschen davon abzuhalten, sich Musikaufnahmen anzuhören oder Tonfilme anzusehen.

A "PROFIT" Without Honor

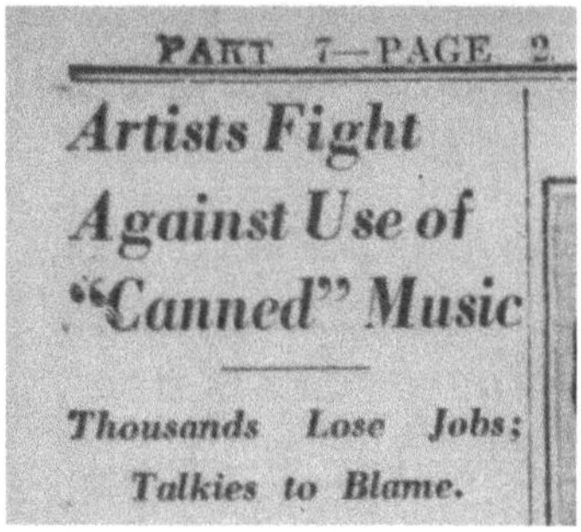
PART 7—PAGE 2

Artists Fight Against Use of "Canned" Music

Thousands Lose Jobs; Talkies to Blame.

Die Einführung des Tonfilms reduzierte die Arbeitsstellen für lokale Musiker drastisch. Im Jahr 1927 gab es etwa 24 000 Musiker, die in Filmtheatern überall in den Vereinigten Staaten und Kanada angestellt waren. Als der erste Tonfilm erschien, *The Jazz Singer*, verschwanden viele dieser Jobs. Bis 1930 hatten 30 Prozent dieser Musiker ihren Job verloren. In manchen Märkten erreichte die Arbeitslosigkeit unter den Musikern 50 – 75 Prozent.

Doch neue Technologien zerstören nicht nur. Sie sind eine kreative Kraft, die neue, größere Möglichkeiten hervorbringt.

Tonaufnahmen, Radio und Tonfilme machten die kreative Arbeit billiger und zugänglich für ein viel breiteres Publikum. 300 Musiker in Hollywood lieferten nun sämtliche Musik, die in Tausenden Filmtheatern gespielt wurde.

Zu jener Zeit schien es unwahrscheinlich, dass »Musik aus der Dose« die »echte« Musik ersetzen würde. Wie wir wissen, passierte das auch nicht. Sie ergänzte und unterstützte sie und sorgte für eine weitere Verbreitung. Mittelmäßige Musiker erlitten tatsächlich Verluste, doch die Live-Musikindustrie ist heute größer denn je. Viele Musiker erzielen den Großteil ihres Einkommens aus Konzerten, Live-Events und Fanartikeln. Der Motor hinter dem Ganzen ist ein Publikum, das sich die Musiker über ihre Musikaufnahmen aufgebaut haben.

Der Werkzeugkasten des Lean Marketing

Da KI immer leistungsfähiger wird, verschwindet ein Großteil der manuellen Arbeit, die Marketingleute bisher leisten mussten. Die Prinzipien des Lean Marketings sind heute wichtiger denn je, da die Marketer nun ihren Schwerpunkt auf Aktivitäten verlagern, die für ihre Zielmärkte einen Mehrwert schaffen. Um es mit der Lean-Terminologie zu sagen: Ihre Arbeit als Marketer findet jetzt hauptsächlich im »Wertstrom« statt.

So wie die Tonaufnahmen vor einem Jahrhundert die Musikwelt verändert haben, rationalisiert, skaliert und automatisiert KI im Marketing viele routinemäßige, arbeitsintensive und operative Aufgaben.

Spezialisierte KI-Tools haben es leichter, billiger und schneller gemacht, Bilder, Videos und Audiobeiträge zu bearbeiten und erstellen. Allgemeiner gehaltene KI-Tools wie Large-Language-Modelle sind beeindruckend und generieren auf der Grundlage von User-Input Texte, die denen von Menschenhand gleichen. Sie ermöglichen es uns auch, verschiedene Aufgaben zu erfüllen, wie Daten auszuwerten, Programme zu schreiben oder komplexe Abfragen zu beantworten.

Worte sind die Bausteine für all Ihre Marketingaufgaben, wie ich im letzten Kapitel schon betont habe. Daher sollten Sie sich näher ansehen, wie die großen Sprachmodelle sich auf das Schreiben auswirken.

Wenn Sie mittelmäßige, langweilige und umfangreiche Texte schreiben, haben Sie schon verloren. Sie werden den Weg gehen, den auch die lokalen Musiker gingen, die ihren Job verloren. Diese Large-Language-Modelle spucken unbegrenzte Mengen dieser Art Content aus.

Ich bezweifle jedoch, dass diese Modelle jemals wirklich gute Texte produzieren können. Das liegt an ihrem Aufbau. Sie verstehen Worte nicht so, wie Menschen dazu in der Lage sind. Sie haben keine Überzeugungen, Meinungen und kein Bewusstsein. KI-Large-Language-Modelle lernen, indem sie die Muster aus riesigen Textdatenmengen analysieren.

Die Hauptaufgabe des Modells ist die Vorhersage. Bei einer bestimmten gegebenen Wortsequenz versucht es, das nächste Wort vorherzusagen, ähnlich wie ein hoch entwickeltes Autokorrekturprogramm. Wenn Sie zum Beispiel eingeben: »Der Himmel ist …« könnte es aufgrund seiner Vorhersage »blau« als nächstes Wort generieren, weil es gelernt hat, dass »blau« oft auf die Wortsequenz »Der Himmel ist« folgt.

Durch ihren Aufbau werden solche Modelle immer die häufigsten Muster vorhersagen und generieren. Das Ergebnis sind dann eine Menge Allgemeinplätze und Standardtexte. Wenn der Output des Modells zu unvorhersehbar wäre, würde es sinnlosen Text generieren.

Um dem beizukommen, nutzen diese Modelle im Prozess der Textgenerierung eine Zufallseinstellung namens »Temperatur«. Wenn die Temperatur niedriger eingestellt ist, wählt das Modell das wahrscheinlichste nächste Wort. Das führt zu vorhersehbaren und zusammenhängenden Sätzen, die aber oft standardisiert oder klischeehaft wirken. Ist die Temperatur höher eingestellt, wählt das Modell weniger wahrscheinliche Worte. Der Output ist dann zwar abwechslungsreicher und kreativer, aber er kann auch manchmal unsinnig werden oder den Bezug zum Kontext ermangeln.

Large-Language-Modelle eignen sich jedoch hervorragend für Aufgaben, bei denen es genau definierte »richtige« Antworten gibt, die stark von Strukturen, Mustern oder Regeln abhängen, wie beim Programmieren oder bei rechtlichen Texten. Das liegt daran, dass sich diese Strukturen in den Trainingsdaten häufig wiederholen und das Modell diese Muster lernen kann. Kreativität erfordert jedoch ein gewisses Maß an Originalität und Erfindungsgeist, was für ein Modell, das durch das Auffinden von Mustern in vorhandenen Daten lernt, eher schwierig ist.

Large-Language-Modelle zum Erstellen von Texten eignen sich allerdings nicht, wenn Sie hervorragende Texte schreiben wollen, und in der Folge auch nicht für exzellentes Marketing. Es gibt einfach keinen Ersatz für einzigartige Geschichten, Erfahrungen und Ansichten. Diese Modelle sind also mittelmäßige Autoren, aber ausgezeichnete Schreibassistenten.

Large-Language-Modelle gehören inzwischen zu meinem alltäglichen Handwerkszeug, genau wie früher Suchmaschinen und virtuelle Teamwork-Tools. Beim Schreiben nutze ich sie auf vielfältige Weise, um mich zu verbessern und meine Fähigkeiten zu erweitern. Ich nutze sie für Recherchen, Zusammenfassungen, Lektorat, Verfeinerung meiner Texte und Brainstorming. Ich finde jeden Tag neue Wege, sie einzusetzen.

Besuchen Sie den Lean-Marketing-Hub und schauen Sie mir über die Schulter, um zu erfahren, wie ich KI-Tools und Large-Language-Modelle für mein Marketing und beim Schreiben nutze: LeanMarketing.com/hub

Viele KI-Tools verfügen über Schnittstellen für natürliche Sprache. Daher dienen sie Menschen, die in der Lage sind, klare Gedanken zu formulieren, am meisten. Schriftsteller sind im Grunde die neuen Software-Ingenieure.

KI ist sozusagen der Iron-Man-Anzug für Marketer. Sie erlaubt Ihnen, mit weniger Aufwand mehr zu erreichen, und hilft Ihnen dabei, eine schlanke Marketinginfrastruktur aufzubauen. Bildlich gesprochen ermöglicht sie uns, der Dirigent des Orchesters zu sein, anstatt jedes einzelne Instrument selbst spielen zu müssen.

Kapitel 6 – Aktionspunkte

- Finden Sie heraus, welche manuellen, prozessgesteuerten Aufgaben Ihre Geschäftsprozesse und Marketingsysteme aufweisen. Recherchieren Sie dann nach Tools und technischen Lösungen, die Ihnen diese Arbeit abnehmen.
- An welchen Stellen kommt es für Ihre Kunden zu Störungen in den Abläufen? Bauen Sie Tools und Technologien ein, die diese Störungen beheben und so die Kundenerfahrungen verbessern.
- Integrieren Sie KI-Tools in den Prozess der Content-Erstellung und sparen Sie damit Zeit, Kosten und Mühen, während Sie Output und Qualität erhöhen.

KRAFTMULTIPLIKATOR 2

MARKETING-ASSETS

Warum die Reichen immer reicher werden

Ich bin in bescheidenen Verhältnissen aufgewachsen. Meine Eltern waren Einwanderer der ersten Generation und wie so viele andere haben sie alle Hebel in Bewegung gesetzt, um ihren Kindern ein besseres Leben zu verschaffen. Ich danke ihnen jeden Tag für die Opfer, die sie gebracht haben. Staatliche Grundförderung kombiniert mit harter Arbeit sorgten dafür, dass wir immer ein Dach über dem Kopf und genug zu essen hatten.

Wenn meine Familie über reiche Leute sprach, fielen fast immer die Begriffe »gierig« oder »unehrlich«. Meine einzige Vorstellung von Reichtum kam von den Comicbildern von Dagobert Duck, wie er in seinem Tresorraum in den Berg aus Goldmünzen und Geldscheinen eintauchte.

Erst als ich mein erstes Unternehmen startete, bekam ich Kontakt zu erfolgreichen Unternehmern und Firmeneigentümern. Viele davon besaßen ein großes Vermögen, aber sie passten nicht zu dem, was ich über die Eigenschaften reicher Leute gelernt hatte. Die große Mehrheit von ihnen war großzügig, entspannt und hilfsbereit.

Ich weiß noch, dass ich kurz darauf mein erstes Buch zur Persönlichkeitsentwicklung kaufte, *Rich Dad Poor Dad* von Robert Kiyosaki (*deutscher Titel gleichlautend, Anm. d. Übers.*). Ich erinnere mich noch genau, dass ich es heimlich las, weil es mir peinlich war und ich befürchtete, meine Familie könne meinen, ich wolle auch so ein gieriger, unehrlicher reicher Mensch werden.

Rich Dad Poor Dad hat zwar viele Schwachstellen, aber es war mein Einstieg in die Finanzwelt und half mir, grundlegende Konzepte wie Vermögenswerte (Assets) und Verbindlichkeiten zu verstehen. Der Begriff »Vermögenswert« wird in diesem Buch wunderbar einfach definiert – ein Vermögenswert ist etwas, was dir Geld bringt, egal ob du arbeitest oder nicht.

Im Lauf der Zeit haben sich meine Ansichten über Geld und Reichtum grundlegend verändert. Natürlich betrachte ich reiche Leute nicht mehr mit Argwohn.

Nach und nach habe ich auch eine Menge über Reichtum und Geld gelernt. Die vielleicht wichtigste Lektion ist, dass **die Wohlhabenden ihr Einkommen überwiegend aus Vermögenswerten und nicht aus Arbeit beziehen.** Vermögenswerte sind das, was die Habenichtse von den Jachtbesitzern trennt.

Wenn man Immobilien besitzt, kann man Einkommen aus Miete generieren. Wenn man Aktien besitzt, kann man Einkommen aus Dividenden erzielen.

Wenn Sie nicht über Vermögenswerte verfügen, können Sie nur Geld verdienen, indem Sie arbeiten. Da ist nicht verkehrt, aber man kann es weder erweitern noch verkaufen, und Ihr Einkommen hört auf, wenn Sie aufhören zu arbeiten. Vermögenswerte hingegen generieren passives Einkommen. Wenn Sie diese mit Arbeit kombinieren, um sie zu verwalten oder aufzustocken, werden Vermögenswerte zu starken Multiplikatoren, die das mit Arbeit erzielte Einkommen bedeutend erhöhen.

Bauen Sie sich Marketing-Assets auf

Marketing-Assets funktionieren ähnlich. Sie können Ihnen helfen, Leads, potenzielle Kunden und tatsächliche Kunden zu gewinnen und diese in Umsatz und Gewinn für Ihr Unternehmen zu verwandeln. Sie sind Ihr Schlüssel dazu, weniger Marketing zu betreiben und dennoch größere und bessere Ergebnisse zu erzielen.

LEAN-MARKETING-PRINZIP 5:

Nutzen Sie Marketing-Assets, um den Ertrag aus Ihren Marketingaktivitäten zu erhöhen.

Wenn Sie keine oder nur schwache Marketing-Assets haben, sollten Sie das mit Zeit, Geld und Arbeit ausgleichen. Sie werden arbeitsintensive »Jagdmethoden« anwenden müssen, wie telefonische Kaltakquise, ständige Neukundengewinnung und den Aufbau und die Pflege von Netzwerken. Mit soliden Marketing-Assets gleicht das Ganze eher dem Ackerbau: Sie pflanzen, gießen und ernten.

Sowohl zu jagen als auch Ackerbau zu betreiben, sind wichtige Bestandteile eines abgerundeten Marketingsystems. Doch wenn Sie nur jagen, haben Sie den schwereren Weg gewählt. Und wenn Sie damit aufhören, stoppt auch der Zufluss von Leads sofort.

Wenn es Ihnen mühsam erscheint, neue Kunden zu gewinnen, zeigt das, dass Sie keine Marketing-Assets haben, die für Sie arbeiten. Und wenn die Kosten Ihrer Kundenakquise zu hoch sind, ist das ebenfalls ein Symptom dafür.

Wenn Sie eine Ölförderstation errichten wollen, besteht die harte Arbeit darin, die Recherchen durchzuführen, die Genehmigungen einzuholen, die Station zu entwerfen und sie zu bauen. Doch wenn sie einmal steht, müssen Sie sie nur am Laufen halten, das Öl aus dem Boden pumpen und den Gewinn einfahren.

Assets sind ein enormer Kraftmultiplikator im Marketing. Deshalb rate ich meinen Kunden auch, sich mit viel Zeit und Mühen daranzumachen, neue Marketing-Assets aufzubauen oder die bestehenden aufzustocken. Das Erfreuliche daran ist, dass sie, wenn sie einmal aufgebaut sind, bei minimalem Arbeitsaufwand einen ständigen Zustrom von Leads und Gewinn generieren können.

Marketing wird oft als Kostenfaktor betrachtet, aber wenn Sie Marketing-Assets aufbauen, werden Sie erkennen, dass es eher eine Kapitalanlage ist. Um höhere Erträge zu erzielen, investieren Sie in bessere Assets. Wenn Sie zum Beispiel die Produktionskapazität Ihrer Ölquelle verdoppeln wollen, müssen Sie dann doppelt so hart arbeiten? Müssen Sie doppelt so klug sein? Müssen Sie doppelt so viel Glück haben? Nein, natürlich nicht. Sie würden Kapital investieren, um die nötigen Verbesserungen vorzunehmen. Sie würden mit Ihren Ingenieuren zusammenarbeiten, um Änderungen am System vorzunehmen: tiefer bohren, die Kurbelstellung anpassen oder die Pumpen aufrüsten. Dann würden Sie die Früchte Ihrer Investition ernten.

Das Gleiche gilt auch für Ihre Marketing-Assets. Sie sind ausbaufähig. Wenn Sie sie im Laufe der Zeit immer weiter verbessern, werden sie auch immer höhere Erträge einbringen. Sie verschwenden keine Ressourcen mehr, steigern die Effizienz und schaffen mehr Wert für Ihren Zielmarkt. Als Resultat generiert Ihr Marketingsystem mehr Leads, mehr potenzielle Kunden und letztlich auch mehr Kunden.

7

Ihre Marke (Fragen Sie immer erst nach dem Gewinn, nicht nach dem Sinn)

KAPITEL 7 – VORSCHAU

Nur wenige Bereiche verursachen so viel Verwirrung und sinnlose Ausgaben wie die Markenbildung. Dennoch ist es eine der wirkungsvollsten und gewinnbringendsten Maßnahmen für Ihr Geschäft, sich eine starke Marke aufzubauen.

Die Kernpunkte in diesem Kapitel sind:

- Warum die gängige Unternehmensberatung Sie in die Irre führt, und was Sie wirklich zum Geschäftserfolg führt.
- Was eine Marke wirklich ist, ohne Schnickschnack und Werbejargon.
- Sinn und Ziel Ihrer Marke, und wie starke Marken entstehen.
- Was die Kunden wirklich von Ihrer Marke erwarten.
- Wie Sie messen, wie stark Ihre Marke ist.
- Wie Sie für Ihre Produkte und Dienstleistungen hohe Preise verlangen können.
- Warum Verkaufen die beste Methode ist, eine Marke aufzubauen.

Leidenschaft ist nicht alles

Was ich Ihnen jetzt sage, macht Sie entweder wütend oder Sie finden es befreiend.

Ein großer Teil meines Tagesgeschäfts besteht darin, Unternehmer aus der Sackgasse zu holen. Manchmal ist man von selbst in diese Sackgasse geraten, doch meistens geschieht dies in Folge einer schlechten Beratung durch Unternehmensberater, Promis oder Spinner.

Jeder predigt: »Folge deiner Leidenschaft.« Finde deine Vision, deine Mission und deine Kernwerte. In praktisch jedem Business- oder Selbsthilfebuch geht es in den ersten paar Kapiteln um diese Themen. Doch anstatt den Leuten weiterzuhelfen, geraten viele Menschen dadurch in eine Sackgasse.

Kürzlich habe ich ein Buch gelesen, in dem stand: »Es muss etwas sein, was größer als Sie ist, oder als nur Geld zu verdienen.« Warum eigentlich? Warum kann ich nicht dem Markt Wert bringen und einen Teil davon für mich gewinnen? Ist es okay, ein bisschen Spaß zu haben, einigen Leuten Lösungen zu bieten und dabei einen Haufen Geld zu verdienen? Können wir erfolgreich sein ohne großartige Vision, hochtrabende Mission oder überbordende Leidenschaft? Ich denke schon.

Gut, ich übertreibe hier ein bisschen. Aber nur ein bisschen. Ich hege durchaus eine Leidenschaft für das, was ich tue. Ich freue mich auf Montage. Ich liebe meine Kunden. Ich bekomme Schmetterlinge im Bauch, wenn ich Nachrichten von begeisterten Fans erhalte. Ich helfe Unternehmern gerne dabei, außergewöhnlich gute Geschäftsmodelle zu entwickeln und ihr Leben nach ihren eigenen Regeln zu führen. Es ist ein tolles Gefühl, jemandem Licht zu bringen, der zuvor im Dunkeln war.

All das löst bei mir eine Leidenschaft für meine Tätigkeit aus, aber wahrscheinlich wäre ich weitaus weniger enthusiastisch, wenn ich damit zu wenig verdienen würde. Ich wäre sogar ziemlich deprimiert. Ich würde Montage wahrscheinlich hassen. Ich würde mich wahrscheinlich nicht so darauf freuen, mit meinen Kunden zu arbeiten.

Finanzieller Erfolg entfacht weitaus öfter eine Leidenschaft als umgekehrt.

Ja ja, ich weiß, die besten Dinge im Leben sind kostenlos. Das stimmt schon. Ich freue mich auch über schöne Sonnenuntergänge, Hunde, die mit dem Schwanz wedeln, oder ein warmes, knisterndes Kaminfeuer. Aber mit Geld kann man schon auch manche schöne Dinge kaufen. Und es vermehrt die erfreulichen kostenlosen Dinge *um einiges*.

Der Blick auf den Sonnenuntergang über der Bucht von meinem Strandhaus aus ist schöner als in der Zeit, als ich in einer Mietswohnung in einem überfüllten Vorort lebte, umgeben von lauthals streitenden Nachbarn.

Mein Hund wedelt lebhafter mit dem Schwanz, wenn er tierärztlich erstklassig versorgt wird. Ich denke dabei an meine Kindheit, als mein Hund von einem Auto angefahren wurde und meine Mutter ihn zu Hause selbst behandelte, weil einen Tierarzt zu bezahlen so ein Luxus gewesen wäre, dass wir uns das nicht einmal vorstellen konnten.

Was also kommt zuerst, Leidenschaft oder Erfolg? Es ist völlig klar, dass manche Leute einfach mit einer großen Leidenschaft für etwas Bestimmtes geboren werden. Sie wissen, sie sind auf Erden, um das zu tun, was sie tun. Doch diese Leute sind eine kleine Minderheit. Für den Rest von uns ist das Leben eine Reise, auf der wir vieles ausprobieren, nach Möglichkeiten Ausschau halten und neugierig sind. Ich versuche noch immer, herauszufinden, was ich sein will, wenn ich »mal groß bin«. Manche Wege auf dieser Reise führen uns in Sackgassen, andere ins Gelobte Land.

Nehmen Sie jemanden, der Millionen Dollar damit verdient, Schrauben herzustellen. Ist derjenige eines Tages morgens aufgewacht und sagte zu sich: »Ach, ich habe so eine Leidenschaft für Schrauben. Ich werde alles in Bewegung setzen, um Schrauben zu produzieren, die die Welt verändern werden«? Wohl eher nicht. Wo sind sie denn alle, die passionierten Industriereiniger, Großhändler für Bürobedarf und Schädlingsbekämpfer?

Viel wahrscheinlicher ist es, dass sie eine Chance auf dem Markt sahen, über Fähigkeiten oder Kapital verfügten und diese nutzten, um ein rentables Unternehmen aufzubauen. Und wissen Sie was? Jetzt sind sie enthusiastisch dabei. Korrelation, nicht Kausalität.

Meistens kommt die Leidenschaft mit dem Erfolg und ist nicht die Voraussetzung dafür. Anders ausgedrückt: Leidenschaft ist, genau wie Gewinn, ein Ergebnis. Nicht Sie finden Ihre Leidenschaft. Sie kommt zu *Ihnen*. Wenn Sie neue Dinge ausprobieren, Ihrer Neugierde folgen und Ihre Begabungen entdecken, schaffen Sie eine größere Plattform, auf der sich Leidenschaft entwickeln kann.

Anstatt »Tu, was du liebst« lautet ein effektiveres Mantra für den Unternehmer: »Liebe, was du tust.« Tun, was man liebt, ist etwas für Amateure. Lieben, was man tut, ist für Profis. Der berühmte britische Schriftsteller William Somerset Maugham wurde einmal gefragt, ob er aus Inspiration oder aus Gewohnheit schreibe. Er antwortete: »Ich schreibe nur, wenn die Inspiration zuschlägt. Glücklicherweise schlägt sie jeden Morgen um Punkt neun Uhr zu.« Genau so machen es die Profis.

Was ist mit unseren Lieblingsunternehmern wie Richard Branson oder Steve Jobs, die gesagt haben, das Geheimnis des Erfolgs bestehe darin, seiner Leidenschaft zu folgen? Hätte Steve Jobs einen Hersteller von Küchenutensilien gegründet anstatt ein Unternehmen für Computer-Hardware, hätte er sicher dafür eine Leidenschaft entwickelt, und wir hätten heute die schönsten Küchenutensilien der Welt. Wahrscheinlich würden wir unsere iFryingPan jedes Jahr auf das neueste Modell upgraden.

Meiner Meinung nach ist es ein erstaunlicher Zufall, dass Richard Branson eine Leidenschaft für alles Profitable hegt, von Fluggesellschaften bis zu Mobiltelefonen. Die meisten Milliardäre, die einem raten, seiner Leidenschaft zu folgen, haben ihren eigenen Reichtum mit so langweiligen Geschäftszweigen wie Immobilien, Finanzen oder Alltagsprodukten erzielt.

Ich habe ja gar nichts gegen Leidenschaft. Wenn Sie enthusiastisch sind, ist es umso besser für Sie. Nutzen Sie es als Treibstoff. Wenn Sie Ihre Leidenschaft nicht so genau kennen, machen Sie sich keine Sorgen – Sie befinden sich in guter Gesellschaft. Manchmal ist Ihr Treibstoff schmutzig und Ihr Antrieb ist Angst, Verzweiflung oder Rache.

Das kann aber genauso funktionieren, vielleicht sogar noch besser. Verwenden Sie Ihren vorhandenen Treibstoff, nicht den, den Sie gerne hätten. Erreichen Sie damit Ihr persönliches Ziel, und klären Sie den Rest mit Ihrem Therapeuten.

Manche Leidenschaften kann man nicht zu Geld machen. Ich gehe liebend gerne in schönen Wäldern wandern, aber niemand will mich dafür bezahlen. (Manche werden jetzt einwenden, das sei der Hinweis für mich, eine Firma für Wanderstiefel zu gründen.)

Das führt uns zum nächsten Punkt des Themas »folge deiner Leidenschaft«. Ungefähr 99 Prozent dessen, was Sie anstellen müssen, um ein Unternehmen rund um Ihre Leidenschaft aufzubauen, hat nichts mit dem Objekt Ihrer Leidenschaft zu tun. Wenn ich ein Unternehmen für Wanderschuhe gründen würde, müsste ich die meiste Zeit für Dinge aufwenden, die zu einer Firma gehören, wie Produktdesign, Herstellung, Vertrieb und Marketing – und nicht mit Wandern.

Sie sind viel besser beraten, wenn Sie Ihrer eigenen Leistung, Neugierde und Ihren eigenen Möglichkeiten folgen. Wenn Sie Zeit in etwas investieren, werden Sie besser darin. Wenn Sie darin besser werden, können Sie auch hervorragend darin werden. Etwas, worin Sie hervorragend sind, geben Sie nur selten auf. Und wenn Sie einmal hervorragend in etwas sind, ist es erstaunlich, welche Leidenschaft Sie dafür entwickeln werden.

Hören Sie nicht auf das, was Simon sagt

Die Entsprechung von »folge deiner Leidenschaft« im Business ist Simon Sineks Spruch »Start with Why«, der zu einem bekannten TED-Talk und dann zu einem Buch wurde (*deutscher Buchtitel: »Frag immer erst warum«).* Inzwischen ist er der feuchte Traum des Management-Consultings. Er ist Thema von endlosen Meetings und Unternehmens-Retreats. Das Beste daran ist, dass man nach all den teuren Arbeitsstunden am Ende etwas hat, was man nicht wirklich messen kann. Schließlich gibt es ja kein falsches »Warum«, oder?

In seinem TED-Talk betont Simon immer wieder: »Die Leute kaufen nicht, *was* man tut. Sie kaufen, *warum* man es tut.« Das ist verführerisch, denn ein Unternehmen kann sein »Warum« nach einem Tag im Offsite-Retreat einfach ändern. Zu ändern, was man verkauft und an wen man verkauft, ist dagegen weitaus schwieriger.

Jedes mir bekannte Beispiel, bei dem man zuerst »nach dem Warum gefragt« hat, wirkte auf mich eher wie Geschichtsrevisionismus als wie eine gezielte Strategie. Eher deskriptiv als präskriptiv. Es ist zum Running Gag geworden, dass jedes Tech-Start-up im Silicon Valley die angebliche Mission hat, »die Welt zu verbessern«.

Dank Simon Sinek hat sich die Suche nach dem »Warum« zum Trend gemausert, aber mir hat es mehr geschadet als genutzt. Ressourcen für mentale Selbstbefriedigung zu verschwenden, lenkt vom eigentlichen Ziel ab. Der anfängliche Erfolg entsteht oft aus einer Energie der Verzweiflung. Wenn Ihr Unternehmen wächst und die Verzweiflung nicht mehr das antreibende Element ist, ist es wichtig, Ihren Fokus beizubehalten. Ich habe schon allzu viele gute Unternehmen gesehen, die auf einem Plateau hängen geblieben sind, sobald sie ein akzeptables Erfolgsniveau erreicht hatten, weil sie sich von ihrem Wertekodex, ihrer Unternehmenspolitik oder Bürokratie ablenken ließen.

Ich habe nichts gegen Simon. Ich mag ihn. Er ist ein superintelligenter Typ und ein unglaublicher Vortragsredner. Ich habe auch nichts dagegen, im eigenen Management einen höheren Sinn zu sehen. Wenn Sie und Ihr Team wirklich ein unglaubliches »Warum« antreibt, dann nutzen Sie es, um alles in der Welt. Sie sollten aber immer bedenken: Nur Ihre Mutter und Ihr bester Freund kaufen Ihr Zeug wegen des höheren Sinns, den Sie dahinter sehen. Der Rest der Leute kauft das, *was* Sie tun.

Aber eines stört mich an dem Ganzen am meisten. Ein Mensch mit einer unternehmerischen Vision

- schafft Arbeitsplätze.
- schafft Wohlstand.

- trägt zum Wirtschaftswachstum bei.
- schafft für sich und seine Familie ein gutes Leben.
- zahlt Steuern.
- schafft eine Menge Mehrwert und nimmt sich nur einen Teil davon.
- spendet für wohltätige Zwecke.
- bringt Investoren Gewinne.
- arbeitet für seine Kunden.
- inspiriert und kümmert sich um Angestellte.

Und dann kommt irgendein dahergelaufener Berater daher, der selbst nie ein eigenes Unternehmen geführt hat, und erzählt ihm, das alles reiche nicht – er müsse sich noch den Kopf darüber zerbrechen, ein »Warum« dahinter zu finden, um es in seine »Markenmission« hineinzuflicken. Und zwar eines, das ihn edel aussehen lässt. Aber was könnte edler aussehen als die oben aufgelisteten Dinge? Brauchen Sie wirklich ein noch größeres »Warum« als all diese Errungenschaften?

Es fühlt sich fast schon wie ein Tabu an, das »Warum« nicht zu beachten. Wie kann man überhaupt argumentieren, man brauche einen edlen Zweck? Wenn ich mich noch nicht klar genug ausgedrückt habe, dann sage ich es jetzt in aller Deutlichkeit: Der edelste Zweck Ihres Unternehmens ist, Gewinn zu machen.

Wenn Sie eine gemeinnützige Firma oder eine Wohltätigkeitsorganisation führen, mag es durchaus sinnvoll sein, mit dem »Warum« zu beginnen. Bei einem gewinnorientierten Unternehmen gehen Sie jedoch davon aus, was Sie verkaufen, nicht warum.

Was ist eine Marke?

Nichts verursacht so viel Verschwendung im Marketing wie der sogenannte Markenaufbau.

Es beginnt unweigerlich mit einem Workshop über die Kernwerte des Unternehmens. Man wird über die üblichen Klischees sprechen, wie Aufrichtigkeit, harte Arbeit, Qualität, Zuverlässigkeit, Kommunikation und so weiter. Nicht dass irgendetwas davon schlecht wäre. Aber es sind einfach so offensichtliche und grundlegende Ansprüche, dass man mit den Augen rollt. Dennoch tut man so, als sei es eine Offenbarung, wenn man sie auflistet.

Wenn es dann weitergeht, wird es immer verschwurbelter, und man landet bei Wortungetümen wie »Synergien«, »Kernkompetenzen«, »Paradigmenwechsel« oder noch Schlimmerem.

Ich dachte früher immer, ich verstünde nicht, wovon zur Hölle diese Leute redeten, weil sie schlau seien und ich dumm.

Das änderte sich, als ich auf die Arbeit des Nobelpreisträgers und Physikers Richard Feynman stieß. Feynmans Genie bestand darin, komplexe Gedanken einfach und elegant zu vermitteln. Die Feynman-Regel lautet: Wenn Ihnen jemand etwas auf äußerst komplexe Weise und mittels Fachjargon erklärt, dann versteht er es wahrscheinlich selbst nicht.

Meine von Feynman inspirierte Definition einer Marke lautet daher: **Die Marke ist die Persönlichkeit eines Unternehmens.**

Genau wie viele unterschiedliche Elemente die Persönlichkeit eines Menschen ausmachen, gestalten viele Elemente eine Marke. Ihr Name, wie Sie sich kleiden und kommunizieren, bilden unter anderem Ihre Persönlichkeit, aber es ist noch viel mehr als das.

Die meisten Menschen, die behaupten, eine Marke aufzubauen, sind besessen von Farben, Schriftarten und Logos. Wenn die Marke die Persönlichkeit eines Unternehmens ist, entsprechen diese visuellen Aspekte der Art und Weise, wie sich jemand kleidet. Diese Elemente erzielen durchaus eine gewisse Wirkung, aber sie sind sicher nicht die ganze Persönlichkeit oder der Hauptgrund, eine enge Beziehung mit jemandem aufzubauen.

Ein bekannter Ausspruch von Maya Angelou lautet: »Die Leute werden vergessen, was du gesagt hast, sie werden vergessen, was du getan hast, aber sie werden nie vergessen, welches Gefühl du ihnen gegeben hast.«

Es ist entscheidend für eine Beziehung, welches Gefühl der andere einem vermittelt. Viele Markenverantwortliche haben das erkannt und versuchen, diese Gefühle durch Design, Werbung und Bildsprache zu vermitteln. Das ist schon in Ordnung, aber es ist schwierig, teuer, und oft zeigt es nur eine beschränkte Wirkung. Es ist so, als würde man versuchen, eine Liebesbeziehung aus der Ferne aufzubauen und aufrechtzuerhalten.

Sie denken vielleicht an große Marken wie Nike, Apple oder Coca-Cola und schlussfolgern, dass deren Erfolg von leuchtenden Werbeanzeigen, großen Werbeflächen und teuren Sponsorenverträgen herrührt. Doch all das ist das *Ergebnis* ihres Verkaufserfolgs, nicht der Grund dafür.

LEAN-MARKETING-PRINZIP 6:

Verkaufen ist der beste Weg, um eine Marke aufzubauen.

Nike begann mit seinem Gründer Phil Knight, der bei Leichtathletikveranstaltungen und lokalen Sportereignissen Laufschuhe aus dem Kofferraum verkaufte.

Coca-Cola begann, als Dr. John S. Pemberton es als Sirup aus Getränkespendern in Apotheken verkaufte.

Apple begann, als Steve Jobs und Steve Wozniak Einplatinencomputer an Computerfans in Computerclubs und Elektronikgeschäften verkauften.

Gibt es eine bessere Art, die Persönlichkeit Ihres Unternehmens zu erfahren, als direkt mit Ihnen umzugehen? Sie sollten zeigen, was Sie haben, nicht es erklären. Deshalb starten wir mit dem Verkaufen.

Der Markenzweck

Ich liebe Finanzbuchhalter. Ich verstehe ihre Welt zwar nicht so ganz, doch als Nerd fühle ich mich ihnen geistig verbunden. Ich frage sie etwas und erhalte eine direkte Antwort. Meist geben sie mir die Art direkte Antwort, die mir am liebsten ist – eine Zahl.

Weder nach GAAP noch nach IFRS, den beiden anerkanntesten Rechnungslegungsstandards, kann der Wert einer von Ihnen geschaffenen Marke in Ihrer Bilanz ausgewiesen werden. Denn eine Marke ist ein »immaterieller Vermögenswert«, was in der Buchhaltung so viel bedeutet wie »das ist alles nur in Ihrem Kopf«. Wie von unseren Erbsenzählerkollegen nicht anders zu erwarten, ist dies durchaus zutreffend. Eine Marke existiert nur im Kopf Ihres Zielmarktes.

Etwas anders sieht es aus, wenn eine Marke gekauft oder verkauft wird. Wenn Geld gegen eine Marke eingetauscht wurde, werden Buchhalter hellhörig und setzen einen Posten in die Bilanz, den man »Geschäftswert« nennt.

Der Geschäftswert ist der Betrag, der über den Wert der leicht quantifizierbaren Vermögenswerte hinaus gezahlt wird. Nehmen wir zum Beispiel an, Sie haben ein Unternehmen für 10 Millionen Dollar erworben. Wenn es zum Zeitpunkt des Kaufs 3 Millionen Dollar an Inventar und 5 Millionen Dollar an Anlagen und Ausstattung aufwies, haben Sie 2 Millionen Dollar für den »ideellen Geschäftswert« bezahlt. Ein großer Teil dieses Geschäftswerts ist der Wert der Marke.

»Ideeller Geschäftswert« ist ein großartiges Wort, auf die Markenbildung bezogen. Es steht für den zusätzlichen Wert, der über den materiellen Wert hinaus geschaffen wird.

Will Ihnen also jemand etwas über den »Markenzweck« erzählen, ziehen Sie sich höflich zurück. Alles Weitere, was er Ihnen erzählen wird, ist meist blanker Unsinn.

Ihre Marke hat nur einen einzigen Zweck: Sie soll Ihnen ermöglichen, eine Prämie zu verlangen, die über dem eigentlichen Wert Ihrer Tätigkeit liegt. Wie unsere Freunde aus der Buchhaltung es ausdrücken würden, handelt es sich um den »ideellen Geschäftswert« – einen Geschäftswert, für den Ihre Kunden bereit sind zu zahlen. Wenn der Kunde dafür keine Prämie zahlt, haben Sie keine Marke.

Woher kommt eigentlich die Marke?

Die Frage »Woher kommt eigentlich die Marke?« ist das Businessäquivalent zur Kinderfrage: »Woher kommen eigentlich die Babys?« Was dann folgt, ist meist eine peinliche Stille, gefolgt von einem Haufen Herumgerede. Das machen wir jetzt nicht. Sie sind jetzt schon so weit mit dem Buch gekommen, dass Sie ein bisschen Direktheit vertragen können.

Wenn ein Kunde und ein Unternehmen sich sehr liebhaben, entsteht eine Marke. Eine Marke ist etwas Wunderbares, weil sie dem Unternehmen erlaubt, mehr für das zu verlangen als den Warenwert. Eine Marke macht Kunden, Mitarbeiter und Aktionäre froh, und alle sind glücklich und zufrieden.

Das ist jetzt nicht beschönigt. Es ist wirklich so.

Denken Sie an einen Freund oder Verwandten, den Sie wirklich mögen. Würden Sie für diesen mehr ausgeben und sich mehr anstrengen, um ihm zu helfen, als bei einem Fremden? Freundlich zu Fremden zu sein, ist wichtig, aber Ihrem geliebten Freund oder Ihrem Familienmitglied würden Sie wahrscheinlich mehr von Ihrer Zeit, Ihren Ressourcen und Ihrer Aufmerksamkeit schenken, weil er bereits einen großen »ideellen Geschäftswert« bei Ihnen aufgebaut hat.

Ähnlich bauen Sie eine starke Marke auf, indem Sie regelmäßig zum ideellen Geschäftswert auf Ihrem Zielmarkt beitragen. Wenn alles andere gleich ist, kaufen die Leute lieber bei jemandem, den sie kennen, mögen und dem sie vertrauen.

Typische Marketer übertreiben es durch ständigen Hype, Scam und Druck, was den Markenwert negativ beeinflusst. Die einzige Option, dies zu kompensieren, sind Preisnachlässe.

Lean Marketer dagegen schaffen ideellen Geschäftswert und Markenwert. Sie erreichen das, indem sie ein erstklassiges Kundenerlebnis bieten, starkes geistiges Eigentum aufbauen und sicherstellen, dass ihr Marketing hilfreich und unterhaltsam ist sowie einen Mehrwert schafft.

In den folgenden Kapiteln gehe ich näher auf konkrete Wege ein, diese Ziele zu erreichen.

Kapitel 7 - Aktionspunkte

- Wie sieht die Persönlichkeit Ihres Unternehmens aus der Kundenperspektive aus? Prüfen Sie Ihre gesamte Kundenerfahrung. Vielleicht kaufen Sie sogar inkognito etwas bei Ihrem eigenen Unternehmen, um herauszufinden, was Ihre Kunden erleben.
- Checken Sie Ihr gesamtes Marketingmaterial, ob es durchgehend auf das Gefühl abgestimmt ist, das Sie Ihren Kunden vermitteln möchten.
- Überlegen Sie sich, wie Ihr Unternehmen bei potenziellen und aktuellen Kunden mehr ideellen Geschäftswert generieren kann.

8

Ihr Aushängeschild

KAPITEL 8 – VORSCHAU

Vertrauen, ideellen Geschäftswert und Markenwert aufzubauen, ist eine große Herausforderung für das Marketing. Ein Marketingaushängeschild kann Ihnen dabei helfen und gleichzeitig Ihren Kunden einen großen Mehrwert verschaffen.

Die Kernpunkte in diesem Kapitel sind:

- Wie Sie einen Marketing-Asset schaffen, durch den Sie Vertrauen aufbauen, Leads generieren, den Vertrieb ankurbeln und Empfehlungen gewinnen.
- Beispiele für erfolgreiche Aushängeschilder.
- Eine kontraintuitive Art, Gewinn zu generieren, indem Sie sehr viel Wert verschenken.
- Wie Sie Ihrem idealen potenziellen Kunden wirkungsvoll demonstrieren, dass Sie ihm wirklich helfen können.
- Wie Sie einen »Stolperdraht« spannen, der unsichtbare potenzielle Kunden genau zum richtigen Zeitpunkt im Kaufzyklus in sichtbare potenzielle Kunden verwandelt.
- Warum es so wichtig ist, Ihr Aushängeschild auf einer »großen Idee« aufzubauen.
- Häufige Fehler, die in puncto Marketingaushängeschild passieren, und wie Sie sie vermeiden.

Ergebnisse schon vor dem Kauf

Marketing arbeitet oft mit Versprechen, wie großartig das Leben für den potenziellen Kunden sein wird, nachdem er ein Produkt oder eine Dienstleistung gekauft hat. Das ist schön und gut, aber das Problem ist, dass jeder so etwas verspricht, also kann man sich nur schwer von der Masse abheben. Schlimmer noch, Ihre potenziellen Kunden haben schon oft schlechte Erfahrungen mit gebrochenen Versprechen gemacht und glauben Ihnen daher nicht. Mit Ihrem Aushängeschild überwinden Sie dies, indem Sie etwas zeigen, anstatt etwas zu erklären.

Statt zu versprechen, Ihr Unternehmen werde den Kunden helfen, sobald sie einmal bei Ihnen gekauft haben, erhält Ihr Zielmarkt durch Ihr Aushängeschild ein Ergebnis bereits vor dem Kauf. Das verschafft dem Zielmarkt großen Mehrwert, und wenn Sie es gut machen, wird Sie das in Ihrem Zielmarkt bekannt machen.

Ein Aushängeschild kann auf zahlreiche Weise eingesetzt werden, zum Beispiel den Verkaufsprozess unterstützen, einen Anreiz für Empfehlungen geben oder, natürlich, Leads generieren. Es ist eine wirkungsvolle Art, Vertrauen, Sympathie und Markenwert aufzubauen, und diese in Einkommen umzuwandeln.

Am häufigsten, aber nicht immer, besteht ein Aushängeschild aus Content. Ich nenne Ihnen gleich ein paar Beispiele. Ein Aushängeschild können Sie zwar dafür nutzen, Leads anzuziehen, aber es unterscheidet sich von dem, was gemeinhin »Lead-Magnet« oder »Freebie« heißt.

Ein Lead-Magnet besteht aus nützlichem Content oder einem Anreiz, den man im Tausch gegen die Kontaktdaten von potenziellen Kunden oder für eine Aktion von ihrer Seite anbietet. Lead-Magneten sind jedoch meist weitaus spezifischer. Wenn Sie zehn unterschiedliche Kampagnen durchführen, haben Sie vielleicht auch zehn verschiedene Lead-Magneten, weil Sie wollen, dass sie sich direkt auf den Werbetext beziehen.

Das Aushängeschild ist breiter angelegt. Wenn Sie es für die Lead-Generierung verwenden, könnten Sie es als Ihren primären Breitband-Lead-Magneten betrachten.

Meistens, aber nicht ausschließlich, ist das Aushängeschild kostenlos. Es kann auch ein kostengünstiger Einblick sein, um Ihre Welt und Ihr Angebot kennenzulernen. Über die Lead-Generierung hinaus sind die Ziele eines Aushängeschilds:

- zu zeigen, dass Sie Ihrem idealen potenziellen Kunden helfen können, indem Sie genau das tun.
- Ihre Einzigartigkeit hervorzuheben, zu übertreiben und klar herauszustellen.
- Ihre unsichtbaren potenziellen Kunden erkennen.
- Vertrauen, Sympathie und Markenwert aufbauen, egal ob jemand bei Ihnen kauft oder nicht.

Ein Aushängeschild ist ein starkes Bindeglied zwischen dem Schmerz, unter dem Ihr potenzieller Kunde leidet, und der Schmerzlinderung, die Sie anbieten.

Das Aushängeschild basiert auf einer »großen Idee«. Mit groß meine ich hier nicht unbedingt grandios. Ich meine etwas, das Ihren idealen Zielmarkt aufmerksam macht, sodass die Leute denken: »Das will ich haben.« Was es ist, hängt von Ihrem Geschäftsbereich ab, aber meistens ist es Content, eine Kundenerfahrung oder ein Tool.

Content als Aushängeschild

Im Jahr 1900 brachten die Brüder André und Édouard Michelin, die Gründer des Reifenherstellers Michelin, den Guide Michelin heraus, der gehobenen Restaurants Sterne verleiht. Ein Stern bedeutet »sehr gutes Restaurant in seiner Kategorie«, zwei Sterne bedeuten »ausgezeichnete Küche, einen Umweg wert« und drei Sterne bedeutet »außergewöhnliche Küche, eine Reise wert«.

Für einen Reifenhersteller um 1900 ist es gut fürs Geschäft, den schnell wachsenden Markt der Autofahrer anzuzapfen und seine Kunden zu motivieren, öfter Auto zu fahren. Und für einen Besitzer dieses neuen Transportmittels, das einen schneller und weiter bringt als alles je zuvor, ist ein Führer zu schönen Orten äußerst praktisch. Eine Win-win-Situation. Dies ist ein klassisches Beispiel für ein Aushängeschild in Form von Content.

Ihren einzigartigen Prozess, Ihr Konzept oder Ihre Methodik zu benennen und für sich zu beanspruchen, ist ein solider Ausgangspunkt für ein Content-Aushängeschild. Und selbst wenn Ihr Angebot nicht einzigartig ist, vermitteln Sie Ihren potenziellen Kunden damit ein Unterscheidungsmerkmal in einem Meer von vergleichbaren anderen Anbietern.

Bei Dienstleistern ist ein Aushängeschild oft eine Do-it-yourself-Version (DIY) dessen, was Sie anbieten, oder ein Tool, mit dem Ihr Zielmarkt sein Problem lösen kann.

Ein häufiger Einwand dagegen, sein Know-how zu verschenken, lautet: »Wenn ich mein Wissen verschenke, warum sollte dann irgendwer noch meine Dienstleistung kaufen wollen?« Ich habe noch niemals erlebt, dass es den Gewinn einer Dienstleistung wirklich geschmälert hätte, Wissen, Ideen oder Expertenrat als DIY-Form oder als Tool weiterzugeben. Meist ist der Effekt genau das Gegenteil davon.

Je mehr ein Song gespielt wird, desto beliebter wird er. Mit zunehmender Popularität steigen auch die Verkaufs- und Streaming-Einnahmen und immer mehr Menschen wollen den Interpreten live im Konzert erleben. Auch bei Ihrem Unternehmen werden Interesse und Einnahmen zunehmen, wenn Sie Ihre besten Inhalte großzügig mit anderen teilen. Es heißt zwar allgemein, man solle das Beste für den Schluss aufheben. Aber konventionelle Weisheit führt zu konventionellen Resultaten. Präsentieren Sie stattdessen das Beste schon am Anfang, und starten Sie durch, indem Sie echten Mehrwert vermitteln.

Dienstleister frustriert oft, dass potenzielle Kunden die Fähigkeiten und das Fachwissen hinter ihrer Leistung unterschätzen. Vielleicht sind Sie so gut, dass das, was Sie tun, ganz einfach aussieht. Menschen zahlen aber nur für Werte, die sie erkennen. Indem Sie eine Do-it-yourself-Version verschenken, demonstrieren Sie, was alles nötig ist, um das gewünschte Ergebnis für Ihren potenziellen Kunden zu erzielen. So schaffen Sie auch Sympathie und Vertrauen. Und Interessenten können sich den enormen Wert vorstellen, den sie als zahlender Kunde erhalten würden.

Ein echter potenzieller Kunde in Ihrem Zielmarkt wird Sie fast immer lieber dafür bezahlen, dass Sie die Dienstleistung für ihn oder mit ihm tun. Ein Konzertbesucher zahlt dafür, etwas völlig anderes durch diesen Besuch zu erleben, als wenn er sich dieselben Songs zu Hause kostenlos anhört. Genauso ist es etwas völlig anderes, sich in einem Bereich, in dem man ein Laie ist, durch einen DIY-Prozess durchzukämpfen, als wenn ein Experte einen sicher zum erwünschten Ergebnis führt.

Um sich als Vordenker zu positionieren, ist ein Sachbuch als Aushängeschild der Goldstandard. Ich bezeichne das als die Nuklearwaffe unter den Visitenkarten. Ein Buch zu schreiben, ist schwer, kann einem aber viele Türen öffnen. Selbst wenn jemand Ihr Buch nicht komplett oder überhaupt nicht liest, ist es ein starkes Mittel, um sich zu positionieren. Sie werden zu Vorträgen oder Interviews eingeladen, was Ihnen völlig neue Möglichkeiten eröffnet. Was ich an Büchern auch mag, ist, dass Menschen sie häufig jahrelang aufheben, denn es scheint wie ein Frevel, sie wegzuschmeißen. Wir wurden von klein auf zum Respekt vor Büchern erzogen, und in der Konsequenz auch vor Autoren.

Ich habe zum Beispiel kürzlich ein Buch mit dem Titel »Leitfaden zur Userbefragung für das Marketing« von einem Unternehmen für Umfragesoftware für Marketingleute gesehen. Eine andere Softwarefirma, die Helpdesk-Software verkauft, verschenkte einen umfassenden Leitfaden über bewährte Verfahren für den Kundensupport.

Auszeichnungen oder Ranglisten sind eine weitere Form von Content-Aushängeschildern. Der Guide Michelin ist ein Beispiel dafür. Weitere Beispiele sind Forbes 30 Under 30, Billboard Hot 100 (*eine Hitliste für Popsongs, Anm. d. Übers.*) und die Inc. 5000 (*Liste der am schnellsten wachsenden Privatunternehmen in den USA, Anm. d. Übers.*).

Whitepaper, Fallstudien und Forschungsberichte mit Kommentaren können auf Business-to-Business-Märkten viel bewirken. Akamai Technologies, ein Unternehmen für Content-Delivery-Netzwerke und Cybersicherheit und zudem Betreiber von einigen der größten Websites der Welt, veröffentlicht zum Beispiel regelmäßig Berichte über den Zustand des Internets. Diese Berichte dienen nicht nur den Interessenten und Kunden des Unternehmens, sondern generieren auch ein großes Presseecho in der Branche. Wenn Sie jemals einen Artikel gelesen haben, in dem die Internetgeschwindigkeit in verschiedenen Ländern bewertet wurde, war ein Bericht von Akamai vermutlich dessen Quelle.

Strukturierte Datenberichte eignen sich gut für Branchen, in denen Preisangaben oder andere Daten undurchsichtig, schwer zu finden oder schwer zu interpretieren sind. Manche Immobilienmakler bieten zum Beispiel Berichte an, die die Verkaufspreise von Häusern in den letzten 90 Tagen auflisten. Das ist nützlich für potenzielle Käufer, die wissen möchten, welche Immobilien sie sich leisten können. Es nützt auch einem potenziellen Verkäufer, der den Wert seiner Immobilie erfahren will. Die Rapaport-Preisliste, oft auch einfach als Rap-Liste bezeichnet, ist in der Diamantenbranche weithin bekannt. Sie dient als Maßstab für die Preisgestaltung bei Diamanten und hat dazu beigetragen, einen Standard auf dem Weltmarkt zu schaffen.

Je nach Ihrem Bereich eignen sich unterschiedliche Arten von Content-Aushängeschildern mehr oder weniger für Ihre Zielgruppe. Idealerweise gibt es darin ein Element, das Sie regelmäßig updaten müssen oder irgendeinen anderen Grund dafür liefert, dass Ihre Zielgruppe mit Ihnen in Verbindung bleibt und Sie im Auge behält.

Manchmal verschwimmt die Grenze zwischen Content-Aushängeschild und den laufenden Content-Marketing-Prozessen. So könnte zum Beispiel ein Podcast oder YouTube-Kanal ein wichtiger Bestandteil Ihres Content-Marketing sein. Das kann Ihre Bekanntheit innerhalb Ihres Zielmarktes steigern, Ihrer Zielgruppe großen Mehrwert liefern und in punkto Content-Aushängeschild eine Menge erreichen. (Auf Content-Marketing gehe ich näher in Kapitel 13 ein.)

Erlebnisorientierte Markeninszenierung

Eine Markeninszenierung vermittelt potenziellen Kunden einen Vorgeschmack, weckt die Nachfrage und präsentiert Ihre Persönlichkeit oder Einzigartigkeit durch Übertreibung. Red Bull betreibt oder sponsert zum Beispiel verschiedene Extremsportarten, die unterhalten, inspirieren und Extreme und Energie symbolisieren. Eine Markeninszenierung kann auch Ihr Content-Marketing beflügeln.

Ein Signature-Keynote-Vortrag kombiniert herausragenden Inhalt mit einem herausragenden Erlebnis. Arnold Schwarzenegger, David Goggins, Brené Brown und Tony Robbins haben jahrzehntelang solche Keynote-Vorträge gehalten. Genau wie bei einem Hit können Sie, sobald Sie eine zugkräftige Formel gefunden haben, diese immer wieder verwenden und in verschiedenen Formaten verbreiten.

Die Thanksgiving-Dayparade bei Macy's, Der TechCrunch Disrupt für Start-ups oder die Modenschau von Victoria's Secret, all das sind Beispiele für erlebnisorientierte Markeninszenierung, die Sympathien und Nachfrage weckt sowie der Öffentlichkeit die Werte und Persönlichkeit der Unternehmen vorführt.

Hier mahne ich zur Vorsicht in puncto erlebnisorientierte Markeninszenierung. Viele Unternehmen sollten diese als Strategie für Fortgeschrittene betrachten. Man läuft damit Gefahr, dass es zu einer teuren »Markenbildungs«-Maßnahme wird, die nur wenig Ertrag erzeugt.

Wie ich bereits im vorigen Kapitel betonte, stammt echte Markenbildung vom Verkauf. Achten Sie darauf, erst die Grundlagen im Griff zu haben, bevor Sie versuchen, Größen wie Red Bull zu übertrumpfen.

Bei den meisten kleineren Unternehmen ist es für den Anfang besser, seine Ressourcen zu nutzen, um eine Kostprobe, eine Testversion oder ein Muster ihres Angebots anzubieten. Wir sind alle schon mal durch eine Mall gelaufen, in der uns leckere Kostproben dazu motivierten, etwas zu kaufen, was wir ansonsten ignoriert hätten. Damit macht man oft auf viel direkterem Weg Umsatz, und es ist durchaus auch erlebnisorientiert.

Manche Autohersteller und -händler veranstalten »Drive Days«, damit Kunden und Interessenten Modelle verschiedener Marken kennenlernen können.

Wie bei all Ihren Marketingaktivitäten gilt jedoch: testen und messen. Dann verdoppeln Sie die Gewinner und werden die Verlierer los.

Tools als Aushängeschild

Richard Buckminster Fuller sagte: »Wenn Sie den Leuten eine neue Denkweise beibringen wollen, halten Sie sich nicht mit Unterricht auf. Geben Sie ihnen stattdessen ein Tool, das durch seine Nutzung zu der neuen Denkweise führt.« Tools dienen hervorragend dazu, die Denkweise Ihres potenziellen Kunden in eine bestimmte Richtung zu lenken.

Die Kunden stellen mit diesen Tools fest, wo sie derzeit stehen, und sehen, wie sie sich verbessern könnten. Ein Beispiel ist das Quiz zur Sprache der Liebe, mit dem man herausfindet, welche von den fünf Sprachen der Liebe man selbst hauptsächlich verwendet, und was dies für das eigene Liebesleben bedeuten mag.

Scorekarten sind ebenfalls großartige Tools, denn immer wenn man jemanden mit einer Punktzahl bewertet, ist die natürliche Reaktion, diese Zahl zu verbessern – und hier kommt dann oft Ihr Produkt oder Ihre Dienstleistung ins Spiel. Ich liebe Quiz und Scorekarten als Aushängeschild, denn dabei sammelt man auch noch Daten über den potenziellen Kunden, und das ist noch ein zusätzlicher Nutzen.

Google Analytics ist ein Tool, das Google den Inhabern von Websites kostenlos zur Verfügung stellt. Das Unternehmen profitiert in hohem Maße doppelt davon. Erstens liefert es Google eine enorme Menge an Daten und Einblicken in Milliarden von Websites. Zweitens ist jemand, der seine Website-Zugriffe misst, die perfekte Zielperson für den Kauf von bezahlten digitalen Anzeigen, weil er wahrscheinlich seine Besucherzahlen erhöhen möchte. Das Ganze wirkt wie eine

Spirale nach oben, bei der ein Problem aufgedeckt und dann die Lösung dafür angeboten wird.

HubSpot bietet seit Jahren ein kostenloses Website-Grader-Tool an, das Webseiten analysiert und dann nützliche Vorschläge liefert, um diese zu optimieren. Jeder, der seine Inbound-Marketing-Performance verbessern will, ist ein ideales Ziel für die CRM-Plattform und Software-Tools von HubSpot. Dharmesh Shah, der Mitbegründer von HubSpot, erzählt oft, dass der Website Grader eines ihrer ersten und effektivsten Tools zur Lead-Generierung war.

Manche Apps für Grafikdesign und Bildbearbeitung bieten kostenlose, allein lauffähige Tools an, zum Beispiel Farbpalettengeneratoren. Viele Plattformen zur Webseitenerstellung bieten einen Logogenerator gratis an. Auch hier sind Personen, die an der Erstellung einer Farbpalette oder eines Logos interessiert sind, natürliche Interessenten für Grafikdesign- und Website-Design-Software.

Diese Tools als Aushängeschild sind nicht nur für sich genommen nützlich, sondern ermöglichen es auch, potenzielle Kunden zum nächsten Schritt im Kaufzyklus zu bewegen. Die meisten Nutzer der kostenlosen Tools werden vielleicht nie zu zahlenden Kunden, aber einige von ihnen eben doch.

Die magische Wirkung meines ersten Buches *Der Marketingplan auf einer Seite* verdankt sich zum Großteil eben diesem einseitigen Plan. Er ist ein Tool, um in nur 20 Minuten einen leicht verständlichen, leicht zu verbreitenden und leicht zu aktualisierenden Marketingplan zu erstellen. Das Buch wäre ohne diesen Plan nicht annähernd so erfolgreich und wirkungsvoll gewesen, selbst wenn es die gleichen Informationen enthalten hätte. Tools können unsere Denkweise in eine bestimmte Richtung lenken.

Wie Sie unsichtbare potenzielle Kunden sichtbar machen

Manche potenzielle Kunden sind sichtbar, das heißt, wir können einfach eine Liste mit ihnen zusammenstellen. Man könnte zum Beispiel sämtliche Anwälte für Körperverletzung im Staat Texas auflisten. Andere potenzielle Kunden sind hingegen unsichtbar, und diese müssen wir dazu bringen, sich zu zeigen. Ihr Aushängeschild ist dabei quasi der Stolperdraht, der unsichtbare potenzielle Kunden sichtbar macht.

Wie könnte man zum Beispiel unter den Milliarden Menschen im Internet Leute mit Diabetes und damit Zielgruppe für ein Gerät zur kontinuierlichen Blutzuckermessung finden? Sie sind unsichtbare potenzielle Kunden. Doch wenn sich jemand ein Marketingaushängeschild mit dem Titel »Leitfaden für Diabetiker zur kontinuierlichen Glukoseüberwachung« herunterlädt, präsentiert er sich dadurch. Er ist wahrscheinlich Diabetiker und interessiert sich für eine kontinuierliche Glukoseüberwachung. Würde sich jemand den »Leitfaden für Diabetiker zur kontinuierlichen Glukoseüberwachung« herunterladen und wäre kein Diabetiker, der sich dafür interessiert, müsste man fast schon an seinem Verstand zweifeln.

Das ist eine überaus effiziente Art, unsichtbare und wahrscheinliche Kunden sichtbar zu machen. Zudem ist dies ein wichtiger Warnmechanismus, der die Kunden zum perfekten Zeitpunkt im Kaufzyklus anspricht.

Das Timing ist ein entscheidender Faktor bei einmaligen oder seltenen Anschaffungen. Jemand, der einen Leitfaden über einzigartige Hochzeit-Locations anfordert, plant höchstwahrscheinlich gerade seine Hochzeit.

Lassen Sie Ihre große Idee wirken

Die meisten hier aufgezeigten Beispiele für Marketingaushängeschilder drehen sich um eine große Idee, die ein bestimmtes Marktsegment anspricht und die Zielgruppe denken lässt: »Das will ich haben.« Es geht zum Beispiel darum, zu eruieren, wie viel das eigene Haus wert ist, seine Sprache der Liebe herauszufinden, mit einem Wunschauto auf einem Testgelände herumzufahren oder sich schöne Frauen in edler Wäsche anzuschauen.

Ein Fehler, den manche bei Aushängeschildern machen (und bei Lead-Magneten allgemein), ist, sie zur Selbstdarstellung oder nur für ein nutzloses Lockangebot zu verwenden. Der Inhalt Ihres Aushängeschildes sollte wertvoll sein, sich neutral anfühlen und Sympathie aufbauen. Wenn Ihr Publikum Sie daraufhin als eine tolle Firma sieht, ist das weitaus mehr wert, als wenn Sie selbst es sagen.

Ein weiterer häufiger Fehler besteht darin, potenzielle Kunden zu zwingen, viele Informationen über sich preiszugeben oder mit dem Verkaufsteam Kontakt aufzunehmen, bevor man ihnen das Aushängeschild aushändigt. Es ist zwar wichtig, die Kundeninformationen ins CRM-System einzupflegen, aber zum Einstieg, bei noch geringem Vertrauen, versuchen Sie besser, mit so wenig Daten wie möglich auszukommen. Auch wenn Ihr Aushängeschild Umsatz einspielen soll, bieten Sie es zunächst so an, als sei es ein kostenloser staatlicher Service.

Ich habe mich schon oft für die Aushängeschilder oder Tools anderer Unternehmen interessiert (auch wenn sie es nicht so nannten), und wenn ich dann eines anforderte, verlangte man von mir im Vorfeld umfangreiche Kontaktdaten. In diesen Fällen breche ich die Anfrage meistens ab, außer ich bin absolut sicher, dass ich mit einem ihrer Vertreter reden will. Niemand will von Vertriebsleuten bombardiert werden, wenn er noch nicht zum Kaufen bereit ist.

Wenn uns etwas an unserem Angebot begeistert, stellen wir uns oft vor, dass unser idealer Zielmarkt auf Punkt A ist, und springen dann direkt auf Punkt B, an dem die Leute unser Produkt oder unsere Dienstleistung verwenden. Wir sollten es uns aber eher als Punkt A und Punkt Z vorstellen. Es gibt viele Schritte für unsere potenziellen Kunden zwischen Problembewusstsein und Kaufen, besonders wenn es ein Kauf ist, den man sich länger überlegen muss. Ihre Aufgabe ist es, den Kunden geduldig über die Punkte B, C und so weiterzuführen, bis Sie schließlich bei Punkt Z ankommen.

Für ein starkes und wirksames Aushängeschild ist es wesentlich, in umgekehrter Richtung zu denken. Nachdem Ihr potenzieller Kunde sein Problem erkannt hat, was ist dann der nächste Schritt zur Lösung seines Problems? Ein gutes Aushängeschild erhöht das Problembewusstsein Ihrer Kunden und – ganz wichtig – hilft ihnen auch tatsächlich weiter.

Wenn Sie z. B. Vertriebsmitarbeiter im Gesundheitswesen anwerben, möchten Sie eventuell Interessenten motivieren, einen Vertrag mit Ihnen abzuschließen. Wenn Sie diesen aber zusätzlich die aktuellen Vergütungsdaten für Vertriebsmitarbeiter in ihrer Branche liefern, wäre das für potenzielle Kunden wirklich hilfreich. Jemand, der diese Inhalte anfordert, ist außerdem höchstwahrscheinlich ein potenzieller Kunde.

Nutzen Sie die Zugkraft Ihres Aushängeschilds, anstatt es zurückzuhalten, bis Sie sicher sind, einen gleich hohen Gegenwert dafür zu erhalten. Gehen Sie großzügig damit um. Viele Interessenten sind noch nicht bereit, bei Ihnen zu kaufen, weil sie vielleicht ein Zeit-, Budget- oder Vertrauensproblem haben. Es wird auch viele andere geben, die niemals bei Ihnen kaufen werden, aber dennoch Ihr Aushängeschild konsumieren oder nutzen werden. Auch das ist wertvoll.

»Fülle« ist einer jener Begriffe, die Lebensberater, Esoteriker und Aussteiger verwenden, doch er ist auch der wahre Kern des wertevermittelnden Marketings. Wenn Sie mit Ihrem Aushängeschild großzügig sind, schafft das eine positive Energie rund um Ihr Produkt, und diese wird in vielen Formen wieder auf Sie zurückfallen. Wie ich schon früher erklärt habe, verkaufen Sie von Mensch zu Mensch, und Menschen stehen immer mit anderen in Verbindung. Sie wissen nicht, in welchen Händen Ihr Aushängeschild letztendlich landen wird oder inwiefern es diejenigen dann betrifft.

Zig Ziglar sagte: »Man kann im Leben alles haben, was man will, wenn man einfach anderen hilft, zu bekommen, was sie wollen.« Ihr Aushängeschild ist ein großartiges Mittel, um genau das zu tun.

Kapitel 8 – Aktionspunkte

- Beginnen Sie mit einer »großen Idee«. Was hilft Ihrem Zielmarkt wirklich und löst den Gedanken aus: »Das will ich haben«?
- Überlegen Sie, ob eine erlebnisorientierte Markeninszenierung, ein Tool oder ein bestimmter Inhalt die beste Möglichkeit wäre, Ihre große Idee zu realisieren und eine »Betaversion« davon zu schaffen.
- Teilen Sie Ihr Aushängeschild mit Ihrer Zielgruppe und achten Sie sorgfältig auf deren Feedback.

9

Ihre Webseite

KAPITEL 9 – VORSCHAU

Die meisten Webseiten sind einfach nur online gestellte Broschüren, die Besucher nicht zu Leads oder Kunden machen. Eine gut strukturierte Webseite kann aber durchaus ein wirkungsvolles Mittel sein, um Umsätze zu generieren.

Die Kernpunkte in diesem Kapitel sind:

- Wie Sie verhindern, dass Ihre Webseite zum »undichten Eimer« wird, der nichts bringt.
- Warum es wichtig ist, Ihre Webseite mit einer klaren Aufgabe und Key Performance Indicators (KPI) auszustatten.
- Wie Sie Content-Upgrades zum wirkungsvollen Tool machen, um Besucher auf Ihrer Webseite zu registrieren.
- Wie Sie mit Landing Pages sicherstellen, dass Ihre Werbeanzeigen sich auszahlen.
- Der »Heldenbereich« auf Ihrer Webseite und sein Aufbau in drei Schritten, der Besucher dazu zwingt, aktiv zu werden.
- Wie Sie den besten Domainnamen für Ihre Webseite finden.
- Die wichtigsten Elemente für den Aufbau und die Nutzererfahrung, um so viele Kunden wie möglich zu gewinnen.

Der undichte Eimer

Die meisten Webseiten sind nur Online-Broschüren. Sie sind voller kitschiger Bilder von perfekt divers zusammengestellten Menschengruppen, die sich gegenseitig abklatschen oder die Hände schütteln. Sie stellen aus der Luft gegriffene Behauptungen auf, dass sie in ihrer Kategorie führend seien. Wenn sie zum Handeln auffordern, dann meist mit schwachen Aussagen, wie: »Kontaktieren Sie uns, um mehr zu erfahren« oder »Geben Sie Ihre Daten ein, um ein kostenloses Angebot zu erhalten«.

Selbst wenn sich ein idealer Interessent tatsächlich einmal auf die Webseite verirrt, wird er genau zu dem Zeitpunkt eher nicht kaufen. Und noch unwahrscheinlicher wird er so agieren, dass ein Verkauf erfolgen kann.

Noch mehr ins Leere führt die Situation, wenn teure Leads aus bezahlten Anzeigen auf einer Webseite landen, nur einen kurzen Blick darauf werfen und dann wegklicken. Wenn sie etwas wirklich interessiert, bleiben sie vielleicht eine Weile drauf. Aber selbst dann ist die Webseite wahrscheinlich nur eine von Dutzenden offenen Browser-Registerkarten, zu denen Nutzer meist nicht zurückkehren.

Wenn Sie das von Ihrer Webseite kennen, dann haben Sie einen undichten Eimer. Um diese Situation zu beheben, sollte Ihnen die Aufgabe Ihre Webseite absolut klar sein. Wenn sie ein Mitarbeiter wäre: Welche Kennzahl wäre die wichtigste, um seine Leistung zu bewerten?

Wenn Sie einen E-Commerce-Handel betreiben, könnte das der Umsatz sein oder die durchschnittlichen Bestellzahlen. Bei einer Franchise-Filiale könnten es ankommende Telefonanrufe, Online-Chat-Sessions oder ausgefüllte Formulare sein. Wenn Sie im medizinischen Bereich sind, könnten es Terminbuchungen sein.

Bei den meisten Unternehmen ist es sinnvoll, die E-Mail-Adressen von Besuchern zu erfassen und sie im CRM-System zu speichern, um sie später weiterzuverfolgen und zu pflegen. (Auf E-Mail-Marketing gehe ich in Kapitel 12 näher ein.)

Selbst wenn E-Mail-Registrierungen nicht Ihre primäre Kennzahl sind, wie im Falle eines E-Commerce-Geschäfts, sind sie dennoch wertvoll als sekundärer Aufruf, aktiv zu werden.

Ihre potenziellen Kunden lassen sich in zwei Kategorien einteilen: Personen, die heute zum Kauf bereit sind, und Personen, die irgendwann in der Zukunft kaufen möchten. Nur ein winziger Prozentsatz, in der Regel etwa 3 Prozent, ist schon heute zum Kauf bereit. Wenn alles, was Sie auf Ihrer Webseite bereithalten, eine »Kontakt«-Seite oder eine ähnlich schwache Aufforderung zum Handeln ist, verlieren Sie die anderen 97 Prozent und damit eine Menge Einnahmen. Sogar manche von den 3 Prozent, die zu den heißen Käufern gehören, werden dann wahrscheinlich verloren gehen. Sie sollten die Daten Ihrer Interessenten erfassen und pflegen.

Stopfen Sie die Lecks

Wenn jemand seine E-Mail-Adresse preisgibt, ist das für Sie wertvoll – und für ihn möglicherweise riskant. Die Menschen sind besorgt darüber, wie ihre Daten verwendet werden, und das zu Recht. Wir alle sind schon einmal von übereifrigen Werbeleuten mit Spam-Mails zugeschüttet worden. Deshalb muss hier ein wertvoller Austausch stattfinden, bei dem der Kunde von einem guten Angebot ausgeht, wenn er Ihnen seine E-Mail-Adresse oder andere Daten mitteilt. Sie geben ihm etwas, das ihm bei der Lösung seines Problems hilft, und im Gegenzug bekommen Sie seine Kontaktdaten.

Eine schwierige Frage für viele Unternehmer ist, was sie anbieten sollen, um diesen Werttausch überzeugend zu gestalten. Ihr Aushängeschild eignet sich gut dafür; normalerweise bieten Sie es auf Ihrer Homepage an. (Auf das Layout Ihrer Homepage gehe ich gleich noch ein.)

»Content-Upgrades« sind wertvolle Inhalte zum Herunterladen, die Produkt-, Service- oder Artikelseiten auf Ihrer Webseite ergänzen.

Ich habe festgestellt, dass Content-Upgrades ein wirkungsvolles Instrument sind, um E-Mail-Registrierungen zu generieren. Beispiele für Content Upgrades sind:

- **Checklisten**: eine Zusammenfassung der wichtigsten umsetzbaren Punkte auf der Webseite, die der Interessent besucht.
- **Arbeitsblätter oder Vorlagen**: Hilfsmittel, die die Leser anleiten, das beschriebene Wissen oder die Konzepte anzuwenden, und mit denen sie die gewünschten Ergebnisse leichter erzielen können.
- **Zusätzliche Tipps oder Strategien**: Ergänzende Informationen, die auf dem Inhalt der Webseite aufbauen und weitere Einblicke oder Ratschläge bieten.
- **Exklusive Interviews oder Fallbeispiele**: lebensnahe Beispiele oder tiefgreifende Analysen, die sich auf den Inhalt der Webseite beziehen.
- **Video- oder Audio-Content**: ein alternatives Format des Webseiteninhalts, das auf unterschiedliche Lernpräferenzen eingeht und ein intensiveres Erlebnis bietet.
- **Rabatte oder Gutscheincodes**: Im E-Commerce können Sie mittels einmaligem Rabatt oder Gutscheincode effektiv E-Mail-Registrierungen erreichen.

Content-Upgrades verbessern das Benutzererlebnis, schaffen Vertrauen bei der Zielgruppe und bieten dem Webseitenbesucher zusätzlichen Nutzen.

Sie wirken in der Regel effektiver als allgemeine Lead-Magneten, da sie direkt auf die Bedürfnisse oder Interessen von Lesern eingehen, die sich bereits mit einer Ihrer Webseiten beschäftigt haben.

Die E-Mail-Adresse des Webseitenbesuchers wird erfasst und das Content-Upgrade wird automatisch von Ihrem CRM-System versandt, sodass der Besucher sofort bekommt, was er will.

Wenn Sie Content-Upgrades auf relevanten Seiten Ihrer Webseite anbieten und eindeutig zur Handlung auffordern, können Sie so Ihre E-Mail-Liste aufstocken.

Content-Upgrades sind ein effektiver Weg, um Lecks bei den Webseiten-Besuchen zu stopfen und gleichzeitig Ihrem Publikum großen Mehrwert zu liefern.

Landing Pages

Landing Pages sind Webseiten, die dazu dienen, Kontaktdaten von Besuchern zu sammeln, besonders von solchen, die dort aufgrund einer Werbeanzeige landen.

Wenn Sie bezahlte digitale Anzeigen schalten, werden die Klicks von potenziellen Kunden auf eine spezielle Landing Page geleitet. Nutzen Sie viele verschiedene Anzeigensätze, führen Sie unter Umständen ebenso viele Landing Pages, damit diese mit dem Text und dem Design der Anzeige übereinstimmen. Indem Sie Leads aus bezahlter Werbung erfassen, können Sie diese im Lauf der Zeit pflegen und sie direkt ansprechen. Ohne einen solchen Lead-Mechanismus bleibt Ihnen nur die Option, dass sich potenzielle kaufwillige Kunden an Sie erinnern, wozu es fast nie kommt. (Auf bezahltes und organisches Content-Marketing gehe ich in Kapitel 13 näher ein).

Eine effektive Landing Page sollte vor allem ein klares und überzeugendes Wertversprechen vermitteln, das die Nutzer ermuntert, ihre Kontaktdaten einzugeben. Sie weist eine starke Überschrift und einen spannenden Text auf, und sie wird schnell geladen. Essenziell bei Landing Pages ist auch, dass sie einfach gestaltet sind, ohne jede unnötige Ablenkung wie Navigationsleiste oder Pop-ups. Landing Pages sollten binär aufgebaut sein, sodass der potenzielle Kunde wählen kann, entweder seine Daten einzugeben oder die Seite wieder zu verlassen. Zu viele Optionen oder Ablenkungen senken die Konversionsrate Ihrer Landing Page.

Das Registrierungsformular sollte einfach auszufüllen sein und nur absolut notwendige Informationen abfragen, damit Interessenten zum nächsten Schritt im Kaufprozess gelangen. Auch wenn die Versuchung groß ist, auf Ihrer Landing Page eine Menge Informationen abzufragen – jede zusätzlich abgefragte Information wird Ihre Gesamtverkaufszahlen senken.

Ich empfehle Ihnen, zunächst nur die E-Mail-Adressen zu sammeln und die Wirkung auf Ihre Konversionsrate nachzuprüfen, wenn Sie noch andere Daten abfragen wollen. Eine weitere Möglichkeit, an weitere Daten zu kommen, ohne die Konversionsrate zu schädigen, ist, in mehreren Schritten vorzugehen. Dabei sammelt man zuerst die E-Mail-Adresse und fragt dann in weiteren Schritten zusätzliche Daten ab. Auf diese Weise haben Sie zumindest die E-Mail-Adresse, selbst wenn der Besucher die Landing Page wieder verlässt, sobald zusätzliche Daten abgefragt werden.

Sie können auch zusätzliche Daten im Verlauf Ihres Lead-Pflegeprozesses abfragen.

Es gilt, die Elemente der Landing Page, wie Überschriften, Texte, Gestaltung und Formularfelder, ständig zu testen und zu verbessern, um Ihre Landing Page so effektiv wie möglich zu gestalten. Ich empfehle Ihnen, unterstützende Landing-Page-Tools zu verwenden. Sie umfassen Split-Tests, mit denen Sie feststellen, welche Varianten die besten Konversionsraten erzielen. Außerdem verfolgen und analysieren Sie damit das Nutzerverhalten, die Absprungraten und andere Kennzahlen.

Ihre Homepage

Auf einer Webseite bezeichnet der Bereich »Above the fold« den Teil der Seite, den der User auf dem Bildschirm sieht, ohne nach unten scrollen zu müssen.

Der obere Bereich einer Homepage ist allgemein die »Hero Section«. Dies ist in der Regel der am stärksten frequentierte Teil Ihrer gesamten Webseite. Sie haben vielleicht spezifische Landing Pages für bestimmte Produkte, Anzeigen oder Werbeaktionen, doch die Hero Section dient als eine Art »Landing Page für alle«.

Schon oft habe ich minutenlang auf einer Webseite herumgescrollt und geklickt, nur um danach noch verwirrter zu sein als zuvor. Oft reihen Webseiten haufenweise bedeutungslosen Fachjargon und unverständliche Fremdwörter aneinander.

Kürzlich stieß ich auf eine Webseite, auf deren Homepage die Überschrift stand: »Lösungen für Ihre langfristigen Ziele«. Darunter hieß es: »Mit unseren Kernwerten Leidenschaft, Integrität und Kreativität sind wir stolz darauf, jedes Projekt proaktiv und lösungsorientiert anzugehen. Wir wollen durch Partnerschaft und Zusammenarbeit positive, radikale Veränderungen bei unseren Kunden, Mitarbeitern und im Beruf bewirken.«

Ich habe immer noch keine Ahnung, was zur Hölle dieses Unternehmen macht, oder für wen. Ich frage mich, wie viele potenzielle Kunden und wie viel Umsatz sie schon im Lauf der Jahre durch ihren Kommunikationsstil verloren haben.

Diesen Text haben offenbar Jargonfanatiker verfasst. Stellen Sie sich vor, Sie wären eine Fliege an der Wand gewesen, als sie diesen Unsinn ausbrüteten. Einer bringt sich ein und sagt, man solle »jedes Projekt *proaktiv* angehen«. Ein paar andere murmeln zustimmend. Ein anderer fügt hinzu: »Lasst uns klarstellen, dass der radikale Wandel, den wir anregen, positiv ist.« Stunden später, das Whiteboard ist voll mit Kritzeleien und die Kaffeetassen auf dem Tisch im Besprechungsraum sind leer, beglückwünschen sie sich zu ihrer guten Arbeit.

Wenn es um diesen entscheidenden Bereich Ihrer Webseite geht, ist Klarheit oberstes Gebot. Eine gute Struktur für die Hero Section Ihrer Homepage sieht so aus:

1. **Das habe ich zu bieten**: Dies ist die Überschrift Ihrer Homepage.
2. **So verbessert mein Angebot Ihr Leben**: Hier erklären Sie klar und präzise, welche Veränderung Ihre potenziellen Kunden erfahren werden, und wie diese ihr Leben verbessern wird. Schreiben Sie hier keinen Roman, sondern nur einen Satz bis maximal zwei Sätze.
3. **Das sollten Sie als Nächstes tun**: Hier beschreiben Sie genau, was der Besucher als Nächstes tun soll.

Verwenden Sie die Kommunikationsmethoden aus Kapitel 5, um sicherzugehen, dass die Botschaft in Ihrer Hero Section Ihr Zielpublikum anlockt. Hier ein Beispiel:

> **Koffeinhaltiger Eiweißriegel**
>
> Der köstliche, nährstoffreiche Snack aus rein natürlichen Zutaten mit grünem Biokaffee, der Ihnen hilft, Ihr Training ohne Koffeinschock durchzuziehen.
>
> Jetzt kaufen oder hier kostenlose Probepackung anfordern.

Die Überschrift beschreibt genau, was hier angeboten wird: ein koffeinhaltiger Eiweißriegel. Da gibt es nichts zu deuteln.

Er verbessert das Leben der Zielgruppe, indem er ihnen Protein liefert und ihnen hilft, ihr Training durchzuhalten, und das wollen sie wirklich. Wir gehen auch schon im Vorfeld auf potenzielle Bedenken in puncto Gesundheit oder Geschmack ein, indem wir erklären, dass er bio ist, aus natürlichen Zutaten besteht und köstlich schmeckt. Unterm Strich bieten wir ihnen auch noch den Vorteil ohne den Nachteil, indem wir erklären, dass es zu keiner Überdosis Koffein kommt.

Schließlich fordern wir direkt zum Handeln auf, was die Zielgruppe dorthin lenkt, wo sie das Produkt sofort kaufen kann. Für die Risikoscheuen halten wir eine zweite Handlungsmöglichkeit bereit, die sie einlädt, eine kostenlose Probepackung anzufordern. Egal was sie tun, ihre Kundendaten werden im CRM-System für zukünftige Pflege und Nachverfolgung gespeichert.

Ich empfehle Ihnen, für den Button, der zur Handlung aufruft, eine andere, am besten leuchtendere Farbe zu wählen.

Setzen Sie in Ihrer Hero Section eine strategische Bildgestaltung ein, die Ihre Botschaft unterstützt und intensiviert. Ideal sind Bilder von Menschen, die das Traumergebnis Ihrer potenziellen Kunden erreicht haben. Außerdem wird unser Blick automatisch dorthin gelenkt, wo auch andere hinsehen. Das können Sie nutzen und mehr Aufmerksamkeit auf Ihren Handlungsaufforderungs-Button lenken, indem Sie die Menschen auf Ihren Bildern dorthin blicken lassen.

Vermeiden Sie automatisch abspielende Videos, Animationen oder Karussells in Ihrer Hero Section. Sie lenken nur ab und wirken veraltet.

Ein weiterer wichtiger Punkt, den Sie auf Ihrer Homepage unterbringen sollten, ist Social Proof (*deutsch: soziale Nachweise*): Auszeichnungen, Presseberichte, renommierte Kunden, mit denen Sie zusammengearbeitet haben, gute Bewertungen, Testimonials usw. So versichern Sie Ihren Besuchern, dass Sie seriös und vertrauenswürdig sind.

Die »Über-uns«-Seite

Nach Ihrer Homepage ist die »Über-uns«-Seite meist die am zweithäufigsten angesehene Seite Ihrer Webseite.

Die Gründe, die Über-uns-Seite zu besuchen, sind je nach Branche verschieden. Hier sind die häufigsten davon:

- Herausfinden, wer hinter diesem Unternehmen steht: Sind die echt und legal?
- Das Team überprüfen: Wie groß ist das Team (und das Unternehmen)? Welche Rollen nehmen die Mitarbeiter ein? Wissen die, was sie tun? Wird es Spaß machen, mit ihnen zusammenzuarbeiten?
- Bei Coaching-Unternehmen oder Vordenkern: Hat diese Person Menschen wie mir geholfen? Kennt diese Person meine Probleme oder hat sie dasselbe erlebt, was ich gerade durchmache?
- Bei produzierenden Unternehmen: Wo wird das Produkt hergestellt? Ist es umweltfreundlich? Wie sind die auf die Idee gekommen?

Die »Über-uns«-Seite eignet sich hervorragend, um Ihre Geschichte zu erzählen, aber begehen Sie nicht den häufigen Fehler, sich selbst in den Mittelpunkt zu stellen. Es interessiert niemanden, dass Ihr Großvater das Unternehmen 1974 gegründet hat, oder welches College Sie besucht haben – es sei denn, Sie verkaufen an Familienunternehmen, die über mehrere Generationen bestehen, oder helfen Menschen bei der Zulassung zum College. Dann wird Ihre ansonsten langweilige Vorgeschichte für Ihren Zielmarkt relevant und interessant. Erzählen Sie Ihre Geschichte so, dass sie für das gewünschte Ergebnis Ihrer Zielgruppe direkt relevant ist.

Ich empfehle Ihnen, die Über-uns-Seite mit dem Thema zu beginnen, das für Ihre potenziellen Kunden am spannendsten ist. Gibt es ein großes Problem oder etwas Wichtiges, worauf Sie sie hinweisen wollen? Können Sie etwas Beeindruckendes behaupten, was die Kunden interessieren könnte?

Bei Ihrer Über-uns-Seite ist es wichtig, sich auf die Transformation zu konzentrieren, die Sie anbieten. Anstatt nur Ihre Qualifikationen und Erfahrungen aufzulisten, sollten Sie überlegen, wie Sie die Probleme der Kunden lösen. Als Webentwickler zum Beispiel sollten Sie nicht nur Ihre technischen Fähigkeiten und Erfahrungen mitteilen, sondern sich darauf konzentrieren, wie Sie Unternehmen helfen, online mehr Kunden zu gewinnen und zu konvertieren.

Ich empfehle Ihnen dringend, Bilder auf Ihrer Über-uns-Seite zu verwenden. Fügen Sie Fotos von sich selbst, Ihrem Team, Ihrem Büro oder Ihrer Fabrik ein. Stellen Sie sich vor, Sie nehmen die Person mit auf einen Rundgang durch Ihr Unternehmen und stellen Sie Ihrem Team vor. Action-Fotos, die Ihr Team bei der Arbeit zeigen, sind hier eine gute Möglichkeit.

Bauen Sie gern Nachweise von Legitimität, Autorität oder Kompetenz ein. Aber auch hier gilt: Beziehen Sie sich auf den potenziellen Kunden und sein Problem, anstatt nur zu betonen, wie großartig Sie selbst sind.

Schließlich sorgen Sie dafür, dass die Über-uns-Seite auch eine Handlungsaufforderung enthält. Sie eignet sich hervorragend dafür, E-Mail-Registrierungen einzuholen oder Ihre Besucher auf ihre nächsten Schritte hinzuweisen.

Weitere häufige Seiten und Funktionen

Weitere häufige Seiten und Funktionen auf Ihrer Webseite:

- **Produkt- und Service-Seiten**: Diese beschreiben, zeigen und verkaufen Ihr Angebot. Was Sie im nächsten Schritt tun, sollten Sie gründlich überlegen. Leiten Sie den Interessenten immer nur zur nächstliegenden physisch aktiven Handlung an. Bei einem E-Commerce-Shop mag es sein, das Produkt in den Warenkorb zu legen. Bei einem Consulting-Unternehmen könnten Sie veranlassen, ein Informationsgespräch zu vereinbaren. Auch die Preise sollten Sie hier angeben. Im Fall von kundenspezifischer oder auftragsbezogener Preisgestaltung empfehle ich Ihnen, eine Preisspanne anzugeben.
- **Kontaktseite**: Ermöglichen Sie den Leuten, Sie unterschiedlich zu kontaktieren. Nennen Sie Ihre Telefonnummer, falls Sie Anrufe entgegennehmen. Wenn sie Ihren physischen Standort besuchen können, informieren Sie sie mittels hilfreicher Details wie Landkarte, Routenbeschreibung oder Parkplatzangabe. Fügen Sie auch ein Formular ein, das Anfragen aufgrund der ausgewählten Option an die richtige Stelle in Ihrem Unternehmen weiterleitet. So würden zum Beispiel Vertriebsanfragen in Ihr CRM-System gelangen, während Supportanfragen in Ihrem Helpdesk-System landen.
- **Verkaufsseiten**: Diese dienen dazu, Besucher in Kunden zu konvertieren. Sicher wollen Sie zuvor per Landing Page gewonnene Leads durch den Marketingprozess auf die Verkaufsseiten weiterleiten. Eine gute Verkaufsseite sollte mindestens eine Überschrift, ein Problem, eine Lösung, Kundenbewertungen und einen Aufruf zum Handeln enthalten.
- **FAQs**: Beantworten Sie häufige Kundenfragen. Das spart Ihnen und Ihren Besuchern Zeit. Sorgen Sie für stimmige und hilfreiche Fragen und Antworten, sie sollten nicht erfunden und selbstbezogen sein, etwa »Warum sind Sie so großartig?« oder »Wie kann ich mehr von Ihnen kaufen?«

- **Wall of Love**: Eine Seite mit Rezensionen, Erfahrungsberichten und überzeugenden sozialen Nachweisen. (Mehr darüber in Kapitel 14.)
- **Nachrichten, Medien, Artikel**: Das ist Ihre Content-Drehscheibe. Hier stellen Sie Updates, relevante Artikel und Videos bereit und berichten das Neueste aus Ihrem Unternehmen oder Ihrer Branche. Wenn Sie es gut hinbekommen, generieren Sie so eine Menge Besucher aus Suchmaschinentreffern.
- **Compliance**: Seiten zur Einhaltung von rechtlichen Rahmenbedingungen, wie Allgemeine Geschäftsbedingungen und Datenschutzrichtlinien.
- **Live-Chat**: Wenn Sie über Teammitglieder verfügen, die in diesem Bereich zuverlässig agieren, kann ein Live-Chat ein starkes Konversionstool sein. Viele Menschen zögern, bei Ihnen anzurufen oder Ihnen eine E-Mail zu schreiben, für einen Live-Chat sind die meisten weitaus offener.

Ihre Domain

Wenn es Ihnen wie den meisten Unternehmern geht, haben Sie unzählige Domains registriert, die Sie wahrscheinlich nie nutzen werden. Ich besitze über 300 Domainnamen. Vor Kurzem bat mich ein Teammitglied um die Anmeldedaten für unser Domain-Registrierungskonto, um sie in unserem Buchhaltungssystem den entsprechenden Kostenstellen zuzuordnen. Es fühlte sich an, als würde jemand in der Unterwäscheschublade mit meinen Geschäftsideen und schlecht durchdachten Ideen wühlen. Ich nehme an, dass die meisten unter die Kostenstelle »Dummes Zeug, das Allan kauft« fallen.

(Ich rechtfertige manche dieser Domainnamen als Investitionen, weil ich manchmal welche verkaufe. Aber die meisten dienen mir als Parkplatz für zukünftige Geschäftsideen, von denen ich die meisten wahrscheinlich nie verwirklichen werde.)

Der »Obermacker« unter den Domainnamen ist .com. Obwohl die Alternativen in letzter Zeit zunehmen, empfehle ich Ihnen einen .com-Domainnamen, wenn Sie Kunden in den Vereinigten Staaten oder weltweit bedienen. Ich habe viel Geld für den Erwerb von .com-Domains für verschiedene Projekte ausgegeben, und das kann teuer werden, da viele der guten Domains vergeben sind. Manche werden für Millionen Dollar gehandelt. Im nächsten Kapitel gehe ich auf die Namensgebung ein und wie Sie damit eine verfügbare und preiswerte .com-Domain finden.

Eine andere Option besteht darin, an Ihren Firmennamen ein Wort anzuhängen oder eines voranzustellen, und dieses als Domainnamen zu verwenden. Wenn Ihr Firmenname zum Beispiel Dunder Mifflin lautet und DunderMifflin.com bereits vergeben ist, könnten Sie sich unter GoDunderMifflin.com registrieren. Das ist nicht ideal, aber es kann als Übergangslösung dienen, bis Ihr Budget reicht, um die tatsächlich gewünschte Domain zu kaufen.

Ich rate Ihnen von Bindestrichen und anderen ungewöhnlichen Zeichen im Domainnamen ab. Sie können verwirren, potenziell wie Spam und phonetisch nicht eindeutig wirken. Auf die Bedeutung der phonetischen Klarheit werde ich im nächsten Kapitel eingehen.

Ein .com-Domainname ist jedoch kein unverrückbares Muss. Es existieren auch erfolgreiche Unternehmen mit anderen Domainerweiterungen, aber .com sollten Sie als Standard betrachten. Als defensive Maßnahme sollten Sie sich auch für alternative Erweiterungen registrieren. Davon gibt es inzwischen jede Menge, was ziemlich ärgerlich und teuer ist, aber ich beginne in der Regel mit den Klassikern wie .net, .org und neuerdings auch .co.

Wenn Sie einen lokalen Markt außerhalb der Vereinigten Staaten bedienen, sollten Sie die dort übliche Domainerweiterung nutzen: zum Beispiel .ca in Kanada, im Vereinigten Königreich .uk, in Australien .au, in Deutschland .de.

Sehen Sie sich auf meinem Lean Marketing Hub Beispiele von großartigen Homepages, »Über-uns«-Seiten und empfohlenen Tools an, die Ihnen helfen, die Best Practices der Webseitengestaltung zu implementieren und beizubehalten. Siehe LeanMarketing.com/hub

Gestaltung und Nutzeranwendung

Es gibt nichts Schlimmeres für die Konversionsrate als eine unattraktive, langsam ladende und schwer zu navigierende Webseite. Wenn Sie kein professioneller Webentwickler sind, rate ich Ihnen davon ab, Ihre Webseite selbst zu erstellen. Es gibt zwar ein paar No-Code-Dienste und -Tools, mit denen Sie eine Webseite ohne große technische Kenntnisse errichten können. Doch diese funktionieren fast nie wie gewünscht und wahrscheinlich sieht Ihre Webseite am Ende selbst zusammengeschustert aus.

Und selbst wenn Sie einen Profidesigner beauftragen, sorgen Sie dafür, dass er folgende Elemente in der Gestaltung und Nutzeranwendung beachtet:

Nutzeranwendung (User Experience/UX): Gewährleisten Sie, dass die Webseite einfach und selbsterklärend zu navigieren ist. Dazu gehören ein gut strukturiertes Layout, klare Menüs und einheitliche Designelemente. Beobachten Sie, wie Menschen unterschiedlichen Alters und mit unterschiedlichen technischen Fähigkeiten auf Ihrer Webseite navigieren, um mögliche UX-Probleme zu erkennen. Ein Website-Heatmapping-Tool hilft, diese zu entdecken.

Responsive Design: Stellen Sie sicher, dass Ihre Webseite für mobile Geräte optimiert ist, da die meisten Menschen über Smartphones und Tablets auf das Internet zugreifen. Responsive Design passt das

Layout Ihrer Webseite automatisch an die Bildschirmgrößen der verschiedenen Geräte an, von kleinen Smartphones bis hin zu Desktop-Computern mit großen Bildschirmen.

Ladegeschwindigkeit: Langsam ladende Webseiten frustrieren die Nutzer und führen zu höheren Absprungraten sowie geringeren Umsätzen. Optimieren Sie Ihre Webseite, damit sie schnell lädt, indem Sie Bilder komprimieren, den Code minimieren und Caching-Techniken verwenden. Überwachen Sie dies regelmäßig, da es aufgrund von Website-Updates, hinzugefügten Inhalten oder Problemen mit Ihrem Webhost immer wieder zur Verlangsamung kommen kann.

Suchmaschinenoptimierung (SEO): Implementieren Sie die bestmögliche SEO-On-Page-Optimierung, um Ihrer Website erstklassige Chancen auf einen oberen Platz in den Suchmaschinen zu eröffnen. Dazu gehört, relevante Keywords, interne Verlinkung, Beschreibungen und eine URL-Struktur zu nutzen.

Sicherheit: Implementieren Sie SSL-Zertifikate, halten Sie Ihre Content-Management-System-Software auf dem neuesten Stand und arbeiten Sie mit einem hochwertigen Webhost.

Analyse und Überwachung: Verwenden Sie Webanalysetools, um das Nutzerverhalten und die Leistung Ihrer Webseite zu überwachen. Diese Daten liefern wertvolle Erkenntnisse, um Ihre Konversionsraten zu verbessern.

Professionelle Fotos: Vermeiden Sie kitschige, klischeehafte Fotos aus Bilddatenbanken. Lassen Sie professionelle Fotos von Ihren Produkten, Ihrem Team und Ihrem Standort anfertigen (falls das relevant ist). Verwenden Sie diese Bilder auch in Ihren anderen Marketingmaterialien.

Kapitel 9 – Aktionspunkte

- Legen Sie eindeutige KPIs (Schlüsselkennzahlen) für Ihre Webseite fest und überwachen Sie diese regelmäßig.
- Überprüfen Sie die Hero Section Ihrer Webseite. Überarbeiten Sie sie, sodass sie klar und überzeugend ist und einen starken Aufruf zum Handeln enthält.
- Werfen Sie mithilfe von Analyse- und Heatmapping-Tools einen objektiven Blick auf Ihre Webseite, damit sie in puncto Konversionen optimal funktioniert.

10

Geistiges Eigentum

KAPITEL 10 – VORSCHAU

Ihr geistiges Eigentum (IP, Intellectual Property) ist ein entscheidender Vermögenswert beim Aufbau Ihres Unternehmenswerts. Es schützt Sie vor Konkurrenten und unterstützt Ihr Marketing.

Die Kernpunkte in diesem Kapitel sind:

- Wie geistiges Eigentum den Wert Ihres Unternehmens steigert.
- Warum es so wichtig ist, sich den Namen Ihres Unternehmens, Produkts oder Ihrer Dienstleistung sorgfältig zu überlegen, und wie Sie das schaffen.
- Warum standardisierte Arbeitsabläufe (SOPs, Standard Operating Procedures) ein wesentlicher Bestandteil Ihrer Marketinginfrastruktur sind und wie Sie sie leicht erstellen.
- Warum es sich unbedingt lohnt, in standardisierte Arbeitsabläufe und Unternehmenssysteme zu investieren, und die drei Schlüsselfähigkeiten, die Sie sich damit aneignen.
- Die Bedeutung von Styleguides, um auf allen Plattformen und Medien ein einheitliches Markenimage und eine einheitliche Sprache zu wahren.
- Wie Sie sich effektiv gegen Konkurrenten schützen.
- Wie Sie hohe Betriebskosten in Profitcenter verwandeln, indem Sie Ihre Nebenprodukte zu Geld machen.

Wie Sie Ihr Wissen und Ihre Fähigkeiten zu Vermögenswerten machen

Bei Fusionen und Übernahmen befand ich mich schon auf beiden Seiten des Verhandlungstisches. Wenn das betreffende Unternehmen nur über wenig geistiges Eigentum (IP) verfügte, konzentrierte sich die Diskussion über seinen Wert in erster Linie auf die Gewinnmultiplikatoren. Genau wie ein Produkt oder eine Dienstleistung mit geringer Differenzierung als Massenware bewertet wird, wird auch ein Unternehmen mit schwachem oder nicht vorhandenem geistigem Eigentum ähnlich evaluiert.

Bei einem Unternehmen mit starken IP-Vermögenswerten hingegen konzentriert sich die Diskussion über dessen Wert darauf, was der Käufer mit diesen Vermögenswerten anfangen könnte, und was sie ihm potenziell wert sein könnten. Ich habe Unternehmen und Startups für weit mehr verkauft, als sie aufgrund der Gewinnmultiplikation wert gewesen wären, weil ich ein starkes IP aufwies.

Ich war in der Lage, dem Käufer zu zeigen, wie er durch den Einsatz unseres geistigen Eigentums in seinem Geschäft eine höhere Gewinnspanne, einen Wettbewerbsvorteil oder einen anderen einzigartigen Vorteil erlangen würde. Diese Bewertungsmethode ist für den Verkäufer weitaus profitabler als die branchenüblichen Multiplikatoren. Sie ist auch für den Käufer von Vorteil und ermöglicht ihm, den Kaufpreis gegenüber seinen Stakeholdern zu rechtfertigen.

Doch egal ob Sie vorhaben, Ihre Firma jemals zu verkaufen – ihren Wert zu steigern, ist in jedem Fall Ihre Hauptaufgabe als Unternehmer. Geistiges Eigentum gibt es in den unterschiedlichsten Formen, aber das wertvollste von allen ist unbestreitbar dasjenige, mit dessen Hilfe Sie Kunden auf Ihrem Markt anziehen, konvertieren und binden können. Sehen wir uns einige der Formen geistigen Eigentums einmal an.

Die Namensgebung

Mit dem Namen Ihres Unternehmens, Produkts oder Ihrer Dienstleistung werden Sie lange Zeit leben müssen und Sie können ihn nur schwer oder mit viel Kostenaufwand ändern. Achten Sie also darauf, dass er Ihnen dient.

Hier ein paar praktische Tipps, um einen geeigneten Namen zu finden:

- Was drauf steht, sollte auch drin sein. Seien Sie klar, nicht clever. Wenn Sie erklären müssen, haben Sie schon verloren.
- Ist der Domainname verfügbar?
- Sind Usernamen für die sozialen Medien verfügbar?
- Können Sie den Name als Marke schützen?
- Verletzt es die Markenrechte anderer?
- Ist er einfach auszusprechen?

Die Namensgebung läuft in zwei Schritten ab. Im ersten wählen Sie die Wörter; im zweiten bilden Sie den Namen unter Verwendung von einem oder mehreren der ausgewählten Wörter.

1. Die Wortwahl

Beginnen Sie damit, eine oder mehrere Wortarten auszuwählen. Hier sind die Hauptwortarten, die Sie dazu nutzen können:

- Deskriptiv
- Suggestiv
- Beliebig
- Erfunden
- Fremdsprachlich

Deskriptive Wörter beschreiben Ihr Unternehmen, Produkt oder Ihre Dienstleistung eindeutig. Ich mag diese Wortart, weil ich dabei keine Erklärung mehr brauche. Das ist insbesondere bei einem Start-up besonders hilfreich, denn so ersparen Sie es sich, dauernd zu erklären, was Sie machen.

Beispiele dafür sind Cartoon Network, Whole Foods Market, All-Bran, Hotels.com oder The Weather Channel.

Der Nachteil rein deskriptiver Namen ist, dass sie schwer als Marke zu schützen sind, weil sie aus allgemeinsprachlichen Begriffen oder Phrasen bestehen.

Suggestive Wörter spielen auf den Nutzen, die Ergebnisse oder die Eigenschaften Ihres Produkts an. Sie ähneln beschreibenden Worten, sind aber weniger direkt als diese.

Beispiele sind General Electric, Sharper Image, Mountain Dew oder The Home Depot.

Suggestive Wörter können bei der Namensgebung ein guter Mittelweg sein. Sie sind manchmal einprägsamer als rein deskriptive Wörter, aber immer noch klarer als beliebige oder erfundene.

Beliebige Wörter sind existierende Wörter, deren Bedeutung aber nicht oder nur entfernt mit Ihrem Produkt in Verbindung steht.

Beispiele dafür sind Virgin, Apple, Dove, Amazon, Subway, Caterpillar, Jaguar oder Shell.

Beliebige Wörter sind zwar unverwechselbar, aber im Zeitalter der Suchmaschinen empfehle ich sie generell nicht. Sie werden ewig erklären müssen, dass es nur ein cooles Wort war, das Ihnen gefiel, und dann müssen Sie Zeit, Geld und Energie aufwenden, um zu erklären, was Sie eigentlich tun.

Erfundene Wörter sind Wortneuschöpfungen, die auf eine Bedeutung anspielen oder eine Assoziation wecken.

Beispiele dafür sind Kodak, Xerox, ExxonMobil, Etsy, Oreo oder Sony.

Erfundene Wörter sind wegen ihrer Einmaligkeit am einfachsten als Marke zu schützen. Dennoch müssen Sie eventuell, ähnlich wie bei den willkürlichen Wörtern, eine Menge Marketingressourcen aufwenden, um die Verbindung zu Ihren Produkten oder Dienstleistungen herzustellen. Eine Abwandlung von erfundenen Wörtern sind Wörter, die ganz oder teilweise auf dem Namen einer Person, in der Regel des Gründers, beruhen. Beispiele hierfür sind Hewlett-Packard, Tesla, Disney oder Ferrari.

Fremdsprachliche Wörter ähneln erfundenen Wörtern, wobei ihre Bedeutung Ihrem Zielmarkt bekannt sein könnte oder auch nicht.

Beispiele dafür sind Subaru, Absolut, Uber, Samsung, LEGO oder Volkswagen.

Fremdsprachliche Wörter können einen exotischen Eindruck erwecken oder eine Assoziation mit etwas Landestypischem. Zum Beispiel könnte man französische Wörter für Gebäck verwenden oder italienische für eine Modemarke.

Fremdsprachliche Wörter können real oder erfunden sein. So hat die amerikanische Eiskremmarke Häagen-Dazs einen dänisch klingenden Namen erfunden, obwohl das Unternehmen keinerlei Verbindung zu Dänemark hat.

2. Die Zusammensetzung des Namens

Nachdem Sie Ihre Wörter ausgewählt haben, können Sie Ihren endgültigen Namen aus endlosen Kombinationen bilden. Hierzu können Sie folgende Formen verwenden:

- Ein Wort
- Mehrere Wörter
- Wortzusammensetzungen
- Abgeänderte Schreibweisen
- Akronyme

Einwortnamen sind zum Beispiel Visa, Oracle, Intel oder Nike.

Mehrwortnamen sind zum Beispiel Goldman Sachs, American Airlines, Estée Lauder oder Berkshire Hathaway.

Bonuspunkte gibt es für den Einsatz einer Alliteration in Mehrwortnamen. Marketer und Lyriker wissen, dass eine Alliteration ein starkes Mittel für Einprägsamkeit und Sprachfluss ist. Beispiele sind Coca-Cola, Best Buy, PayPal oder Chuck E. Cheese.

Zahlen können Sie ebenfalls mit Worten kombinieren – auf deskriptive, suggestive oder beliebige Weise. Beispiele sind 3M, 7-Eleven, Porsche 911 oder WD-40.

Bei **Wortzusammensetzungen** kombinieren Sie mehrere Wörter, die einen erfundenen Namen ergeben. Sie entstehen meistens aus deskriptiven oder suggestiven Wörtern.

Beispiele sind FedEx (aus Federal Express), Microsoft (aus Microcomputer und Software), Mastercard (aus Master und Card) oder Netflix (aus Net, der Kurzform von Internet, und Flicks, der Slang-Ausdruck für Spielfilme).

Abgeänderte Schreibweisen von Wörtern können Sie nutzen, um einen Namen zu erfinden, der dennoch deskriptiv oder suggestiv ist. Beispiele sind Lyft, Google oder Krispy Kreme.

Akronyme bilden Sie aus den Anfangsbuchstaben einer Wortreihe. Manchmal werden diese Akronyme bekannter als ihre ausgeschriebene Form.

Beispiele sind NASA (National Aeronautics and Space Administration), NASCAR (National Association for Stock Car Auto Racing), HBO (Home Box Office), IBM (International Business Machines) oder UPS (United Parcel Service).

Eventuell müssen Sie einen Markenanwalt hinzuziehen, um herauszufinden, ob der gewählte Name als Marke geschützt werden kann oder die Markenrechte anderer verletzen könnte.

Zum Schluss sollten Sie prüfen, ob der ausgesuchte Name leicht auszusprechen ist. Das ist besonders wichtig, wenn Sie Zahlen, Bindestriche oder abgeänderte Schreibweisen verwenden, denn Sie werden dann ständig Grundschullehrer spielen und den Namen buchstabieren müssen. Zum Beispiel muss man entweder wissen oder informiert werden, dass sich die Fahrgemeinschafts-App Lyft mit »y« anstatt mit »i« schreibt. Das wird dadurch ausgeglichen, dass es ein guter suggestiver Name mit einem kurzen und einprägsamen Domainnamen ist, was vorteilhaft ist. Man hat dort offenbar beschlossen, diesen Kompromiss einzugehen.

Bindestriche und Zahlen können ebenfalls verwirren. Um die Webseite von 7-Eleven zu besuchen, muss man zum Beispiel wissen, dass man die Zahl 7 schreibt und dann einen Gedankenstrich, gefolgt von dem Wort eleven und .com, was seltsam anmutet. Ich nehme an, wenn die Firma im Internetzeitalter gegründet worden wäre, hätte sie einen anderen Namen gewählt.

In Podcasts hört man oft gesponserte Werbung, bei der der Name des Unternehmens oder der Domainname nicht eindeutig auszusprechen ist und buchstabiert werden muss. Das kostet Sendezeit und Aufmerksamkeit, die der Vermarktung des eigentlichen Produkts oder der Dienstleistung besser dienen würden. Außerdem erschwert dies die Aufforderung zum Handeln, sodass weniger Hörer darauf reagieren werden.

Standardisierte Arbeitsabläufe

Beim Aufbau Ihrer Marketinginfrastruktur sollten Sie den grundlegenden Systemen und Prozessen besondere Aufmerksamkeit widmen, um konsistente Ergebnisse zu erhalten. Standardisierte Arbeitsabläufe (SOPs) sind Schritt-für-Schritt-Anweisungen oder Richtlinien, mit denen Sie und Ihr Team Ihre täglichen Arbeitsabläufe konsistent, effizient und, wo nötig, sicher gestalten.

Im Grunde sind es detaillierte Anleitungen für die Durchführung von Aufgaben und Prozessen in Ihrem Unternehmen. SOPs stellen sicher, dass Ihr Team jedes Mal, wenn es eine Aufgabe ausführt, demselben Prozess folgt. Mit ihrer Hilfe gelingt es leichter, die Qualität aufrechtzuerhalten, Fehler zu reduzieren und die Gesamtproduktivität zu verbessern. SOPs können auch Ihr Geheimrezept sein, mit dem Sie die einzigartige Weise dokumentieren, Ihre Produkte herzustellen oder zu liefern.

Ihre SOPs können einfache Textdokumente sein oder Screenshots und Videos enthalten. Mein Team und meine Kunden verwenden häufig Video- und Bildschirmaufzeichnungstools, um SOPs zu erstellen, weil es schneller und einfacher ist, aufzuzeichnen, was Sie bereits tun, anstatt jeden Schritt zu beschreiben. So können Sie die zur Ausführung einer bestimmten Aufgabe erforderlichen Schritte visuell veranschaulichen. Sie können Ihre Bildschirmaufzeichnung auch mit einem Voiceover versehen, um zusätzliche Erklärungen und Anleitungen bereitzustellen.

Ebenso wichtig ist ein zentraler Ort für die SOPs, damit Ihr Team sie leicht findet.

Schließlich sollten Sie über ein Verfahren verfügen, um Ihre SOPs regelmäßig zu ergänzen und zu aktualisieren. Lassen Sie die Teammitglieder ihre eigene Arbeit dokumentieren. Wenn Sie SOPs für jemand anderen schreiben, weichen Theorie und Praxis manchmal so weit voneinander ab, dass die Anweisungen irrelevant oder unrealistisch erscheinen.

Ihre SOPs sind wertvolles geistiges Eigentum. Zusammengenommen bilden sie eine Kernkomponente Ihres Geschäftssystems. Systeme erlauben es Normalsterblichen, außergewöhnliche Unternehmen zu führen.

Seit Langem schwebt mir vor, ein detailliertes, praxisorientiertes Buch über Geschäftssysteme zu schreiben. Zum Glück hat mein Freund David Jenyns genau das mit seinem hervorragenden Buch *SYSTEMology* schon erreicht.

SOPs und Geschäftssysteme einzurichten und zu warten, ist eine unbedingt lohnenswerte Investition. Die dafür aufgewandte Zeit werden Sie um ein Vielfaches zurückgewinnen, und dabei wird Ihr

Unternehmen noch wertvoller. Sie verschaffen sich damit die drei Voraussetzungen für unternehmerische Freiheit – Expansion, Freiraum und Exit.

- **Expansion**: Skalieren Sie Ihr Geschäft und Ihre Marketingaktivitäten auf hochwirksame Weise, ohne dabei verrückt zu werden.
- **Freiraum**: Sie erhalten die Chance für eine Auszeit vom Geschäft und können dabei sicher sein, dass bei Ihrer Rückkehr alles noch ebenso gut laufen wird, wie als Sie weggefahren sind – oder sogar besser.
- **Exit**: Viele Leute sagen, sie lieben das, was sie tun, und wollen ihr Unternehmen gar nicht verkaufen. Das ist völlig in Ordnung und ich verstehe es. Doch ein Unternehmen mit gut laufenden Systemen ist nicht nur für einen potenziellen Käufer mehr wert, sondern auch für Sie, weil es Ihnen Möglichkeiten verschafft.

Marken und Patente

Marken, Patente und bis zu einem gewissen Grad auch Geschäftsgeheimnisse stellen wirksame Schranken für den Markteintritt und den Wettbewerb dar. Und sie werden immer wichtiger, je mehr Ihr Unternehmen wächst.

Je erfolgreicher Sie werden, desto mehr Opportunisten tauchen plötzlich von überall her auf. Man hat mir mein geistiges Eigentum schon auf viele verschiedene Arten gestohlen. Das zu verhindern, ist ein Teilzeitjob für eine Person in meinem Team. Mein geistiges Eigentum zu kennzeichnen, hat dies wesentlich vereinfacht. Sie werden zwar nie alles verhindern können, aber Sie können es stoppen und die Folgen abschwächen.

Ein solcher gesetzlicher Schutz ermöglicht auch eine Lizenzierung oder kann zum Kernvermögenswert werden, wenn man das Unternehmen verkauft. Sie kennen ja die einfache, aber geniale Abbildung eines gelben Smileys.

Es ist ein leuchtend gelber Kreis mit schwarzen, ovalen Augen und einem breiten Lächeln. Im Jahr 1963 schuf es der Künstler Harvey Ball. Es hat ihn etwa zehn Minuten gekostet, was uns angemessen erscheint, da es ja so einfach ist.

Es wurde ein Hit. Leider hat er es nicht schützen lassen. Franklin Loufrani hat das getan und später die Smiley Company gegründet. Diese einfache Markenlizenz hat bis heute über 500 Millionen Dollar Lizenzgebühren eingebracht.

Wenn Ihr Unternehmen noch am Anfang steht, sollten Sie genau überlegen, sich Markenlizenzen und Patente zu sichern. Ein solcher gesetzlicher Schutz kann kostspielig und zeitraubend sein, daher empfehle ich Ihnen, ihn auf ein Minimum zu beschränken, bis Sie etwas an Zugkraft gewonnen haben. Ich habe schon oft erlebt, wie Start-up-Unternehmer sich auf ein »Erfolgstheater« eingelassen haben – Arbeit, die einem selbst und anderen das Gefühl von Erfolg vermittelt. Doch übermäßig viel Zeit und Geld auf Markenschutz, Patente oder sonstige marginale Aktivitäten zu verwenden und dabei die grundlegenden Dinge wie den Produkt-Markt-Fit zu vernachlässigen, ist für ein junges Unternehmen tödlich. Stellen Sie stets sicher, dass die Hauptsache auch die Hauptsache bleibt.

Style-Guides

In Kapitel 7 habe ich davor gewarnt, sich auf die oberflächlichen Elemente Ihrer Marke zu fixieren. Kongruenz und Konsistenz in Ihrem Auftreten sind jedoch essenziell. Wenn Sie superluxuriösen Schmuck verkaufen, Ihre Webseite aber unübersichtlich, selbst gebastelt und wie bei einem Ein-Dollar-Laden wirkt, rufen Sie bei Ihrer Zielgruppe eine kognitive Dissonanz hervor. Ralph Waldo Emerson hat einmal gesagt: »Was du tust, spricht so laut, dass ich nicht hören kann, was du sagst.« Ihr Erscheinungsbild und Ihre Stimme gehören zur Persönlichkeit Ihres Unternehmens und sollten diese genau widerspiegeln.

Beständigkeit ist dabei wichtig, denn wer sich unberechenbar verhält, wirkt unglaubwürdig, vielleicht sogar gefährlich. Ihre potenziellen Kunden werden dasselbe empfinden, falls Ihr Marketing inkonsistent ist. Style Guides helfen Ihnen, konsistent aufzutreten.

Ein Design-Style-Guide ist ein Leitfaden für die visuellen Elemente Ihrer Marke. Er umfasst in der Regel Elemente wie Farbpalette, Schriftarten, Bilder, Icons oder Richtlinien für die Verwendung von Logos. Sie brauchen ihn, um Ihre Webseite zu erstellen, oder für Drucksachen, Folien, Dokumente und alles andere, was Ihr Unternehmen visuell repräsentiert.

Weniger bekannt ist der Werbetext-Style-Guide. Er besteht aus einer Reihe von Regeln und Richtlinien für sämtliche Texte und Schriften in Ihrem Unternehmen. Er wird zunehmend wichtiger, je mehr Ihr Marketingteam wächst. Wenn mehrere Texter für Sie arbeiten, und jeder von ihnen in einem anderen Stil oder Tonfall schreibt, schadet das Ihrer Marke genauso, wie uneinheitliche visuelle Elemente zu verwenden.

Kommunizieren Sie mit Ihren potenziellen und bestehenden Kunden eher formell oder locker? Ist es in Ordnung, Umgangssprache zu verwenden? Hat Ihre Kommunikation einen humorvollen Touch, oder ist sie eher ernsthaft? Vertreten Sie eine Meinung, oder sind Sie eher neutral? Wie werden bei Ihnen E-Mails geschrieben und formatiert? Darf man Memes verwenden? Wenn ja, welcher Art? All das und noch viel mehr steht in Ihrem Werbetext-Style-Guide.

Genau wie man manche Leute sofort daran erkennt, wie sie sich kleiden oder sprechen, sollte Ihr einzigartiger Stil in Bild und Schrift als Ihre einzigartige Marke deutlich erkennbar sein.

Im Lean-Marketing-Hub finden Sie Beispiele für Design- und Text-Style-Guides. Besuchen Sie LeanMarketing.com/hub

Wie Sie Ihre Nebenprodukte zu Geld machen

Während Sie bei Ihrer Tätigkeit mit der Zeit besser werden, werden Sie bemerken, dass dabei ein paar nützliche Nebenprodukte entstehen. Diese Nebenprodukte Ihres Unternehmens können zu einem eigenständigen wertvollen Gut avancieren. Wahrscheinlich wird jemand anders Ihr erfolgreiches Angebot nachahmen. Ihre Nebenprodukte in Form von Know-how, Tools oder geistigem Eigentum können ebenso wertvoll oder sogar noch wertvoller werden als Ihre eigentliche Tätigkeit.

Amazon war unglaublich darin, die Nebenprodukte seines Kerngeschäfts zu Geld zu machen, indem sie dort Kostenstellen in Profitstellen verwandelt haben.

Amazons Kerngeschäft war zunächst E-Commerce. Während das Unternehmen rasant wuchs, schufen sie dort eine robuste weltweite Infrastruktur aus Computing, Speicherplatz und Datenbanken. Bald wurde ihnen klar, dass viele andere Unternehmen das ebenfalls brauchten. Das führte zur Entstehung von Amazon Web Services (AWS), einer Cloud-Computing-Plattform, die diese Dienste anbietet. AWS ist heute eine von Amazons profitabelsten Abteilungen.

Ähnlich lief es dann, als Amazons E-Commerce-Aktivitäten den Aufbau eines umfangreichen Fulfillment-Netzwerks erforderten, um Produkte zu lagern, zu verpacken und zu versenden. Amazon erkannte den Wert dieses Netzwerks und gründete Fulfillment by Amazon. Dieser Service ermöglicht es Drittanbietern, ihre Produkte in den Lagern von Amazon zu lagern, während dieses Unternehmen den Versand und den Kundendienst für sie übernimmt. Mit diesem Service macht Amazon seine Lager- und Logistikexpertise zu Geld, während Drittverkäufer davon profitieren und ihre Produktpalette erweitern.

So etwas habe ich auch in meinem Unternehmen erlebt. Während wir eine Weltklassefirma für Coaching, Beratung und Training aufbauten, schufen wir eine Menge geistiges Eigentum und Know-how. Dann stellte sich heraus, dass andere dies benötigten – ständig fragten Einzelpersonen und Unternehmen bei uns an, die unser geistiges

Eigentum benutzen wollten, um ihr eigenes Coaching, Beratung oder Marketing zu starten oder zu erweitern.

Deshalb haben wir Zertifizierungs- und Train-the-Trainer-Programme entwickelt. Dadurch haben wir eine Spirale nach oben in Gang gesetzt. Wir helfen immer mehr Trainern, Beratern und Marketingleuten dabei, Lean-Marketing-Methoden zu erlernen und sie erfolgreich umzusetzen. So adressieren wir wiederum Menschen und Firmen, die wir sonst vielleicht nie erreicht hätten. Dadurch gewinnen wir Sympathien, Empfehlungen und generieren eine Nachfrage nach unseren Endnutzerprogrammen.

Vielleicht möchten Sie Ihre Nebenprodukte niemals verkaufen oder lizenzieren. Das ist in Ordnung, aber Ihre Nebenprodukte als potenzielle Vermögenswerte zu betrachten, würde Ihr unternehmerisches Denken sinnvoll bereichern.

Mit Lean Thinking und der Einstellung, sich stets verbessern zu wollen, können Sie es schaffen, Verschwendung und Kosten in Wert und Gewinn zu verwandeln. Sie werden Chancen entdecken, wo Sie sie vorher nicht gesehen haben. Sie werden auch beginnen, die Investitionen in den Aufbau Ihres geistigen Eigentums nicht als Kosten zu, sondern als Kapitalinvestitionen zu betrachten

Kapitel 10 - Aktionspunkte

- **Überprüfen Sie die Namen Ihrer wichtigsten Produkte, Dienstleistungen, Prozesse und sogar Ihres Unternehmens. Überlegen Sie, ob diese Ihnen noch immer dienen und überarbeiten Sie sie, falls das nicht der Fall ist.**
- **Schützen Sie Ihr wertvollstes geistiges Eigentum mit Patenten und Markenregistrierungen.**
- **Entwickeln Sie Style-Guides und SOPs, um Ihr Marketing - konsistent, hochwertig und immer markenkonform zu gestalten.**

KRAFTMULTIPLIKATOR 3

PROZESSE

Lockere Ziele, strenge Systeme

»Ich komme auch gleich«, sage ich meiner Frau, während ich meinen Hintern auf dem weichen, bequemen Sofa im Wohnzimmer parke, den Laptop in der Hand. Ich werfe einen Blick auf die Uhr. Es ist ein paar Minuten nach 22 Uhr. Ich weiß, ich sollte ins Bett gehen, denn mein Tag beginnt immer morgens um 6.

Ich denke: »Ich haue nur noch kurz die zwei E-Mails raus und dann geh ich ins Bett.« Sie wissen schon, was als Nächstes kommt. Ich besuche das Land Prokrastien. Als ich das nächste Mal auf die Uhr sehe, ist es fast schon Mitternacht, und ich stecke tief in einem YouTube-Rabbit-Hole. Ich bin müde und will schlafen gehen, aber es kostet weniger Energie, unterhaltsame selbst abspielende Videos anzusehen, als mich aus dem Sofa aufzurappeln, den Laptop wegzulegen und die Stufen zum Schlafzimmer hochzusteigen, wo meine vernünftige Frau schon lange schläft.

Warum ist mir das passiert? Weil ich mich auf meine schwindende Willenskraft verlassen habe.

Ich habe im Lauf der Jahre – genau wie Sie – praktisch jede denkbare Strategie ausprobiert, um Ziele zu erreichen – sie aufschreiben, sie visualisieren, sie anderen mitteilen, um mich verpflichtet zu fühlen, bla, bla, bla. Keine davon hat es über die Flitterwochen hinausgeschafft.

Das Problem ist, dass sie alle auf Willenskraft beruhen. Selbst wenn man sein Ziel durch schiere Willenskraft erreicht, ist der Gewinn meist nur von kurzer Dauer.

Und jetzt sage Ich Ihnen, was tatsächlich funktioniert: **lockere Ziele, strenge Systeme**.

James Clear, Autor von *Atomic Habits,* sagt: »Je disziplinierter Ihr Umfeld ist, desto weniger müssen Sie selbst diszipliniert sein. Schwimmen Sie nicht gegen den Strom.«

Ein lockeres Ziel weist Ihnen die angestrebte Richtung, ohne dass Sie auf das Endziel fixiert sind, weil es nämlich kein Endziel gibt. Das Ziel ist, das Spiel weiter fortzusetzen und unendlich zu verbessern.

Ein strenges System schafft die Bedingungen in Ihrem Umfeld, sodass es Ihnen leichtfällt, sich zu verbessern.

Diese Denkweise drückt auch der japanische Begriff *Kaizen* aus, was wörtlich übersetzt »kontinuierliche Verbesserung« heißt. Das ist ein Schlüsselkonzept im Lean Manufacturing und Lean Thinking. Beim *Kaizen* geht es darum, ständig kleine Veränderungen in Prozessen und Systemen vorzunehmen, die auf lange Sicht dann bedeutende Verbesserung bringen. Die Ziele dabei lauten, Verschwendung zu eliminieren, Effizienz zu verbessern und mehr Wert zu schaffen.

Der Hauptgrund, warum Menschen tun, was sie tun, ist, dass sie es bereits tun. Mit Trägheit kann man fast alle Ergebnisse erklären, die aus menschlichem Verhalten resultieren. Systeme sind das Geheimnis, wie Sie sich das zunutze machen können. Dabei packen Sie die Trägheit beim Schopf, legen ihr eine Leine um den Hals und lassen sie wie einen wohlerzogenen kleinen Pudel neben sich herlaufen.

Meine wichtigsten Erfolge auf persönlicher, beruflicher und finanzieller Ebene habe ich alle über lockere Ziele und strenge Systeme erreicht.

Große, aufregende Ziele sind für einen kurzen Moment motivierend, aber sie sind auch schnell wieder vergessen, wenn man in seine von Trägheit beherrschte Routine zurückfällt. Ziele sind dafür da, einmal etwas zu erreichen. Systeme dienen dem dauerhaften Erfolg. Sie zahlen sich im Lauf der Zeit mit Zinseszins aus.

Zinseszins

Albert Einstein sagte einmal: »Der Zinseszins ist das achte Weltwunder. Wer ihn versteht, verdient daran … wer nicht … bezahlt ihn.« Naval Ravikant schrieb: »Jeder Gewinn im Leben, ob im Reichtum, in Beziehungen oder Wissen, kommt vom Zinseszins.«

In einer von schnellen Gewinnen, einfachen Lösungen und über Nacht erzielten Erfolgen besessenen Welt erscheint das Konzept vom Zinseszins nicht besonders sexy. Und das ist es auch nicht … zumindest eine Zeit lang.

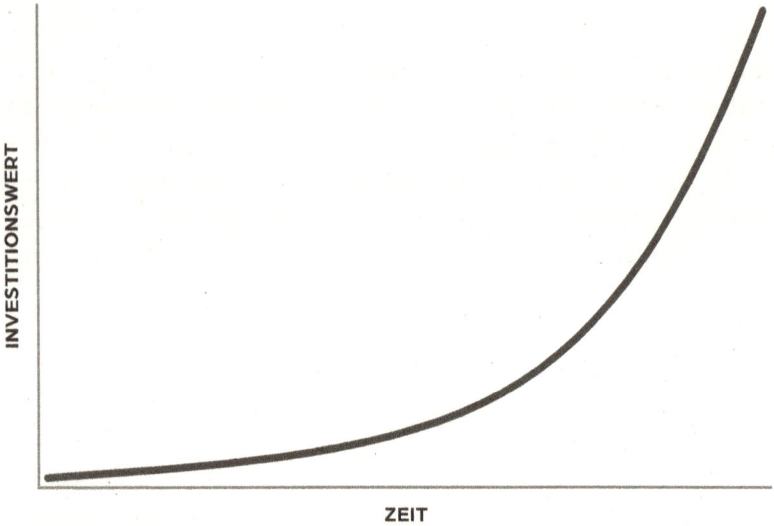

Der Grund, warum wir den Zinseszins so schwer verstehen, besteht darin, dass dabei über lange Zeit nichts zu passieren scheint. Dann plötzlich, scheinbar aus dem Nichts, entsteht eine steile Aufwärtskurve.

Wenn Sie 50 Dollar in der Woche auf ein Bankkonto einzahlen, haben Sie nach 50 Jahren eine Summe von 130 000 Dollar. Aber wenn Sie auf diese Einzahlungen 8 Prozent Zinsen bekommen (mit monatlichem Zinseszins), haben Sie jetzt ein Gesamtguthaben von 1 718 541 Dollar. Die Zinsen allein übersteigen die eingezahlte Summe. Wie ist das passiert? Durch die Magie des Zinseszinses.

Der S&P 500 hat in der Vergangenheit im Durchschnitt eine inflationsbereinigte Jahresrendite von etwa 8 Prozent erzielt, also ist diese Rendite keine unerhörte, unerreichbare Zahl. Jeder kann das mit einem einfachen Indexfonds erzielen.

Obwohl das praktisch der garantierte Weg zum Multimillionär ist, ignorieren die meisten Menschen diesen Weg, weil er langweilig und langsam ist. Das neueste Kryptoding oder ein riskantes Angel-Investment ist da doch viel spannender.

Übrigens mag ich es auch schnell, aufregend und riskant! Doch genau wie Fallschirmspringen nicht die Lösung für beständiges Glück ist, sind auch die schnellen Gewinne und einfachen Lösungen nicht der Weg zum langfristigen Geschäftserfolg.

Das Prinzip Zinseszins ist auf alle Bereiche des Lebens anwendbar, nicht nur auf die Finanzen. Es gilt für Beziehungen, Gesundheit, Wissen, Vertrauen und für unsere Zwecke hier, für das Marketing.

In diesem Teil werde ich einige wirksame Taktiken vorstellen, die Sie schnell und einfach umsetzen können. Marketing ist jedoch nichts, das Sie einmal machen, und dann sind Sie fertig.

LEAN-MARKETING-PRINZIP 7:
Marketing ist ein Prozess, keine Einzelmaßnahme.

Die großen, langfristigen Gewinne aus Ihrem Marketing entstehen aus dem Zinseszins von Prozessen, die täglich, wöchentlich und monatlich stattfinden. Und genau wie bei den Finanzen, bei denen es sich anfangs so anfühlt, als würde der Zinseszins gar nicht viel bewirken, werden viele Ihrer anfänglichen Marketingaktivitäten Sie zunächst enttäuschen. Sie werden sich fragen, ob all das tatsächlich funktioniert. Sie werden sich fragen, ob Sie auf dem richtigen Weg sind.

Lassen Sie sich nicht entmutigen. Das ist ganz normal. Manches braucht eben einfach Zeit: Sie können auch kein Baby in einem Monat produzieren, indem Sie neun Frauen schwängern.

Beim Lean Marketing geht es darum, weniger zu unternehmen, dafür aber gezielter, konsequenter und bewusster. Anstatt wahllos irgendwelche Marketingmaßnahmen durchzuführen, ohne zu wissen, welche Ergebnisse Sie damit erzielen, arbeiten Sie an Ihrem straffen System und optimieren es mit der Zeit immer weiter. Auf diese Weise wird die Rendite irgendwann wie der letzte Teil der Zinseszinskurve aussehen – steil nach oben.

Viele Erfolge, die wirken, als hätten sie sich über Nacht eingestellt, haben sich beharrlich ihren Weg durch Kaizen gebahnt, und nun sind Sie damit an der Reihe.

Kommunikation führt zu Konversion

Erinnern Sie sich einmal an Ihre letzte größere Anschaffung. Ich spreche hier nicht von kleinen Impulskäufen oder irgendeiner Kleinigkeit. Ich meine einen wirklich wichtigen Kauf.

Sind Sie an jenem Morgen aufgewacht und haben einfach beschlossen, es jetzt zu kaufen? Wahrscheinlich nicht. Sie haben wahrscheinlich etwas recherchiert. Vielleicht haben Sie Erfahrungsberichte gelesen, sich Lösungen anderer Hersteller angesehen oder sich Videos angesehen, um zu verstehen, wie das Produkt funktioniert, oder welche Vor- und Nachteile bestimmte Modelle aufweisen. Ihre potenziellen Kunden verhalten sich ebenso. Sie recherchieren über Ihre Art Produkt oder Dienstleistung – und oft recherchieren sie auch über Sie.

Sie werden Erfahrungsberichte lesen, Ihre Webseite und Accounts in den sozialen Medien checken und mit Leuten von innerhalb oder außerhalb Ihres Unternehmens sprechen. Sie unterhalten sich über Sie und das, was Sie tun, auch wenn sich dies nur in ihrem Kopf abspielt. Was Sie hier vor allem mit Ihrem Marketing erreichen wollen, ist, an diesen Gesprächen teilzuhaben, denn **Kommunikation führt zu Konversion.**

Die Gespräche werden ohnehin stattfinden, also bietet es die besten Erfolgschancen, sich daran zu beteiligen. Sie können dann Fragen beantworten (direkt oder indirekt), Zweifel ausräumen und die Menschen zum Handeln bewegen.

In diesem Teil des Buches werden wir uns vor allem darauf konzentrieren, Ihren idealen Zielmarkt zu motivieren, mit Ihnen ins Gespräch zu kommen, und diese Unterhaltung dann zu führen.

11

Business ist ein Teamsport

KAPITEL 11 – VORSCHAU

Um im Marketingspiel zu gewinnen, müssen Sie es als Prozess verstehen, nicht als Einzelmaßnahme. Ihr Team trägt wesentlich dazu bei, diese Marketingprozesse zu steuern.

Die Kernpunkte in diesem Kapitel sind:

- Wie das »Superman-Syndrom« Sie ausbrennt und das Wachstum Ihres Unternehmens blockiert.
- Was Sie mit Ihren Stärken anfangen, und was Sie gegen Ihre Schwächen unternehmen.
- Warum es gefährlich ist, eine allgemein ausgerichtete Marketingagentur zu engagieren, und was Sie stattdessen tun sollten.
- Wen Sie für Ihr Marketing engagieren sollten, und wie Sie sicherstellen, dass diese Person Ihnen großartige Ergebnisse verschafft.
- Warum es für Ihren Unternehmens- und Marketingerfolg existenziell wichtig ist, Toptalente zu halten, und wie Sie das schaffen.
- Wie Sie messen, wie effektiv Ihre die Mitarbeiter arbeiten, und sicherstellen, dass sich Ihre Teammitglieder immer auf die wichtigsten Aufgaben konzentrieren.
- Wie Sie mithilfe eines »Totmann-Schalters« gewährleisten, nie zum Engpass in Ihren Marketingsystemen und -prozessen zu werden.

Das Superman-Syndrom

Viele Unternehmer leiden am Superman-Syndrom. Es gibt ein Problem? Sie haben die Lösung. Es gibt eine Frage? Sie haben die Antwort. Es gibt ein Thema, mit dem keiner richtig umgehen kann? Sie übernehmen das.

Superman zu sein, ist toll. Sie fühlen sich stark. Sie fühlen sich klug. Sie fühlen sich gebraucht. Es gibt da nur dieses eine Problem – dieses verdammte Kryptonit.

Und so sieht das Kryptonit der Unternehmer aus:

- **Niemand gibt Ihnen eine aufrichtige Rückmeldung**. Jeder sagt »Ja« zu Ihnen, weil Sie der Chef sind, und keiner teilt Ihnen mit, dass Ihre Idee dumm ist, auch wenn sie es offensichtlich ist.
- **Andauernde Fragen und Unterbrechungen**. Die Teammitglieder stellen Ihnen andauernd Fragen, bitten Sie um Information und warten auf Sie, um Entscheidungen zu treffen.
- **Sie sehen den Wald vor lauter Bäumen nicht**. Das bedeutet, dass Ihnen oft nicht klar ist, was Priorität hat, oder noch schlimmer, »alles hat Priorität«.
- **Teures Trial-and-Error-Prinzip (meistens Error)**. Sie werfen ständig irgendwelches Zeug an die Wand, und hoffen, dass etwas daran kleben bleibt.
- **Opportunitätskosten**. Sie verschwenden Zeit und Geld für Dinge, die keine Aussicht auf Erfolg haben, während Sie stattdessen bedeutende Fortschritte hätten machen können.
- **Unfähigkeit loszulassen**. Sie fahren in Urlaub, und obwohl Sie voll und ganz bei Ihrer Familie sein wollen, verbringen Sie fast die ganze Zeit am Smartphone oder Laptop und arbeiten weiter, nur von einem anderen Ort aus. Ihr Lebenspartner ist zwar verständnisvoll, aber enttäuscht.

Wenn Sie sich in den genannten Punkten irgendwo wiedererkennen, dann betreiben Sie das Unternehmerspiel wahrscheinlich noch immer im Einzelkämpfermodus. Dabei ist es völlig egal, wie viele Mitarbeiter Ihr Team aufweist. Manche Unternehmer haben ein riesiges Team, aber dieses spielt eher die Rolle eines Assistenten. Der Unternehmer wird ununterbrochen gebraucht, und viele Entscheidungen und Informationen müssen über ihn laufen, damit es vorangeht. Das gibt diesen Unternehmern im Moment ein gutes Gefühl, doch auf lange Sicht ist es ziemlich anstrengend, hält kluge Menschen im Team davon ab, eine Führungsrolle zu übernehmen, und das Firmenwachstum kommt nie über einen bestimmten Punkt hinaus.

Stärken stärken

Ich liebe es, am Meer zu wohnen. Es beruhigt mich, mir Sonnenuntergänge über dem Wasser oder vorbeifahrende Schiffe anzuschauen. Während ich dies schreibe, beobachte ich von meinem Bürofenster aus Menschen bei verschiedenen Wassersportarten. Manche sitzen in einem kleinen Fischerboot, einer düst auf einem Jetski vorbei, und ein paar Stand-up-Paddler fahren lässig herum.

Weil ich mich dem Wasser so verbunden fühle und es so liebe, gab es mir immer einen Stich, ein so schlechter Schwimmer zu sein. Ich schaffe es mit viel Gezappel und Planscherei von einem Ende meines Pools zum anderen, aber die aufgewandte Energie überwiegt mein Ergebnis bei Weitem. Man könnte auch sagen, »der Saft ist das Auspressen nicht wert«. Die Vorstellung, in einem natürlichen Gewässer mit Wellen, Strömungen und anderen Unbekannten zu schwimmen, versetzt mich in Panik.

Eines Tages also inspiriert durch einen Artikel von Tim Ferriss darüber, wie er erst spät im Leben durch die Methode »Total Immersion« (*deutsch: totales Eintauchen*) das Schwimmen erlernte, beschloss ich, diesen Drachen endlich zu besiegen.

Ein paar Online-Recherchen und Telefonate später engagierte ich einen Schwimmlehrer für die Total-Immersion-Methode. An einem Samstag einige Wochen darauf fand ich mich zusammen mit einem stark behaarten Kerl im Chlordunst eines öffentlichen Schwimmbads wieder, in einer enganliegenden Speedo-Badehose.

Er hatte eine Spur für unseren Trainingstag reserviert. Ein paar Senioren mit Badekappen glitten auf der Spur neben uns elegant durchs Wasser. Die Spur auf der anderen Seite gehörte einer Lehrerin mit einem Kurs für Kinder, die jedes Mal, wenn sie in ihre Trillerpfeife blies, losschwammen wie kleine Otter. Ihre Eltern hatten offenbar erkannt, wie klug es ist, Kindern schon früh die Kunst des Schwimmens nahezubringen, sodass sie nicht, so wie ich jetzt, mit Mitte 40 diese Demütigung erleiden mussten.

Der behaarte Kerl versicherte mir gleich zu Beginn, dass ich am Ende des Tages genauso gut oder sogar besser als sie alle zusammen schwimmen könnte. Ich erspare Ihnen die Details, aber sechs Stunden später war er mit den Nerven ziemlich am Ende, und ich hatte mindestens einen Hektoliter stark gechlortes Wasser geschluckt, das mit Sicherheit zu mindestens 20 Prozent aus Besucherurin bestand.

Geschüttelt, aber nicht gerührt, beschloss ich einige Zeit später, segeln zu lernen. Vor Jahren schon war ich Mitglied im örtlichen Segelclub geworden. Er befindet sich an einer privilegierten Stelle am nahe gelegenen Strand, und ich habe dadurch Zugang zu verschiedenen Clubeinrichtungen, wie der Lounge, der Küche oder dem Lager für Ausrüstungen. Ich gehe dort gern hin, um zu lesen, zu schreiben und mich zu entspannen, und befinde mich dadurch abseits des Lärms und Trubels, der hier im Sommer an den Stränden herrscht. Als Mitglied bekomme ich wöchentlich den Club-Newsletter, voller Segeljargon, von dem ich kein Wort verstehe, aber immer wieder bieten sie dort einen eintägigen Segelkurs für Einsteiger an.

Nachdem ich dieses Angebot schon mehrere Male gesehen hatte, beschloss ich eines Tages, daran teilzunehmen. Ich erspare Ihnen wieder die Details, aber das Ergebnis des Tages war ein gekentertes Segelboot, eine Kopfverletzung und ein Beinahe-Entzug meiner Segelclubmitgliedschaft.

Ich ging aus diesen Erfahrungen mit der Überzeugung hervor, dass ich nun mal ein auf dem Land lebendes Säugetier bin. Und auch wenn ich mich gerne am Wasser aufhalte, sollte ich mich nicht hineinbegeben.

Wenn ich jetzt viel Energie und Mühen investieren würde, um schwimmen oder segeln zu lernen, würde es mir dann gelingen, ganz gut darin zu werden? Wahrscheinlich, aber es würde eine *Menge* Zeit und Anstrengung kosten, und das potenzielle Ergebnis wird diese Kosten wohl nicht wert sein.

Ich vergleiche dies einmal mit der Zeit, als ich als Jugendlicher einen Kurs im Computerprogrammieren belegte. Im krassen Gegensatz zu meinen missglückten Versuchen im Wassersport fühlte ich mich hier wie ein Fisch im Wasser. Ich verstand die Konzepte sofort, folgte den Beispielen und erledigte die Aufgaben in einem Bruchteil der Zeit, die die anderen Schüler brauchten.

Mit harter Arbeit können Sie sich mit Gewalt zwingen, Ihre Schwächen etwas auszumerzen. Doch es interessiert niemanden, worin Sie schlecht sind. Wenn Sie sich in Bereichen anstrengen, in denen Sie bereits gut sind oder die Ihnen liegen, erreichen Sie weitaus mehr für den Aufwand an Zeit, Geld und Energie. Außerdem macht es mehr Spaß. Meist kostet es genauso viel Mühe, seine Schwächen aufzubessern, wie seine Stärken auf ein hervorragendes Niveau zu bringen.

Delegieren Sie, was Ihnen nicht liegt

In der Geschäftswelt können Sie sicher in gewissem Maß erfolgreich sein, indem Sie allein oder mit wenigen Mitarbeitern tätig sind. Wenn Sie sich wirklich reinhängen, kann es Ihnen sogar hervorragend dabei gehen. Doch Sie werden bald merken, dass Sie an eine Wachstumsschranke stoßen – wenn Sie der Burn-out nicht schon vorher erwischt.

Deshalb ist Ihr Team so wichtig. Indem Sie Aufgaben delegieren, in denen Sie nicht so gut sind, gleichen Sie Ihre Defizite aus, maximieren Ihre Stärken und spielen bald im Multiplayer-Modus, was weitaus nachhaltiger ist.

In seinem Buch *Traction* sricht Gino Wickman über die Rollen von Visionären und Integratoren. Die Visionäre sind die Träumer. Ihnen fallen immer Ideen ein, und sie sind die geborenen kreativen Problemlöser.

Die Integratoren sind großartig bei der Planung, Detailarbeit und Erledigen der täglich anstehenden Aufgaben. Sie sind der Klebstoff, der das Team zusammenhält, und sorgen dafür, dass es vorangeht.

Beide Typen sind entscheidend für den Erfolg einer Organisation. Visionäre bringen kreativen Input in das Unternehmen ein und entwickeln neue Produkte und Vorgehensweisen, während Integratoren den logischen und strukturierten Ansatz liefern, der für die Umsetzung erforderlich ist. Es kommt äußerst selten vor, dass jemand sowohl die Fähigkeiten eines Visionärs als auch die eines Integrators mitbringt.

Die meisten Unternehmer und Gründer sind eher Visionäre. Sie fallen wahrscheinlich ebenfalls in diese Kategorie, wenn Sie viele unvollendete Ideen und Projekte haben. Einen Visionär zu motivieren, sich auf die Details zu konzentrieren, ist wie der Versuch, ein eckiges Klötzchen in ein rundes Loch zu stecken. Dann nimmt man jemanden mit einer Schwäche und versucht, diese Schwäche etwas auszumerzen. Aber was Sie wirklich brauchen, ist ein Integrator.

Hier sei angemerkt, dass der Visionär und Integrator nicht immer mit bestimmten Berufsbezeichnungen in Verbindung gebracht werden können. Ein CEO oder Gründer ist nicht immer ein Visionär, und ein COO oder CMO ist nicht immer ein Integrator.

Die Probleme entstehen, wenn eine Organisation entweder zu sehr die Visionäre oder die Integratoren prägen. Sie brauchen ein Gleichgewicht von beiden.

Wenn Sie vom Typ Visionär sind, kommen Sie wahrscheinlich ständig auf kreative Marketingideen, die Sie aber nur selten umsetzen. Sie brauchen einen Integrator in Ihrem Team, der Ihre Marketinginfrastruktur verantwortet.

Die allgemein ausgerichtete Marketingagentur – eine Falle

Kürzlich telefonierte ich mit jemandem, der eine All-in-One-Marketingagentur beauftragt (und dann gefeuert) hatte, aber erst, als er bereits Hunderttausende von Dollar verbrannt und dabei viel Zeit verschwendet hatte.

Die Agentur arbeitete monatelang an einer sogenannten Markenauffrischung. Das Ergebnis war ein cooles neues Logo, eine Webseite, die als schöne Online-Broschüre diente, und einige clevere, aber potenziell verwirrende Slogans. Dann nahm sie eine Wagenladung Geld des Kunden und vernichtete es kaltblütig mit digitaler Werbung, die minderwertige Kunden anlockte. Legen wir eine Schweigeminute für dieses Geld ein. Es hatte nie eine Chance.

Ich höre regelmäßig Variationen dieser Geschichte. In der Regel läuft es folgendermaßen ab: Der Unternehmer ist damit beschäftigt, seine Firma zu führen. Diese hat erfolgreich einige Funktionen ausgelagert, die nicht zum Kerngeschäft gehören, wie IT, Lohnbuchhaltung oder Rechtsabteilung. Man denkt, es sei doch großartig, wenn man das Gleiche auch beim Marketing machen könnte, um sich darauf zu konzentrieren, Produkte oder Dienstleistungen zu liefern. Also beauftragt man eine Marketingagentur, die das Marketing übernimmt. Klingt logisch, oder? Doch diese Geschichte hat nur selten ein Happy End.

Peter Drucker sagte einmal den berühmten Satz, dass **ein Unternehmen nur zwei Funktionen hat: Marketing und Innovation**. Ich stimme von ganzem Herzen zu. Diese beiden Bereiche sind Kernfunktionen Ihres Unternehmens. Doch während viele Unternehmer in puncto Innovation Hervorragendes leisten, ist Marketing oft ihre Schwäche.

Es ist klug, Tätigkeiten auszulagern, die nicht zum Kerngeschäft gehören. So senken Sie Kosten, und Ihr Unternehmen kann sich auf die wichtigsten Umsatzträger konzentrieren. Aber bei Kerntätigkeiten wie dem Marketing ist dies in der Regel eine Katastrophe. Das Marketing auszulagern, ist so, als würde man jemanden einstellen, der den Ehepartner gut behandelt, damit die Ehe gelingt.

Wenn Sie eine Marketingagentur führen, halten Sie einen Moment inne, bevor Sie mir Ihre wütende E-Mail schicken.

Die Tage der *allgemein ausgerichteten* Marketingagentur sind vorbei. Man kann von einer einzigen Agentur nicht erwarten, Experte für jeden Marketingaspekt zu sein. Es gibt digitale Anzeigen, die sich je nach Plattform drastisch unterscheiden, verschiedene Social-Media- und Content-Plattformen, die sich ebenfalls dramatisch unterscheiden, Direktwerbung, Werbetexte, Webentwicklung, E-Mail-Marketing und vieles mehr.

Ihre allgemeine *ausgerichtete* Marketingagentur will Sie nicht enttäuschen, aber Sie haben ihr die Mission Impossible übertragen (oder sie hat sie sich dummerweise selbst geholt), und sie hat leider keinen Tom Cruise unter ihren Mitarbeitern.

Bedenken Sie außerdem Folgendes:

- Sie sind einer von Hunderten oder sogar Tausenden Kunden im Auftragsbuch der Agentur, also ist ihre Aufmerksamkeit stark aufgeteilt.
- In vielen Fällen werden die Agenturen in Kommission bezahlt oder berechnen einen Prozentsatz der Anzeigenkosten. Das heißt, je mehr Sie ausgeben, desto mehr verdienen sie. Das schafft einen falschen Anreiz.
- Wenn Sie eine Agentur beauftragen, bauen Sie deren geistiges Eigentum und Fähigkeiten auf – nicht Ihre eigenen. Wenn Sie dann die Agentur wechseln oder die Aufgaben ins eigene Unternehmen verlagern, fangen Sie sozusagen bei null an.

Kurz gesagt, Sie sollten Ihre eigenen Marketingkapazitäten entwickeln, weil dies eine *Kernfunktion* Ihres Unternehmens darstellt. Auf diese Weise nehmen Sie Ihr Schicksal selbst in die Hand und erhöhen den Wert *Ihres eigenen* Unternehmens, statt den eines anderen.

Das bedeutet aber nicht, dass Sie sich keine Hilfe vom Experten holen sollten, wenn es nötig ist. Hier kann eine *spezialisierte* Marketingagentur eine große Hilfe sein. Ich beauftrage häufig Agenturen und Freiberufler mit allen möglichen Spezialaufträgen. Ich bin dankbar für Fachspezialisten, die den ganzen Tag über mit digitalen Werbeplattformen experimentieren, die Suchmaschinenoptimierung ergründen und die Zustellbarkeit von E-Mails herausfinden. Gute spezialisierte Marketingagenturen sind nicht mit Gold aufzuwiegen.

Ich empfehle Ihnen jedoch dringend, die taktischen Routinearbeiten – wie die meisten Texte zu schreiben, Inhalte zu erstellen und Ihre Marketinginfrastruktur zu betreiben – intern durchzuführen. Sie reduzieren Ihre Kosten und reagieren schneller auf neue Chancen.

Als Unternehmer sind *Sie* verantwortlich für die Marketingstrategie. Niemand von außen wird Ihr Unternehmen so gut verstehen, wie Sie oder sich besser darum kümmern als Sie.

Wenn Sie eine Marketingagentur besitzen oder leiten, sind die schlimmste Sorte von Kunden diejenigen, die sich einfach ihrer Verantwortung entledigen, und dann Wunder von Ihnen erwarten. Die besten Kunden kommen dagegen mit einer gut durchdachten Strategie, starken Assets und einem soliden Produkt-Markt-Fit daher. Sie geben einen klaren Arbeitsumfang vor und haben vernünftige Erwartungen. Klingt das nicht besser, als zu versuchen, es allen recht zu machen, obwohl man genau weiß, dass man die Erwartungen nicht erfüllen kann?

Nicht Leute einstellen, sondern in Leute investieren

Ich kenne viele Beispiele dafür, dass ein Unternehmer mit Blut, Schweiß, Tränen und Talent eine beachtliche Firma aufgebaut hat. Er hat die richtigen Mitarbeiter eingestellt oder ausgebildet, um ein tolles Produkt oder eine großartige Dienstleistung zu liefern, aber er versucht immer noch, Marketing in seiner sogenannten, kaum vorhandenen Freizeit selbst zu betreiben.

Er hat sich schon öfter die Finger an allgemein ausgerichteten Marketingagenturen verbrannt, die viel verlangt und wenig geliefert haben. Vielleicht hat er schon eine Ausbildung gemacht oder Kurse besucht, aber ist niemals dazu gekommen, das Gelernte zu implementieren. Wenn Sie sich hier wiedererkennen, sollten Sie jemanden engagieren, der sich darauf konzentriert, Ihre Marketingprozesse einzurichten und zum Laufen zu bringen. Wenn Sie gerade ein Marketingteam aufbauen, wen sollten Sie für Ihr Marketing einstellen? Sollte es ein erfahrener Spitzenmarketer oder CMO mit Hochschulabschluss und jahrelanger Erfahrung in einem großen Unternehmen sein? Die Antwort lautet: »Eher nicht.« So jemand ist keine optimale Erstbesetzung für Ihr Marketingteam.

Ein Großteil seiner bisherigen Berufserfahrung ist für Ihr Unternehmen in der Regel irrelevant. Seine Erfahrung besteht meist aus der Leitung interner Teams und externer Anbieter, die die eigentliche Arbeit langsam und teuer erledigten. Er kann eine gute Wahl sein, wenn Sie bereits über ein großes Marketingteam und eine gute Marktpräsenz verfügen. Wenn Sie Ihre Marketinginfrastruktur jedoch noch aufbauen, müssen alle Mitglieder Ihres Marketingteams mit den Tools vertraut sein und sich voll und ganz auf die Umsetzung konzentrieren.

Ich gebe zu, manche Topmarketer haben sich aus dieser praktischen Umsetzung heraus hochgearbeitet. Es sind die reinen Manager, vor denen Sie sich in Acht nehmen müssen. Lassen Sie sich nicht von einem Stück Papier, einem hochtrabenden Titel oder Geschichten über große Kampagnen und Projekte verführen. Sie brauchen jemanden, der die Ärmel hochkrempelt und die grundlegenden Aufgaben ausführt, die, wie Sie wissen, erledigt werden müssen.

Das größte Problem für jemanden, der aus einem großen Unternehmen kommt, ist jedoch, dass er wahrscheinlich aus Gewohnheit »sicheres«, institutionelles Marketing betreibt. Marketing, das keine Meinung hat und niemanden beleidigt oder ausgrenzt. Er ist es gewohnt, unauffälliges Material zu produzieren, das von verschiedenen Ausschüssen und Interessenvertretern zensiert und geglättet wurde. Unkonventionelle Ideen erscheinen ihnen oft unqualifiziert, sie wollen lieber auf Nummer sicher gehen, »professionell« und unauffällig sein.

Ich hingegen empfehle, mit einem Marketingkoordinator zu beginnen. Das ist jemand, der sich auf die praktische Durchführung konzentriert.

Egal ob Sie Ihr allererstes Marketingteam aufbauen oder ein bestehendes Team ergänzen wollen, ich empfehle Ihnen, Teammitglieder aufgrund ihrer Einstellung zu engagieren, nicht unbedingt aufgrund ihrer Erfahrung. Technische Fähigkeiten können sie erlernen, doch die Einstellung im Allgemeinen nicht. Oder anders gesagt: **nicht Leute einstellen, sondern in Leute investieren**. Es zahlt sich enorm aus, in Leute zu investieren.

Ein wichtiger Gedanke beim Lean Manufacturing ist, kleinere Maschinen mit allgemeiner gehaltenen Funktionen einzusetzen, anstatt großer, teurer, spezialisierter Maschinen. Ebenso konzentriert man sich beim Lean Marketing auf Taktiken, die man mit seinem eigenen Team aus Normalsterblichen implementieren kann. Sie brauchen keine Gurus, Genies oder Leute mit einzigartigen, spezialisierten Fähigkeiten.

Laden Sie meinen umfassenden Leitfaden zur Einstellung eines Marketingkoordinators herunter, einschließlich Musterstellenbeschreibungen und -anzeigen aus dem Lean-Marketing-Hub. Besuchen Sie LeanMarketing.com

Machen Sie den gesunden Menschenverstand zur gängigen Praxis

Für keine Aufgabe Ihres Marketingkoordinators sind außergewöhnliche Talente oder hochspezialisierte Fähigkeiten erforderlich. Er wird Ihnen lediglich dabei helfen, den gesunden Menschenverstand zu einer gängigen Praxis in Ihrem Unternehmen zu machen. Seine wichtigsten Fähigkeiten bestehen darin, zu schreiben, sowie technisches Verständnis und Führungskompetenz mitzubringen.

Wie in Kapitel 5 erläutert, ist es in fast jedem Marketingbereich nötig, Texte zu schreiben, also ist diese Fähigkeit wichtig. Der Betreffende muss ja kein Hemingway, aber schon in der Lage sein, klar und effektiv zu schreiben. Vergewissern Sie sich, dass der von Ihnen eingestellte Texter ein Muttersprachler in der Region Ihres Zielmarktes ist, damit seine Texte der Muttersprache oder dem Dialekt Ihrer Zielgruppe entsprechen.

Liegt Ihr Zielmarkt beispielsweise in Großbritannien, empfehle ich Ihnen, einen Marketingkoordinator einzustellen, der dort ansässig ist oder war. Obwohl in vielen Teilen der Welt Englisch gesprochen wird, gibt es einen lokalen Slang, einen Jargon und Nuancen, die nur Einheimische gut verstehen. Und wenn ein Ausländer versucht, sich als Einheimischer auszugeben, merkt man das sofort.

Er muss auch nicht unbedingt ein technisches Genie sein. Er sollte nur mit technologischen Werkzeugen und Software vertraut sein, denn für viele seiner täglichen, wöchentlichen und monatlichen Marketingaufgaben kommen diese Werkzeuge zum Einsatz. Technophobiker werden in dieser Rolle nicht gut zurechtkommen.

Und zum Schluss achten Sie noch auf das Führungspotenzial, denn Sie werden wahrscheinlich zusätzliche Mitarbeiter brauchen, wenn Ihr Marketingsystem wächst. Es ist effektiver und motivierender, bestehende Teammitglieder weiterzuentwickeln und mit Führungsrollen zu betrauen, als ihnen Fremde vor die Nase zu setzen. Dies hat drei große Vorteile. Erstens haben die Mitarbeiter das Gefühl, beruflich weiterzukommen, was ein wichtiger Motivationsfaktor ist. Zweitens können sie bei der Einstellung künftiger Mitglieder des Marketingteams mitwirken oder damit beauftragt werden, was Ihnen wiederum viel Zeit erspart. Und schließlich fühlen sie sich durch ihre wichtige Rolle bei der Einstellung neuer Kollegen stärker für diese mitverantwortlich, als wenn Sie ihnen einfach neue Leute vorsetzen.

Ich bin ein überzeugter Fan von Telearbeit. Für mich arbeiten Teammitglieder überall auf der Welt, in den Vereinigten Staaten, Kanada, Australien, auf den Philippinen, in Südafrika, Kolumbien und Deutschland. Die Telearbeit eröffnet einem eine riesige Auswahl an Talenten, auch wenn man nur ein regionales Unternehmen führt. Die beste Person für einen Job ist nicht unbedingt unter Ihrer Postleitzahl zu finden.

Telearbeit bietet allen ein Arbeitsumfeld mit hoher Lebensqualität. Meine Teammitglieder ersparen sich das anstrengende Pendeln, können für ihre Kinder da sein und reisen, ohne Urlaub oder eine Auszeit zu beantragen. Sie können sich frei bewegen und sind nicht eingesperrt. Viele Arbeitgeber befürchten, dass solche Freiheiten zu geringer Produktivität führen, aber glauben Sie mir, es gibt viele Möglichkeiten, sich in einem Büro vor der Arbeit zu drücken. Sie können dieses Risiko reduzieren, indem Sie A-Player einstellen und die Produktivitätskennzahlen überwachen. Wie das geht, erkläre ich im Folgenden.

Arbeiten Sie nur mit A-Playern zusammen

Manche meiner Kunden und Freunde bezeichnen ihr Team als Familie. Das erscheint zunächst nett, aber es birgt eine große Schwäche. Hier ist ein Auszug aus einem Memo, das Netflix an seine Mitarbeiter geschickt hat:

> Unser Vorbild ist eine Profisportmannschaft, keine Familie. In einer Familie geht es um bedingungslose Liebe. In einem Dream-Team geht es darum, dass man sich anstrengt, um der bestmögliche Kollege zu sein, dass einem das eigene Team sehr wichtig ist, und dass man weiß, man bleibt vielleicht nicht ewig im Team. In Dream-Teams geht es um Leistung, nicht um Dienstalter oder Betriebszugehörigkeit.

Ich habe Freunde und Familienmitglieder, die ich aufrichtig liebe, aber nie einstellen würde. Ich würde ihnen auf jede erdenkliche Weise helfen, wenn ich kann, aber das gehört zu meinem Privatleben. Mein

Geschäft muss laufen wie ein Sportteam, mit Spielern, die aufgrund ihrer Leistungen dort sind.

Am Anfang meines Unternehmens stellte ich Leute ein, die »okay« waren. Sie waren zwar nicht furchtbar schlecht, aber supergut waren sie auch nicht. Sie brachten die Fähigkeiten für ihren Job mit, aber ihnen fehlten Antrieb, Motivation und Verantwortungsbewusstsein. Sie waren B- und C-Player und deshalb fiel vieles auf mich zurück.

Ich sah meine Aufgabe als Unternehmensleiter darin, sie zu inspirieren und zu motivieren. Die Ergebnisse waren bestenfalls flüchtiger Natur, und es gelang mir nie, B- oder C-Player in A-Player zu verwandeln. Das war kostspielig und frustrierend. Oft fühlte ich mich, als würde ich eine Tagesstätte für Erwachsene leiten.

Heute akzeptiere ich niemanden mehr im Team, der kein A-Player ist, aus zwei Gründen. Erstens, A-Player lohnen sich. Man bezahlt ihnen mehr, aber sie produzieren viel mehr, als sie einen kosten. Zweitens, wenn Sie B- und C-Player im Team haben, bremsen sie es, demotivieren es und ziehen Ihre A-Player mit herunter.

Es fühlt sich nicht gut an, die B- und C-Player zu kündigen, vor allem, wenn sie nichts Größeres falsch gemacht haben und nette Menschen sind, aber man muss es tun. Ihre Organisation wird immer nur so gut sein wie Ihre schwächsten Teammitglieder. Sie bekommen den Standard, den Sie tolerieren.

Echte A-Player suchen sich fast immer Jobs und Möglichkeiten, für die sie derzeit nicht qualifiziert sind, von denen sie aber wissen, dass sie sich einarbeiten können. Die Bezahlung ist für sie zwar wichtig, aber ebenso viel bedeuten ihnen die Herausforderung der Aufgabe und die Lernmöglichkeiten. Wenn Sie feststellen, dass Sie manche Mitarbeiter in Ihrem Team ständig motivieren müssen, sind es keine A-Player. A-Player brauchen Sie nicht anzuspornen; sie sehnen sich selber nach Erfolg. Bei ihnen sind die »Batterien bei der Lieferung enthalten«.

Das eingesparte Geld, wenn Sie B- oder C-Player einstellen, werden Sie um ein Vielfaches ausgeben müssen, indem Sie sie kontrollieren, mikromanagen und motivieren. Es ist ein schlechtes Geschäft für Sie und alle anderen in Ihrem Team.

Seien Sie ein Magnet, kein Gefängniswärter

Ein Unternehmen ist ein wunderbarer Ort, um die Welt positiv zu beeinflussen. Sie beginnen damit, dass Sie Ihr eigenes Leben verbessern. Dann erweitert sich der Krater Ihres Einflussbereichs und erfasst Ihre Familie, Ihre Heimatgemeinde und Ihre Kunden. Eine wichtige Gruppe, die Sie ebenfalls positiv beeinflussen wollen, ist Ihr Team.

Ich habe schon erwähnt, dass Sie Ihre Mitarbeiter aufgrund ihrer Einstellung auswählen und in sie investieren sollten, indem Sie ihnen alle zusätzlich notwendigen Fähigkeiten für ihre erfolgreiche Tätigkeit vermitteln. Ein häufiger Einwand dagegen lautet: »Was ist, wenn ich so viel Zeit und Geld in die Ausbildung der Mitarbeiter investiere, und sie dann gehen?« Die Antwort auf diesen Einwand lautet: »Was ist, wenn Sie sie nicht ausbilden, und sie bleiben? Wie teuer ist das für Ihr Unternehmen?«

Wir waren alle schon einmal Kunden bei Firmen mit unfähigen Mitarbeitern. Für den Kunden ist das frustrierend, aber für den Unternehmer ist es eine Katastrophe. Es senkt die Zufriedenheit und führt zu hohen Abwanderungsquoten und viel Stress bei allen Beteiligten.

Kompetente, gut ausgebildete Teammitglieder gehören für eine gute Geschäftsführung zwar einfach dazu, aber für mich geht es noch weiter. Ich möchte nicht nur einen positiven Einfluss auf meine Kunden ausüben, sondern auch auf die Menschen, die mir helfen, meine unternehmerischen Träume in die Realität umzusetzen. Ich möchte, dass sie mehr mitnehmen als nur einen Gehaltsscheck. Ich möchte, dass ihr Leben besser wird, weil sie mit meinem Unternehmen in Verbindung stehen. Ich möchte, dass sie hier Fähigkeiten erwerben und Erfahrungen machen, die sie für den Rest ihres Lebens prägen werden.

Wenn Sie ein solches Arbeitsumfeld schaffen – eines, in dem Ihr Team permanent dazulernt und sich Herausforderungen stellen muss – dann werden Ihre Mitarbeiter Großartiges für Sie leisten, und sie wollen dann auch nicht abwandern. Sie haben wahrscheinlich schon langweilige Arbeitsstellen und mikromanagende »Bossholes« erlebt. Wenn Sie das Gegenteil davon bieten, wollen Ihre Teammitglieder langfristig daran teilhaben.

Und wenn der Tag kommt, an dem sie eine bessere Möglichkeit finden oder ihr eigenes Unternehmen starten wollen, seien Sie großzügig. Helfen Sie ihnen dabei, und versuchen Sie nicht, sie daran zu hindern oder sie zurückzuhalten. Es gibt nichts Befriedigenderes, als in der Erfolgsstory von jemand anderem erwähnt zu werden.

Wenn Sie sich so verhalten, werden Sie wie ein Magnet für andere fleißige, ehrgeizige und motivierte Menschen sein. Zum Gefängniswärter müssen Sie nur dann werden, wenn Ihr Team nicht bei Ihnen und in Ihrem Unternehmen sein will, und das wollen wir nicht hoffen. Wenn dies jedoch der Fall ist, sollten Sie dringend Ihre Personalstrategie überdenken. Der Fisch stinkt immer vom Kopf her.

Die eine Aufgabe

Die Objectives and Key Results (OKR)-Methode zur Mitarbeiterentwicklung ist in vielen Unternehmen gerade angesagt, um die Effektivität von Mitarbeitern zu messen und Leistungsbeurteilungen durchzuführen.

Als ich zum ersten Mal von OKR hörte, war ich begeistert. Es versprach, die altmodischen Methoden der Leistungsbeurteilung und Zielsetzung überwinden zu können. Als ich erfuhr, wie das Konzept entstanden war, schlichen sich erste Zweifel bei mir ein. Meine Begeisterung wandelte sich in Überdruss, als ich zusammen mit einem Führungsteam in einem ganztägigen OKR-Workshop saß. Diesen Tag bekomme ich nie mehr zurück.

Ich war bereit, OKR zu lieben, aber so wie der Kommunismus funktioniert es in der Theorie einwandfrei, scheitert aber in der Praxis. Die Bürokratie, die eine Produktivität bewirken soll, erdrückt sie irgendwann, und das lockt teure Berater und Personalmanager an, die Ihnen dann den Rest ihres Lebens auf der Tasche liegen.

Es gibt einen weitaus einfacheren Weg ohne unzählige Sitzungen und Unterlagen. Er stammt von dem milliardenschweren Risikokapitalgeber Peter Thiel. Als er PayPal führte, bestand er darauf, dass jeder Mitarbeiter nur einen einzigen Schwerpunkt hatte, und er bewertete ihn nur aufgrund dieser einen Sache. Nicht fünf Prioritäten oder zehn Schwerpunkte. Nur einen. Er weigerte sich, mit diesem Mitarbeiter über irgendetwas anderes zu sprechen.

Der wichtigste Vorteil bei diesem Ansatz besteht darin, dass er jeden zwingt, sich auf die wichtigsten Themen der Organisation zu konzentrieren. Ohne diesen Ansatz neigen die Mitarbeiter dazu, sich auf einfachere und weniger wertvolle Erfolge zu konzentrieren. Die wichtigsten Prioritäten sind in der Regel die schwierigsten, und oft gibt es dafür auch keine einfachen, klaren Lösungen. Wenn Sie Mitarbeitern jeweils drei Prioritäten vorgeben, werden sich die meisten auf die weniger wertvollen Aufgaben verlagern, bei denen der Weg zum Erfolg einfacher ist.

Es gibt zwei wesentliche Einwände gegen diesen Messansatz: erstens die Notwendigkeit, an mehreren verschiedenen Dingen gleichzeitig zu arbeiten, und zweitens, dass er unbeabsichtigte Folgen verursachen kann.

Es stimmt, dass die meisten Teammitglieder mehrere Aufgaben ausführen, aber in der Regel gibt es eine herausragende Tätigkeit, und wenn der Mitarbeiter diese meistert, macht sie die anderen Prioritäten überflüssig. Oftmals ist diese eine Aufgabe das Ergebnis der Summe der anderen Aufgaben. Wenn die Haupttätigkeit eines Mitarbeiters zum Beispiel in der Anzahl der qualifizierten Leads besteht, die ein Gespräch mit dem Vertriebsteam buchen, dann kann es nötig sein, andere Dinge zu tun, um dieses Ziel zu erreichen, wie die Website zu verbessern oder die Anzeigentexte zu ergänzen oder Ähnliches.

Unbeabsichtigte Folgen tauchen immer wieder auf. Während der britischen Herrschaft in Indien war die britische Regierung besorgt über die hohe Anzahl der giftigen Kobras in Delhi. Um dagegen vorzugehen, setzte sie ein Kopfgeld für jede tote Kobra aus. Anfänglich war dies erfolgreich – eine große Anzahl von Schlangen wurde gegen die Belohnung getötet. Sie können sich denken, was dann geschah. Die Menschen begannen, Kobras zu züchten, um das Kopfgeld zu kassieren, was das Problem noch verschlimmerte.

Schlecht durchdachte Kennzahlen führen zu unbeabsichtigten Folgen und falschen Anreizen. Ihre gewählte Kennzahl sollte leicht zu messen und schwer zu manipulieren sein. Da sie anfangs nicht perfekt sein wird, sollten Sie den Kurs regelmäßig überwachen, kalibrieren und korrigieren, während Sie immer mehr und bessere Informationen erhalten.

Zu viele Dinge gleichzeitig zu messen, ist erdrückend und zeitraubend. Ich liebe die Einfachheit und Konzentration, die sich aus der Kennzahl zu nur einer Sache ergibt. Sie stellt sicher, dass die Leistungsbeurteilungen in Ihrem Team zielgerichtet sind, Spaß machen und frei von der üblichen Bürokratie sind. Sie können dabei echte Gespräche über die Leistung und Rolle der Mitarbeiter führen.

Was, wann, wer

Cron ist ein automatisches Zeitplanungs-Tool, das in Computersystemen verwendet wird, um Aufgaben in bestimmten Intervallen oder zu bestimmten Zeiten auszuführen. Der Name *Cron* stammt vom griechischen Wort für Zeit, *Chronos*, und spiegelt seine Funktion als zeitlich orientierter Prozessplaner wider. Cron lässt sich wiederholende systembedingte Aufgaben ablaufen, wie tägliche Back-ups, wöchentliche Software-Updates oder stündliche Datensynchronisierung. Um in Cron eine Aufgabe einzurichten, erstellt man einen »Cron-Job«, eine einfache einzeilige Anweisung, die dem Computer mitteilt, welchen Prozess er wann durchführen muss.

Weil effektives Marketing ein Prozess ist, keine Einzelmaßnahme, stelle ich es mir in ähnlichen Begriffen vor. Welche wiederkehrenden Aufgaben machen Ihr Marketingsystem aus? Wann werden diese Aufgaben erledigt? Welche finden täglich, welche wöchentlich und welche monatlich oder vierteljährlich statt? Zusätzlich zu diesen sollten Sie noch einmalige, Eventbedingte Tätigkeiten berücksichtigen.

Und schließlich, wer ist für welche Aufgabe verantwortlich? Manche Prozesse laufen automatisiert ab, andere übernimmt das Team, wieder andere sind eine Kombination aus beidem.

Eine einfache Möglichkeit, sich sein gesamtes Marketingsystem vor Augen zu führen, ist eine Tabelle mit drei Spalten – was, wann und wer.

Hier ist ein Beispiel, wie so etwas aussehen kann:

Was	Wann	Wer
Auf Kommentare in allen sozialen Medien antworten	täglich	Angela
Einen E-Mail-Newsletter schreiben und versenden	wöchentlich, immer montags und donnerstags	Jim
Einen handgeschriebenen Dankesbrief schreiben und versenden	wenn ein Kunde etwas empfiehlt	Pam
Eine E-Mail senden und den Kunden bitten, eine Bewertung zu schreiben	eine Stunde nach Ende des Termins	Dwight
Ein Webinar für potenzielle und aktuelle Kunden durchführen	monatlich	Michael

Diese Tabelle mit den Angaben »was, wann, wer« gewährt Ihnen einen guten Überblick über Ihr Marketingsystem und die damit verbundenen Prozesse. Ihre dokumentierten standardisierten Arbeitsabläufe (SOPs), wie in Kapitel 10 besprochen, liefern mehr Details darüber, wie jede einzelne Aufgabe ausgeführt wird. Ihr CRM-System spielt ebenfalls eine wichtige Rolle, indem es viele dieser Prozesse auslöst, durchführt oder unterstützt.

Die Spalte »wer« steht für denjenigen, der für die Aufgabe verantwortlich ist. Auch wenn mehrere Personen an einer Aufgabe beteiligt sind: Wer ist letztlich dafür verantwortlich? Dies gilt auch dann, wenn eine Aufgabe automatisiert abläuft. Zum Beispiel kann das CRM-System wahrscheinlich vollautomatisch E-Mails an Kunden mit der Bitte um eine Bewertung versenden. Aber auch bei automatisierten Systemen kann es zu Fehlfunktionen oder Änderungen kommen, die ein unerwartetes Verhalten auslösen. Letztendlich muss für jeden Prozess jemand verantwortlich sein.

Diese Prozesse und ihre Durchführung sollten mit der Leistungskennzahl jedes Mitarbeiters verknüpft sein.

Wenn Sie Ihr Marketing als Prozess verstehen und nicht als Einzelmaßnahme, wirkt sich dies enorm aus. Es wird Ihnen mit der Zeit Zinseszins einbringen. Während Ihr Unternehmen wächst, fügen Sie Ihrem Marketingsystem immer mehr Prozesse bei. Das schafft eine Spirale nach oben, die in immer schnellerem Tempo Zinseszins liefert.

Der Totmann-Schalter

Ein Totmann-Schalter ist eine Einrichtung, die ausgelöst wird, wenn der betreffende Mensch nicht reagiert. Er kann bei einem Zug die Bremsen auslösen, wenn der Zugführer außer Gefecht gesetzt ist oder scheint. Ein extremes Beispiel war das System »Tote Hand«, ein Atomwaffenführungssystem der Sowjetunion und Russlands aus dem Kalten Krieg, das Nuklearraketen startet, falls die gesamte Führung des Landes getötet wird.

Zum größten Engpass in Bezug auf Ihren Marketingerfolg können Sie selbst werden. Ich habe das unzählige Male erlebt und ich war auch schon einmal ein solcher Engpass für mein Team. Ein Projekt oder eine Aufgabe wird blockiert, weil ich sie noch prüfen muss.

Je nachdem, wie stark ein Unternehmer mikromanagt, kann dieser Engpass etwas so Kleines wie einen Post in den sozialen Medien blockieren, aber auch so weit gehen, dass er ein wichtiges und einkommensträchtiges Geschäft verhindert.

Das Marketingäquivalent des Totmann-Schalters bietet eine ausgezeichnete Lösung für dieses Problem.

Wie allgemein üblich, besteht auch einer meiner Marketingsystemprozesse darin, regelmäßig Inhalte auf unserer Webseite, in unserer E-Mail-Liste und auf anderen Medienkanälen zu veröffentlichen. Mein Team erledigt den größten Teil dieser Arbeit. Ich übernehme die Überprüfung, die Endbearbeitung und die Freigabe zur Veröffentlichung.

Wenn ich früher auf Reisen oder mit einem dringenden Projekt beschäftigt war und nicht rechtzeitig reagieren konnte, kamen unsere Marketingaktivitäten praktisch zum Erliegen. Wir haben das Problem gelöst, indem wir einen Totmann-Schalter eingerichtet haben.

Jetzt werden neue Inhalte in meine Warteschlange gestellt und warten darauf, dass ich sie checke. Reagiere ich nach 48 Stunden nicht darauf, werden sie automatisch veröffentlicht. Dieser Grundsatz der Standardveröffentlichung verhindert, dass Abweichungen in meinem Zeitplan die Arbeit meines Teams beeinträchtigen. In den meisten Fällen kann ich die Inhalte überprüfen, bevor sie rausgehen, und schaffe es auch, aber in keinem Fall werde ich zum Engpass für das Team.

Würde das Team schlechte Arbeit abliefern, wäre dieses System nicht machbar. Unser System funktioniert dank unserer detaillierten standardisierten Arbeitsabläufe, Style-Guides und Teamtrainings.

Kapitel 11 – Aktionspunkte

- Verdoppeln Sie Ihre Stärken und delegieren Sie Ihre Schwächen.
- Finden Sie für jeden einzelnen Mitarbeiter dessen »eine Aufgabe«. Überprüfen und aktualisieren Sie diese, wenn nötig.
- Suchen Sie nach Aufgaben und Prozessen, in denen Sie der Engpass sind, und implementieren Sie einen »Totmann-Schalter«.

12

E-Mail-Marketing

KAPITEL 12 – VORSCHAU

E-Mail-Marketing ist ein wirkungsvolles Medium, das sich schon seit Langem bewährt hat. Wenn Sie es beherrschen, verbinden Sie sich direkt mit Ihrem Publikum und halten es so lange bei der Stange, bis es zu kaufen bereit ist.

Die Kernpunkte in diesem Kapitel sind:

- Warum die E-Mail auf absehbare Zeit ein rentables Medium bleiben wird.
- Wie Sie es schaffen, dass Ihre Marketing-E-Mails zugestellt, geöffnet, gelesen und in Aktion umgesetzt werden.
- Wie oft Sie Ihren Abonnenten E-Mails schicken sollten.
- Wirkungsvolle automatisierte Prozesse, die Ihre E-Mail-Abonnenten bei der Stange halten.
- Wie Sie es vermeiden, als Spammer gesehen zu werden – oder wirklich einer zu werden.
- Wie Sie ein Produkt oder eine Dienstleistung mittels einer »Seifenopernsequenz« einführen.
- Wie Sie mithilfe Ihrer Kundenpflege-E-Mails verkaufen, ohne allzu aufdringlich oder lästig zu wirken.

Die Berichte über das Ende der E-Mail sind stark übertrieben

Alle paar Monate liest man wieder einen dieser dümmlichen Artikel, die verkünden, dass »die E-Mail tot« sei, oder dass kein Mensch mehr E-Mails öffnet. Wenn man aber die Menschen fragt, was sie am meisten Zeit kostet, stehen E-Mails fast immer ganz oben auf der Liste.

Über Jahrzehnte hinweg hat die E-Mail den Missbrauch durch Spammer überlebt und wichtige technologische Updates überstanden. Sie hat den Aufstieg und Fall vieler Plattformen überlebt, die sie ersetzen sollten. Sicherlich haben die Datenschutz- und Spamschutz-Updates der einzelnen Plattformen von Google, Microsoft und Apple zusätzliche Herausforderungen für Marketer geschaffen, aber die E-Mail ist nach wie vor ein zuverlässiges Arbeitspferd im Marketing.

Die Gründe, warum die E-Mail immer besser wird, werden nur selten erwähnt. Zum Beispiel hat sich ein Großteil der internen Unternehmenskommunikation von E-Mail auf interne Nachrichtenplattformen wie Slack und Microsoft Teams verlagert. Das bedeutet, dass die meisten E-Mails jetzt eher von der Außenwelt anstatt aus dem internen Netzwerk mit endlosen CC-Ketten von Kollegen stammen. Außerdem sind die Spamfilter heute besser als je zuvor. Technologien wie SPF, DKIM und DMARC (auf die ich gleich eingehen werde) haben es Spammern schwerer und legitimen E-Mails leichter gemacht, durchzukommen.

Die Theorie des Lindy-Effekts besagt, dass etwas Unvergängliches umso länger existiert, je länger es fortbesteht. Das gilt für Technologien, Gesetze, Ideen und so weiter. Wenn zum Beispiel ein Buch seit 40 Jahren gedruckt wird, kann man davon ausgehen, dass es noch weitere 40 Jahre lang gedruckt wird. Die E-Mail ist 50 Jahre alt, also sollte sie noch mindestens weitere 50 Jahre Bestand haben. Welches Kommunikationsmittel würden Sie sonst verwenden, wenn Sie jemanden auf elektronischem Weg kontaktieren wollten, aber nicht wüssten, auf welchen Plattformen er ist? Jeder hat eine E-Mail-Adresse und checkt diese wahrscheinlich mehrmals am Tag.

E-Mail-Marketing ist mit Sicherheit wirkungsvoll, aber Sie werden dabei auf vier Herausforderungen treffen: Ihre E-Mails sollen zugestellt, geöffnet, gelesen und schließlich in Aktion umgesetzt werden. Sehen wir uns jede davon näher an und erfahren ein paar bewährte Methoden, um Ihre Erfolgschancen zu erhöhen.

Wie Sie erreichen, dass Ihre E-Mails zugestellt werden

Die Zustellbarkeit Ihrer E-Mails bestimmen drei Faktoren: technische Konfiguration, Absenderreputation und E-Mail-Inhalte.

Die technische Konfiguration ist so ähnlich, als würde man einen Briefumschlag ordnungsgemäß verschließen, ihn mit der Adresse versehen und eine Briefmarke aufkleben, damit die Post den Umschlag an den Empfänger zustellt. Im Lauf der Jahre sind verschiedene Technologien aufgekommen, um die Zustellbarkeit legitimer E-Mails zu verbessern und Missbrauch und Spam einzudämmen. Dazu gehören:

- **SPF (Sender Policy Framework)**: stellt sicher, dass eine E-Mail aus einer vertrauenswürdigen Quelle stammt, indem es eine Liste von zugelassenen E-Mail-Servern für Ihre Domain überprüft.
- **DKIM (DomainKeys Identified Mail):** fügt E-Mails eine digitale Signatur hinzu, um die Integrität und Authentizität zu checken und sicherzustellen, dass die E-Mail unverändert ist und von einer rechtmäßigen Quelle stammt.
- **DMARC (Domain-based Message Authentication, Reporting and Conformance):** basiert auf SPF und DKIM. Es ermöglicht Domain-Besitzern, Richtlinien festzulegen, was mit nicht authentifizierten E-Mails geschehen soll, und bietet Berichtsfunktionen zur Überwachung des E-Mail-Verkehrs.

Sie brauchen kein Technikfreak zu sein, um diese Technologien zu verwenden. Bei den meisten CRM-Systemen sind sie sowieso integriert. Doch Sie werden wahrscheinlich Hilfe von Ihrem Techniker oder Ihrer IT-Abteilung benötigen, um sie alle zu installieren und auf Ihrer Domain zu konfigurieren. Ihr Ruf als E-Mail-Absender spielt eine wichtige Rolle dabei, wie die E-Mail-Serviceprovider mit Ihren E-Mails umgehen. Ihren Ruf beeinflussen Faktoren wie:

- **Nutzerfeedback**: Die E-Mail-Dienste überwachen Spam-Meldungen von Nutzern, um ihre Spam-Filter immer weiter zu verbessern.
- **Häufigkeit und Umfang**: Wenn der Absender eine ungewöhnlich hohe Anzahl von E-Mails innerhalb kurzer Zeit versendet, kann das ein Zeichen für Spamming sein.
- **Leserinteraktion**: E-Mail-Dienste verfolgen die Interaktionen der Empfänger, z. B. Öffnungs-, Klick- und Antwortraten. E-Mails mit geringer Interaktion können als Spam oder Werbeinhalt gelten.

Wenn Sie einen schlechten Ruf haben, können Ihre E-Mails als Spam markiert oder blockiert werden.

Zusätzlich zur technischen Konfiguration und der Reputation wird auch der Inhalt Ihrer E-Mails analysiert. Die meisten E-Mail-Systeme scannen den Inhalt von E-Mails, um festzustellen, ob sie Spam, Werbung oder wichtige Nachrichten sind, die an die Empfängerbox weitergeleitet werden sollten. Sie prüfen dabei unter anderem:

- **Sprachliche Analyse**: E-Mail-Dienste analysieren die Betreffzeile, den Text und die Anhänge einer E-Mail, um Spam verdächtige Schlüsselwörter, Phrasen oder Muster zu erkennen, die häufig in Spam- oder Werbe-E-Mails vorkommen.
- **Links und URLs**: Zu viele Links in einer E-Mail können ein Warnsignal sein. Auch URL-Verkürzer und Verschleierungstechniken können Verdacht erregen.
- **Anhänge**: E-Mails mit zahlreichen und/oder umfangreichen Anhängen, ungewöhnliche Dateitypen oder Anhänge mit verdächtigen Namen bekommen wahrscheinlich das rote Fähnchen.

- **Integrierte Bilder**: Übermäßig große oder kleine Bilder oder Bilder mit verstecktem Text zu verwenden, kann als Spam-Indikator betrachtet werden.
- **Keyword-Stuffing**: Bestimmte Schlüsselwörter zu nutzen, insbesondere solche, die sich auf Verkäufe, Werbeaktionen oder Betrug beziehen, kann ein Zeichen für Spam oder Werbeinhalte sein.
- **Personalisierung des Inhalts**: E-Mails mit nicht personalisiertem oder allgemeinem Inhalt werden eher als Spam oder Werbung angesehen, während personalisierte, auf den Empfänger zugeschnittene Inhalte eher als legitim gelten.

Ich empfehle Ihnen dringend, Ihre E-Mail-Einstellungen und -Inhalte zu überprüfen, wenn Sie gerade mit E-Mail-Marketing beginnen. Es gibt kostenlose oder günstige Tools, um dies einfach zu checken, damit Sie Ihren Ruf nicht schädigen.

Wie Sie erreichen, dass Ihre E-Mails geöffnet werden

Jeden Tag checken Sie Ihren E-Mail-Eingang und entscheiden, welche E-Mails Sie zuerst öffnen, welche später und welche Sie sofort löschen.

Sie entscheiden dies größtenteils aufgrund des Absendernamens und der Betreffzeile.

Je nach genutztem E-Mail-Programm erscheint auch ein Symbol oder ein Avatar des Absenders und eine Vorschau der ersten Zeile der E-Mail (der sogenannte Preheader). In manchen E-Mail-Anwendungen taucht sogar die vollständige E-Mail-Adresse auf.

Ihr Publikum entscheidet ebenfalls im Bruchteil einer Sekunde über Ihre E-Mails. Um Ihre Öffnungsrate zu maximieren, sollten Sie daher idealerweise alle der folgenden fünf Faktoren optimieren:

1. **Absendername**: Wenn Sie einen erkennbaren Namen verwenden, weckt dies Vertrauen und erhöht die Chancen, dass die E-Mail geöffnet wird.

2. **Betreffzeile**: Eine interessante, personalisierte und relevante Betreffzeile macht den Empfänger aufmerksam, sodass er die E-Mail eher öffnen wird.
3. **Avatar**: Ein E-Mail-Avatar, auch als Absendersymbol oder Profilbild bezeichnet, ist ein kleines Bild, das neben dem Namen des Absenders angezeigt wird. Auch dies kann die Wahrscheinlichkeit erhöhen, dass eine E-Mail geöffnet wird.
4. **Preheader**: eine kurze Zusammenfassung des E-Mail-Inhalts oder die erste bzw. die ersten beiden Zeilen davon. Ein gut gemachter Preheader liefert zusätzlichen Kontext und kann den Empfänger bewegen, die E-Mail zu öffnen.
5. **Absender-E-Mail-Adresse**: Eine professionelle, erkennbare und vertrauenswürdige Absender-E-Mail-Adresse kann den Empfänger veranlassen, die E-Mail zu öffnen. Der Teil der E-Mail-Adresse vor dem »@«-Symbol ist der Nutzername. Für Ihr E-Mail-Marketing empfehle ich dringend, abteilungsabhängige Benutzernamen in Ihren E-Mail-Adressen zu vermeiden, wie z. B. info@…, sales@…, marketing@… und so weiter. Am schlimmsten ist noreply@, denn es kommt, wie Sie gleich sehen werden, einer verpassten guten Gelegenheit gleich.

Ein weiterer zu beachtender Faktor ist das Timing. Die Sendezeit einer E-Mail kann sich auf die Öffnungsrate auswirken. Wenn Sie zum Beispiel am Freitag um 21 Uhr eine E-Mail versenden, in der Sie die Mitarbeiter zur Teilnahme an einem Webinar einladen, wird sie vielleicht bis Montag früh nicht gesehen. Dann ist sie aber bereits unter einem Berg weiterer E-Mails begraben, die im Stapelverfahren bearbeitet werden. Wenn Sie Ihre Einladung hingegen am Montagmorgen um 11 Uhr verschicken, wenn die Leute weitaus eher am Schreibtisch sitzen, könnten sie die E-Mail-Eingangsbenachrichtigung sehen und sofort antworten. Die optimalen Versendezeiten für Ihr spezifisches Publikum zu testen, hilft Ihnen, die Öffnungsraten zu verbessern.

Wie Sie erreichen, dass Ihre E-Mails gelesen werden

Ihre E-Mails sind nun also hoffentlich im Posteingang Ihrer potenziellen Kunden gelandet und wurden geöffnet. Ihre nächste Herausforderung ist, dass Ihre E-Mail gelesen wird. Zusätzlich zu den zehn Textergeboten aus Kapitel 5 folgen hier ein paar Richtlinien für E-Mails.

Betrachten Sie Ihre E-Mail zunächst einmal im Kontext mit all den anderen E-Mails, die im Posteingang Ihres Empfängers landen. Das heißt nicht unbedingt, dass Ihre E-Mails kurz sein sollten. Wie in Textergebot 1 gesagt, sie kann so lang sein wie nötig, solange sie dabei spannend bleibt.

Ich empfehle meist nur einen Punkt oder ein Thema pro E-Mail. Ein häufiger Fehler besteht darin, zu versuchen, zu viel in eine einzige Mail zu packen. Wenn Ihr Produkt oder Ihre Dienstleistung zum Beispiel fünf einzigartige Eigenschaften aufweist, empfehle ich eine Reihe von fünf E-Mails, bei der immer eine E-Mail eine Eigenschaft behandelt. Wenn Sie zu viel in eine E-Mail packen, geht Ihre Botschaft verloren. Stellen Sie sich vor, Sie seien ein Schachspieler. Würden Sie per E-Mail Schach spielen, würden Sie ja auch nicht Ihre nächsten fünf Züge in einer einzigen E-Mail verraten; Sie würden immer nur einen preisgeben. Wenn Sie mit jeder E-Mail nur einen starken Zug tätigen, stehen Ihre Chancen viel besser, den potenziellen Kunden dorthin zu bekommen, wo Sie ihn haben wollen.

Der nächste Punkt ist die Personalisierung. Hier kommen die Daten zum Einsatz, die Sie in Ihrem CRM-System gesammelt haben. Das minimale Level an Personalisierung ist der Vorname des Kunden. Sie können die E-Mail aber auch nach dem Wohnort personalisieren, nach Kategorie oder was auch immer relevant ist.

Zum Schluss ist es noch wichtig, sich die Formatierung und visuellen Elemente anzusehen. Ist Ihre Botschaft sauber dargestellt und leicht zu erkennen, mit angemessenem Bildmaterial, passender Schrift und genügend Leerraum? Verwenden Sie fette oder kursive Schrift, um wichtige Punkte hervorzuheben und die Lesbarkeit zu verbessern.

Stellen Sie sicher, dass Ihre E-Mail auf Desktops, Tablets und mobilen Geräten gut zu lesen ist. Es kann passieren, dass sie auf unterschiedlich großen Geräten und je nach E-Mail-Programm oder Provider unterschiedlich dargestellt wird.

Typische Werbe-E-Mails sind in der Regel grafisch formatiert, mit dem Firmenlogo versehen, und der Absendername oder die Absenderadresse ist einer bestimmten Abteilung zugeordnet. Sie sind in der Regel überfrachtet mit Links und Bildern.

Stellen Sie sich im Gegensatz dazu eine E-Mail von einem Freund vor. Sie wäre wahrscheinlich einfach formatiert, personalisiert, und der Absender wären sein privater Namen und seine E-Mail-Adresse. Vermutlich enthielte sie nicht haufenweise Bilder, Logos, Keywords, Links oder Anhänge.

Sowohl Spam-Filter als auch Menschen erkennen sofort den Unterschied zwischen privaten und Werbe-E-Mails. Aus diesem Grund empfehle ich den meisten Unternehmen, überwiegend einfach formatierte E-Mails zu verwenden. Eine Ausnahme sind hier E-Commerce-Firmen, bei denen die Produktdarstellung wichtig ist. Außerdem empfehle ich, E-Mails mit dem Namen und der E-Mail-Adresse einer Person und nicht mit dem Firmennamen und einer Abteilungsadresse zu verschicken. Auch wenn Sie an Tausende von Personen gleichzeitig senden, sollten Sie so weit wie möglich das Erscheinungsbild und die Atmosphäre einer privaten E-Mail nachahmen.

Wie Sie erreichen, dass Ihre E-Mails in Aktion umgesetzt werden

Sie haben nun den ganzen Aufwand betrieben, damit Ihre E-Mails zugestellt, geöffnet und gelesen werden. Was ist jetzt die nächste physische, sichtbare Aktion, die Ihr Empfänger nach dem Lesen Ihrer E-Mail ausführen soll?

Ich empfehle, pro E-Mail nur zu einer Handlung aufzufordern (Sie können diese Aufforderung aber wiederholen, um ihr Nachdruck zu verleihen). Sie können den Empfänger beispielsweise im Text der E-Mail anregen, sich zu einer Landing Page durchzuklicken, und ihn dann am Ende der E-Mail erneut daran erinnern. Mehrere unterschiedliche Handlungsappelle würden den Empfänger nur verwirren und die Antwortquote verringern. Bitten Sie ihn nur um eine einzige Aktion als Reaktion auf Ihre E-Mail.

Leser auf einen Link zu verweisen, ist eine naheliegende und häufige Methode, um zu einer Handlung aufzufordern. Das ist schön und gut, aber ein stark unterschätzter Antwortmechanismus ist, um eine Antwort-E-Mail zu bitten. Hier sind vier Gründe, warum es so wirkungsvoll ist, um eine Antwort zu bitten:

1. Es ist einfach und schnell, und der Empfänger kann antworten, ohne sein E-Mail-Programm zu verlassen. Wenn man auf einen Link klickt, führt einen das meist aus dem E-Mail-Programm heraus in den Web-Browser, was den Ablauf unterbricht. Das gilt besonders für Tablets und mobile Geräte.
2. Weil es so viel Malware gibt, sind viele Leute vorsichtig dabei, auf Links in E-Mails zu klicken, bei denen sie sich nicht sicher sind. E-Mail-Antworten werden oft als sicherer empfunden.
3. Dieser Ansatz verwandelt das E-Mail-Marketing von einem Sendemedium in ein Kommunikationsmedium, was viel wirkungsvoller ist. Wir erinnern uns: **Kommunikation führt zu Konversion** – und die E-Mail ist ein ideales Medium, um eine solche Kommunikation anzuregen.
4. Es verbessert die Zustellbarkeit. Die meisten E-Mail-Programme nehmen Ihre Adresse in die Whitelist auf, wenn ein Empfänger auf eine Ihrer E-Mails antwortet. So wächst die Chance, dass Ihre E-Mails Spamfilter umgehen und im Posteingang des Empfängers landen.

Wenn Menschen auf Ihre E-Mails antworten, möchten sie natürlich, dass Sie und Ihr Team zeitnah antworten und mit ihnen ins Gespräch kommen. Aus diesem Grund empfehle ich, eingehende Antworten an einen gemeinsamen Posteingang oder ein Helpdesk-Tool weiterzuleiten. Sie können E-Mail-Antworten sogar als warme Leads betrachten und diese ins Vertriebs-CRM-System leiten.

Wie oft?

Indem Sie in Ihrem CRM-System E-Mail-Adressen sammeln, entsteht ein wertvoller Bestand. Zudem steigern Sie den Nutzen Ihrer E-Mail-Datenbank, wenn Sie mit Ihren Abonnenten in Kontakt bleiben und eine enge Beziehung zu ihnen aufbauen.

Also: »Wie oft ist normal?« Das ist die Frage, die man sowohl Paartherapeuten als auch E-Mail-Marketern verschämt stellt. Die erste und meist unbefriedigende Antwort lautet: »Das hängt von Ihrer Beziehung ab.« Wenn man nachhakt, lautet die Antwort: »Irgendwo zwischen einmal pro Woche und zweimal am Tag.«

Unternehmer senden meist deshalb zu selten E-Mails, weil sie nicht spammig wirken wollen. Darüber hinaus wissen sie oft nicht, was sie schreiben sollen, oder sie meinen, nichts Interessantes zu berichten zu haben. Das sind alles verständliche Bedenken.

Wie oft Sie E-Mails an Ihren Verteiler senden sollten, richtet sich weitgehend nach Ihrer Branche, der Nachrichtendichte in Ihrem Bereich und Ihrer Beziehung zu Ihrer Zielgruppe.

Wenn Sie mit dem aktuellen Börsengeschehen zu tun haben, ist es zum Beispiel nicht abwegig, zweimal täglich eine E-Mail an Ihre Abonnenten zu schicken. Sie können morgens eine E-Mail zu aktuellen börsenrelevanten Nachrichten, Neuzugängen an der Börse oder Tagesberichte versenden. Nachmittags oder abends können Sie eine Zusammenfassung der Tagesereignisse und vielleicht Meinungen und Analysen herausgeben.

Im Arztberuf mag es etwas zu viel sein, seine Liste zweimal täglich anzumailen … es sei denn, Sie haben wirklich etwas Unterhaltsames zu erzählen – wer weiß –, wenn Sie etwa Proktologe sind, mag das tatsächlich zutreffen! Wenn das der Fall ist, seien Sie so verrückt und machen Sie es zum Teil Ihres Content-Marketings.

Den meisten Unternehmen rate ich, mindestens einmal pro Woche zu mailen. Falls Sie seltener E-Mails versenden, könnte Ihre E-Mail-Liste bröckeln. Das passiert, wenn Abonnenten vergessen, dass sie sich registriert haben, vergessen, wer Sie sind, oder das Interesse an Ihnen verlieren. Das kann zu einer Menge Abmeldungen und Spam-Beschwerden führen. Alle Beziehungen, die nicht regelmäßig gepflegt werden, leiden darunter, und die Beziehung zu Ihren E-Mail-Abonnenten ist da keine Ausnahme.

»Wenn ich oft maile, melden sich die Leute ab«, höre ich Sie jetzt sagen. Auch ich mache mir immer Sorgen, aber der Punkt ist: Jemand, der Ihnen keine Aufmerksamkeit schenkt, wird Ihnen auch kein Geld geben. Das Geld fließt dahin, wo die Aufmerksamkeit hingeht. Ein paar Leute werden sich abmelden und das ist völlig in Ordnung. Doch die richtigen Leute werden Ihre E-Mails öffnen, Ihren Content lieben und bei Ihnen kaufen. Außerdem, welchen Sinn hätte eine E-Mail-Adressenliste, wenn Sie nie E-Mails versenden? Sie ersparen sich dann zwar Abmeldungen, profitieren jedoch auch nicht von der Kommunikation, den Konversionen oder dem Gewinn. **Der Gewinn entsteht aus der Nachverfolgung.**

Ihre E-Mails müssen sich auch nicht immer nur um Sie und Ihr Unternehmen drehen. Es schadet sogar Ihrer Content-Strategie, wenn Sie immer nur selbstbezogen sind und Werbebotschaften senden. Vor Kurzem arbeitete ich für einen Kunden, der eine große Klinik für Massagetherapie betrieb. Es gab dort Hunderte Therapeuten, und es wurden über 10 000 Patienten im Monat behandelt. Das regelmäßige E-Mail-Marketing war ein Schlüssel für ihren Erfolg. Sie mögen jetzt denken, dass es schnell langweilig wird, in jeder Mail nur über Massage zu schreiben, und da haben Sie völlig recht. Ihre Mails konzentrierten sich stattdessen darauf, was in dieser Woche in der Stadt los war – Konzerte, Sportveranstaltungen, Events und so weiter. Ihre Massagedienste erwähnten sie nur nebenbei, quasi als Newsletter-Sponsor. Diese E-Mails sind vor allem ein nützlicher und wertvoller Infoservice. Gleichzeitig ermöglichen sie es dem Unternehmen, sich beim Publikum in puncto Massagen immer wieder in Erinnerung zu rufen. Ich werde auf dieses Konzept in unserem nächsten Kapitel über Content-Marketing näher eingehen.

Welche Inhalte Sie versenden sollten

Sobald sich jemand in Ihre E-Mail-Liste eingetragen hat, brauchen Sie eine wirksame Nachverfolgungsstrategie. Dafür sollten Ihre Marketing-E-Mails kurzfristige Willkommenssequenzen, Broadcast-E-Mails und langfristig Evergreen-Sequenzen enthalten. Sehen wir uns jede dieser Sequenzen einmal näher an.

Kurzfristige Willkommenssequenzen: Das sind kurze E-Mails-Serien, die Sie an neue E-Mail-Abonnenten senden, die sich zum ersten Mal in Ihrer Liste eintragen. Die Willkommenssequenzen dienen drei Zwecken:

1. Sie erfüllen Ihr wie auch immer geartetes Versprechen, demzufolge die Nutzer sich überhaupt angemeldet haben.
2. Sie starten ein relevantes Gespräch über das Thema, das der Grund für ihre Anmeldung war.
3. Sie eignen sich zur Automatisierung oder Segmentierung aufgrund des Kontextes der Anmeldung.

Sie sind zum Beispiel Trainer für Präsentationstechniken, und es meldet sich jemand auf Ihrer Webseite an, um sich ein Video zum Thema »selbstbewusst Vorträge halten« anzusehen. Die erste E-Mail in Ihrer Willkommenssequenz würde ihm dieses Video zukommen lassen. Es gibt verschiedene Gründe, warum jemand ein selbstbewussterer Redner werden möchte. Vielleicht hat man ihn gebeten, auf einer Hochzeit eine Rede zu halten, vielleicht will er Kapital für sein Start-up beschaffen oder beruflich vorankommen. Mit der zweiten E-Mail in der Willkommenssequenz können Sie ein Gespräch anfangen, indem Sie fragen: »Bereiten Sie sich auf einen Vortrag oder eine Präsentation vor?« Anhand der Reaktionen oder der Antworten stellen Sie fest, dass Personen sich beruflich weiterentwickeln wollen, und kennzeichnen sie entsprechend in Ihrem CRM-System. Das könnte nun eine E-Mail-Sequenz oder -Kampagne auslösen, die speziell auf dieses Ziel ausgerichtet ist.

Broadcast-E-Mails: Broadcast-E-Mails sind einmalige Nachrichten, die an Ihre gesamte E-Mail-Liste oder ein Segment davon herausgehen. Im Gegensatz zu E-Mail-Sequenzen, die meist durch eine bestimmte Aktion oder eine Zeitspanne automatisch ausgelöst werden, planen und senden Sie Broadcasts manuell. Sie verwenden sie, um zeitsensible oder schnell veraltende Informationen zu kommunizieren, wie bestimmte Sonderangebote, Ankündigungen, Produkteinführungen oder Nachrichten.

Langfristige Evergreen-Sequenzen: Das sind automatisierte E-Mail-Sequenzen, die den Abonnenten einen Mehrwert bieten und die Bindung zu ihnen über einen längeren Zeitraum aufrechterhalten. Sie heißen »Evergreen«, weil ihr Inhalt längerfristig relevant und nützlich bleibt und nicht an bestimmte Ereignisse oder Aktionen gebunden ist. Evergreen-Sequenzen können Sie für verschiedene Zwecke verwenden, z. B. zur Pflege von Leads, zur Werbung für Evergreen-Inhalte oder Produkte, um fortlaufend Informationen oder Tipps zu liefern oder zur regelmäßigen Rückmeldung bei den Abonnenten, um die Beziehung zu pflegen und zu vertiefen.

Indem Sie alle drei Formen kombinieren, verfügen Sie über ein starkes E-Mail-Marketingsystem. Strategisch eingesetzt, bauen Sie mit diesen verschiedenen E-Mail-Formen eine tragfähige Beziehung zu Ihren Abonnenten auf, liefern ihnen wertvollen Inhalt und erzielen damit mehr Konversionen für Ihr Unternehmen.

Bitte keine Spams!

Das regelmäßige Versenden von E-Mails an Ihre Verteilerliste ist ein wichtiger Teil Ihrer Strategie zur Kontaktpflege und Konversion. Achten Sie immer darauf, dass Ihre E-Mail-Inhalte wertig und relevant sind und ein gutes Verhältnis zu Ihren Abonnenten aufbauen.

Spam-E-Mails sind in der Regel unerwünscht, irrelevant und wirken wie aggressive Werbung. Sie sind egoistisch und lästig. Das ist das genaue Gegenteil von dem, was wir im Lean Marketing erreichen wollen. Hier einige Tipps, wie Sie Spamming bei Ihren Aktionen vermeiden:

Einverständnis: Sichern Sie sich die Zustimmung der Empfänger, bevor Sie sie in Ihre E-Mail-Liste aufnehmen. Dies geschieht in der Regel über das Opt-in-Verfahren auf Ihrer Webseite, bei dem der Empfänger dem Erhalt Ihrer E-Mails zustimmt. In einigen Ländern erlaubt eine »Soft-Opt-in«-Bestimmung, dass Sie Marketingnachrichten versenden dürfen, wenn der Empfänger zuvor in irgendeiner Form mit Ihnen in Kontakt getreten ist, z. B. durch einen Kauf oder das Ausfüllen einer Umfrage.

Transparenz: Vermitteln Sie klare Informationen über sich, wenn Sie kommunizieren. Die Angabe Ihres Firmennamens und Ihrer gültigen Postanschrift in der Fußzeile ist in der Regel gesetzlich vorgeschrieben.

Relevanz: Stellen Sie sicher, dass Ihre E-Mails für den Empfänger relevant sind. Wenn dieser sich für Ihr Fotogeschäft angemeldet hat und Sie daneben noch Schuhe verkaufen, wäre es unangemessen, den Empfänger per E-Mail über Schuhe zu informieren, sofern er nicht ausdrücklich darum gebeten hat. Relevanz ist nicht nur wichtig, um nicht als Spammer dazustehen – sie steht für professionelle Marketingpraxis.

Abmeldeoption: Bieten Sie den Empfängern immer eine Option, sich von künftigen Mitteilungen abzumelden. Wenn sich jemand für eine Abmeldung entschieden hat, müssen Sie diesem Wunsch umgehend nachkommen.

Bleiben Sie im gesetzlichen Rahmen: Die Anti-Spam-Gesetze variieren von Land zu Land. Beispiele für solche Gesetze sind der CAN-SPAM Act in den Vereinigten Staaten und die GDPR in der Europäischen Union. Verstöße gegen diese rechtlichen Vorgaben können erhebliche Strafen nach sich ziehen, daher ist es essenziell, sie zu kennen und einzuhalten. Die meisten Marketing-CRM-Systeme unterstützen Sie bei der Einhaltung der Vorschriften. Im Zweifelsfall sollten Sie sich rechtlich beraten lassen.

Die Seifenopernsequenz

Als Kind habe ich gerne an schulfreien Tagen oder die wenigen Male, wenn meine Mutter mir erlaubte, wegen Krankheit zu Hause zu bleiben, tagsüber ferngesehen. Ich sah mir Infomercials an, Talk Shows und, natürlich, was immer zum Fernsehtagesprogramm gehört: Seifenopern.

Seifenopern sind so eine eigenartige Kombination, die sich gleichzeitig erwachsen und dümmlich anfühlt und zudem süchtig macht. Egal wie absurd der Plot war, jede Episode endete mit einem Cliffhanger. Es öffnete sich ein Handlungsstrang, von dem der Zuschauer hoffte, dass er in der nächsten Episode aufgelöst würde. Wer war nun tatsächlich der Mörder? Wird sie herausfinden, dass sie hinter ihrem Rücken eine Affäre hatten? Hat er seinen Tod nur vorgetäuscht? Ist das Baby wirklich von ihm? Wird sie aus dem Koma erwachen? Man wurde immer auf halber Strecke stehen gelassen.

Natürlich endete die nächste Episode dann wieder mit einem Cliffhanger, es war ein endloser Kreislauf. Zahllose Streamingformate verwenden ähnliche Taktiken und bringen einen so dazu, im Serienmarathon immer weiter zu schauen bis zur letzten Episode.

E-Mail-Seifenopern funktionieren auf ähnliche Weise. Die Idee ist, die Abonnenten zu fesseln und zu unterhalten, indem man eine Geschichte über eine Reihe von E-Mails hinweg erzählt, mit Handlungssträngen, offenem Ausgang und Cliffhangern. Im Gegensatz zu TV-

Seifenopern soll das Ende von E-Mail-Sequenzen zu einer Handlung führen, zu der Sie Ihr Publikum bewegen möchten, z. B. zum Kaufen. Sie können E-Mail-Seifenopern effektiv nutzen, um neue Produkte einzuführen.

Ein wesentlicher Faktor bei Seifenopersequenzen ist, wie immer beim Storytelling, die emotionale Seite der Erzählung herauszuarbeiten. Jede E-Mail in der Sequenz sollte mit einem Cliffhanger enden – einem ungelösten Handlungsstrang oder einem Teaser, was als Nächstes kommt. Das erzeugt Spannung und ermuntert Ihre Zielgruppe dazu, die nächste E-Mail in der Sequenz zu öffnen, bis sie ans Ende gelangt.

So funktioniert eine E-Mail-Seifenoper:

1. **Die Einführung**: Die erste E-Mail entwirft das Szenario. Zunächst werden die Personen vorgestellt (das können Sie selbst sein, ein Kunde von früher oder jemand anderes) und das Problem oder die Situation beschrieben. So erzeugen Sie Empathie bei Ihren Lesern. Diese E-Mail sollte das Interesse Ihres Publikums und den Drang wecken, die nächste E-Mail zu lesen, um zu erfahren, was weiter passiert. Als ein Experte für Kinderwunsch könnten Sie etwa beschreiben, wie Sie 18 Monate lang versuchten, auf natürliche Weise schwanger zu werden – ohne Erfolg. Wie deprimierend es für Sie war, zu hören, dass wieder eine Ihrer Freundinnen ein Kind erwartet, und wie leicht das offenbar für sie war. Natürlich sollten Sie, wie immer im Marketing, bei der Wahrheit bleiben. Verwenden Sie die Seifenopernsequenzen oder irgendwelche Lean-Marketing-Taktiken nicht dazu, Menschen für dumm zu verkaufen.
2. **Tiefer eintauchen**: Die folgenden E-Mails tauchen tiefer in das Problem oder die Situation ein. Sie liefern mehr Details, um das Publikum bei der Stange zu halten. Jede Mail in der Folge kann einen neuen Bereich oder eine neue Wendung in der Geschichte behandeln. Wie ich schon erwähnte, empfehle ich nur einen Punkt, ein Thema oder eine Geschichte pro E-Mail. Denken Sie daran, den Erzählstrang für das Problem Ihres Publikums relevant zu hal-

ten, denn Ihr Ziel ist ja am Ende, sie zu einer bestimmten Lösung zu führen. Bezogen auf unser Kinderwunschbeispiel könnte in Ihrer Seifenopernsequenz nun eine E-Mail über den Beziehungsstress in dieser Situation folgen. Eine nachfolgende E-Mail könnte besprechen, warum eine In-Vitro-Fertilisation keine Option wäre, und was das bedeutet.

3. **Die Lösung**: Die letzten paar E-Mails liefern eine Lösung für das Problem oder die zu Anfang vorgestellte Situation. Dies ist oft der Zeitpunkt, um Ihr Produkt oder Ihre Dienstleistung als Service anzubieten. Sie ermuntern Ihr Publikum zu einer bestimmten Handlung, zum Beispiel, ein Produkt zu kaufen, sich für eine Probezeit anzumelden oder einen Beratungstermin zu vereinbaren.

Seifenopernsequenzen etablieren eine Beziehung zu Ihrer Zielgruppe, indem Sie sie in eine für sie relevante Erzählung miteinbeziehen. Menschen bauen auf der Gefühlsbasis viel eher eine Verbindung zu Ihnen auf, als wenn Sie nur Werbung für sich machen. Eine gute Faustregel für Seifenopernsequenzen – und für alle Ihre Marketingmaßnahmen – ist die Frage, ob sie auch dann Nutzen stiftet, wenn die Leute nichts kaufen. Unterhält, inspiriert und informiert die Seifenoper?

Ihre Supersignatur

Viele Marketingleute betreiben ihr E-Mail-Marketing äußerst aggressiv. Sie versuchen, die Abonnenten sofort zum Kauf zu drängen.

Wie schon erwähnt, Ihre potenziellen Kunden fallen unter eine von zwei Kategorien: solche, die schon heute bereit sind, zu kaufen, und solche, die irgendwann in der Zukunft bereit sind zu kaufen. Doch nur ein winziger Prozentsatz, meist etwa 3 Prozent, entscheidet sich schon heute zum Kauf.

Jeder, der im Marketing arbeitet, kämpft mit Zähnen und Klauen um diese potenziellen Kunden, nimmt hohe Kosten pro Klick in Kauf, um sie anzulocken, und versucht dann, den Verkauf so schnell wie möglich abzuwickeln, um seine Werbekosten gleich wieder hereinzuholen. Gleichzeitig nutzen die meisten keine oder nur unzureichende Strategien, um sich die längerfristigen Interessenten warmzuhalten. Das ist eine enorme Verschwendung, es bedeutet den Verlust vieler potenzieller Kunden und hinterlässt bei diesen einen schlechten Eindruck.

Natürlich wollen Sie die Bedürfnisse Ihrer interessierten potenziellen Kunden ansprechen, aber längerfristig zu planen, kann Ihren Gewinn deutlich vergrößern. Ein wichtiger Ansatz im Lean Marketing besagt, dass Ihre Maßnahmen zur langfristigen Kontaktpflege einen Mehrwert für potenzielle Kunden schaffen, Vertrauen bei ihnen aufbauen und Sie so lange in deren Gedächtnis halten sollten, bis *sie* bereit sind zu kaufen. Während heiße Käufer in der Regel nur etwa 3 Prozent Ihres Zielmarktes ausmachen, kann der Pool der längerfristigen bis reifen Käufer zehnmal so groß oder größer sein. Abhängig von Ihrem Verkaufszyklus können diese Interessenten in 30, 60, 90 oder mehr Tagen bereit sein, bei Ihnen zu kaufen.

In Gesprächen mit meinen Kunden sagen diese mir häufig, sie seien schon lange Zeit auf meiner E-Mail-Liste gewesen, bevor sie sich entschieden, eines unserer Programme zu kaufen. Sie hätten sich wahrscheinlich abgemeldet, wenn ich spammig vorgegangen wäre und sie sofort zum Kauf gedrängt hätte.

Es ist eine Herausforderung im E-Mail-Marketing, die Brücke zwischen Mehrwert schaffendem Content und Verkauf zu schlagen, ohne dabei offen Werbung zu machen. Eine großartige Lösung für dieses Dilemma ist die »Supersignatur«. Zum ersten Mal erfuhr ich von Dean Jackson etwas über Supersignaturen. Ich nutze sie inzwischen und empfehle sie meinen Kunden, um auf nicht drängende, Mehrwert schaffende Weise Millionen-Dollar-Umsätze zu generieren.

Menschen hassen es, über den Tisch gezogen zu werden, aber sie lieben es, etwas zu kaufen, und eine Supersignatur ist genau dafür zielführend.

Im Lean-Marketing-Hub finden Sie Muster-E-Mail-Vorlagen, Tools und bewährte Verfahren. Besuchen Sie LeanMarketing.com/hub

Supersignaturen verbessern die Konversionsrate bei E-Mails zur Kontaktpflege und Wertevermittlung und sie steigern die Aufmerksamkeit für Ihre Angebote. Sie platzieren sie am Ende von mehrwertsteigernden E-Mails, wobei sie in der Regel höfliche, nicht verkaufsorientierte, aber spezifische Angebote enthalten. Ihre Supersignatur könnte zum Beispiel so lauten: »PS. Wann immer Sie bereit sind, hier sind drei Möglichkeiten, wie ich Ihnen helfen kann …«, gefolgt von ein paar Angeboten oder Produkten, auf die Sie die Aufmerksamkeit lenken wollen. Jedes der Angebote enthält einen Link oder eine Handlungsaufforderung, die zum nächsten Schritt im Konversionsprozess führt.

So erstellen Sie wertvermittelnde E-Mails mit kommerzieller Botschaft, ohne zu werbemäßig zu wirken. Die Supersignatur leitet die potenziellen Kunden sanft an, wie sie bei Interesse mit Ihnen näher in Kontakt treten können.

Zum Zeitpunkt, da ich dies schreibe, sieht meine Supersignatur so aus:

> PS. Ich lese und beantworte Ihre E-Mail-Antworten persönlich.
> PPS: Wann auch immer Sie bereit dafür sind … hier sind drei Methoden, mit denen ich Ihnen helfen kann, Ihr Unternehmen wachsen zu lassen:
>
> 1. **Holen Sie sich persönliche Unterstützung durch ein KOSTENLOSES telefonisches Strategiegespräch**
>   Sie benötigen eine zweite Meinung zu Ihrer Marketingstrategie? Nehmen Sie an einem KOSTENLOSEN Strategiegespräch mit einem meiner Fachberater teil. Er überprüft, was Sie derzeit tun, und vermittelt Ihnen einen Fahrplan für den Marketingerfolg

in Ihrem Unternehmen. Buchen Sie Ihr Strategiegespräch unter LeanMarketing.com/call

2. **Besuchen Sie einen Lean-Marketing-Kurs**
   Sind Sie bereit, aktiv zu werden? Lernen Sie, wie Sie Lean Marketing in Ihrem Unternehmen umsetzen können. Die Kurse führen Sie in Ihrem eigenen Tempo durch den Aufbau Ihrer Marketinginfrastruktur und zur Steigerung Ihrer Einnahmen. Erfahren Sie mehr unter LeanMarketing.com/academy
3. **Erwerben Sie das Lean-Marketing-Zertifikat**
   Helfen Sie anderen, Lean Marketing anzuwenden, indem Sie ein zertifizierter Lean Marketer werden. Die Zertifizierung eröffnet Ihnen berufliche Aufstiegs-, Coaching- und Beratungsmöglichkeiten. Antworten Sie auf diese E-Mail und erzählen Sie mir von Ihrer Situation und Ihren Zielen, damit wir herausfinden, ob eine Zertifizierung für Sie das Richtige ist.

Ich möchte Sie auf ein paar Merkmale in dieser Supersignatur hinweisen. Erstens, in meinem PS. signalisiere ich, dass am anderen Ende ein echter Mensch sitzt, sodass der Kunde einfach auf Antworten klicken und ein Gespräch beginnen kann, was viele tatsächlich tun.

Dann gebe ich ihnen vorsichtig drei Möglichkeiten an die Hand, meine Dienste noch weiter in Anspruch zu nehmen.

Kapitel 12 – Aktionspunkte

- Vergewissern Sie sich, dass Sie alle technischen Voraussetzungen erfüllen, um die Zustellbarkeit von E-Mails zu maximieren. Holen Sie sich bei Bedarf Hilfe von IT-Experten.
- Überlassen Sie den automatisierten Programmen die mühsame Arbeit, die kurzfristigen Willkommenssequenzen und die langfristigen Evergreen-Sequenzen zu erstellen.
- Erstellen Sie eine Supersignatur, um sie ans Ende Ihrer Kontaktpflege-E-Mails zu setzen.

13

Content-Marketing

KAPITEL 13 - VORSCHAU

Mit organischen oder bezahlten Inhalten erfolgreich zu sein, ist nicht leicht, aber dennoch lohnenswert. Mit einem effektiven Content-Marketing-System schaffen Sie eine starke Anziehungskraft für Ihr Unternehmen.

Die Kernpunkte in diesem Kapitel sind:

- Warum viele bekannte Content-Marketing-Techniken nicht mehr funktionieren, und was Sie stattdessen tun können.
- Herausforderungen beim Aufbau einer Präsenz in den sozialen Medien, und wie Sie sie meistern.
- Die fünf Archetypen der Content-Erstellung, und wie Sie sie für spannenden Content anwenden, auch ohne sich dafür qualifiziert zu fühlen.
- Die kontraintuitive Methode, mit Content-Marketing Verkäufe zu erzielen.
- Warum es so wichtig ist, sich als »Medienunternehmen« zu verstehen, und wie Sie das in die Lage versetzt, Ihr ideales Publikum direkt zu erreichen.
- Wie Sie sich von der Masse abheben und Content erstellen, den Ihr idealer Zielmarkt unwiderstehlich finden wird.
- Wie Sie mit digitaler Werbung erfolgreich sind, sodass Ihnen die Investition einen hohen Gewinn einbringt.

Der Untergang der Techniker

In den letzten Jahren war ich immer wieder überrascht, wie viele Marketingspezialisten und Agenturen an unseren Coachings, Consultings und Trainingprogrammen teilnahmen. Die Nachfrage war so hoch, dass wir eigene Programmlinien für sie entwarfen. Anfangs war ich verwirrt und fragte mich, warum Menschen und Organisationen, die selbst Marketingprofis waren, unser Training und unseren Rat nachfragten. Während wir dann mit ihnen zusammenarbeiteten, wurde es mir weitaus klarer.

Viele von ihnen sind hervorragende Praktiker, die aufgrund ihrer technischen Fähigkeiten bereits großen Nutzen für ihre Kunden geschaffen haben. In den Anfängen der Suchmaschinenoptimierung (SEO), der sozialen Medien und der digitalen Werbung waren technische Faktoren der Schlüssel zur Sichtbarkeit: die richtigen Keywords und Hashtags, cleveres Targeting, Backlinks und so weiter. Viele Menschen mit technischem Hintergrund, wie Webentwicklung und IT, drangen in diesen Bereich vor. Ihre Aufgabe war es, herauszufinden, wie sie das System so manipulieren konnten, dass ihre Kunden auf Seite 1 von Google erschienen, in den sozialen Medien sichtbar waren und die richtigen Leute mit Anzeigen ansprachen. Da sie stets komplexe technische Probleme lösten, fiel es ihnen leicht, die Algorithmen der großen Content-Netzwerke zu hacken.

Da die sozialen Medien, die Suchmaschinen und Werbeplattformen mittlerweile aber immer raffinierter geworden sind, funktionieren diese technischen Tricks plötzlich nicht mehr. Nun bricht bei vielen dieser Profis und Agenturen natürlich Panik aus (oder sollte es zumindest). Die Kunden bezahlen sie und erwarten sich davon Ergebnisse, aber die verstärkten Bemühungen stehen immer schwächeren Ergebnissen gegenüber.

Wie Sie sich vorstellen können, werden die Gespräche mit den Kunden zunehmend schwieriger. Viele von ihnen bemerken nun ihren starken Nachholbedarf in grundlegenden Marketingkenntnissen.

Der Aufstieg der Maschinen

Suchmaschinen, soziale Medien und Werbeplattformen sind Marktplätze mit zwei Seiten: den Content-Konsumenten und den Content-Gestaltern. Diese Medienplattformen müssen zwei Probleme lösen:

1. Herausfinden, welchen Content ihre Konsumenten sich wünschen.
2. Nach relevanten Inhalten von Gestaltern suchen und diese Inhalte ihren Kunden bereitstellen.

Bislang waren die Methoden zur Lösung beider Probleme eher schlicht. Früher stützten sich Suchmaschinen in erster Linie auf Suchanfragen, um zu entscheiden, was gewünscht wird, sowie auf Backlinks und Keywords, um zu entscheiden, was maßgebend und relevant ist. Diese Faktoren fließen zwar immer noch in ihre Algorithmen ein, verlieren aber immer mehr an Bedeutung.

Seit KI und maschinelles Lernen auf Content-Plattformen Einzug gehalten haben, sind diese immer besser darin geworden, herauszufinden, was der Nutzer wirklich will, selbst wenn seine Anfrage nicht eindeutig ist. Wir alle kennen die Autokorrektur und die Frage »Meinten Sie …?«, gefolgt von einer Vermutung, was Sie gemeint haben könnten. Die diesen Plattformen zugrunde liegenden Algorithmen sind mittlerweile viel besser imstande, dem Nutzer relevante Dinge zu präsentieren.

Soziale Medien und Content-Netzwerke haben sich früher vor allem auf offene Nutzerinteraktionen wie »Gefällt mir« oder »Folgen« verlassen, um zu bestimmen, was relevant ist. Heute ermitteln sie dies anhand von Verhaltensweisen wie der Verweildauer eines Nutzers auf einem Beitrag, bevor er scrollt, wie viel von einem Video prozentual angesehen wurde, und dem Wischverhalten. So können sie das anbieten, was die Nutzer tatsächlich wollen, und nicht das, was sie zu wollen meinen.

Früher konnte man durch Trickserei einen der oberen Plätze in den Ergebnissen der Suchmaschinen oder eine hohe Sichtbarkeit in den sozialen Medien erreichen. Mit KI und den Algorithmen hinter diesen Plattformen haben wir den Punkt erreicht, an dem diese Vorgehensweise nicht mehr greift.

Heute zählen Ihre Geschichten, die Art und Weise, sie zu erzählen, und der echte Wert, den Sie Ihrem Publikum liefern. Sie brauchen keinen Hashtag oder Schlagwort mehr, um dem Algorithmus zu vermitteln, worum es in Ihrem Content geht und für wen er gedacht ist. Die KI erledigt das alles für uns. Wirklich interessanter und nützlicher Content wird es nach oben schaffen, während austauschbare technische Angaben weiterhin nach unten rutschen und ignoriert werden. Da stellt sich natürlich die Frage: Ist mein Marketing wertvoll, nützlich und unterhaltsam?

Während man sich den Traffic und das Engagement in den sozialen Medien verdienen und digitale Anzeigen kaufen muss, haben sich die Grenzen weitgehend verwischt. Mittlerweile funktionieren bezahlte Anzeigen am besten, die weder wie solche aussehen noch sich so anfühlen. Auch können Sie die Reichweite organischer Inhalte durch ein Pay-to-Play-Element erhöhen.

Das ist wenig überraschend, wenn man bedenkt, dass die Plattformen, die Google, Meta, Apple und Amazon gehören, auf beiden Gebieten gut im Geschäft sind. Was sie wollen, sind organische Medien, die die Aufmerksamkeit auf sich ziehen; gleichermaßen wollen sie Anzeigen, die ihre Nutzer nicht nerven und gute Ergebnisse einbringen. Sowohl organischer als auch bezahlter Content zielt darauf ab, Inhalte zu produzieren, die dem Publikum gefallen.

Die Worte des Werbefachmanns Howard Gossage waren nie so wahr wie jetzt: »Die Leute lesen keine Anzeigen. Sie lesen, was sie interessiert, und manchmal ist das eine Anzeige.«

Gemietet oder Eigentum

Die meisten Marketingvermögenswerte, über die wir hier sprechen – Ihr Aushängeschild, Ihre E-Mail-Liste, Ihre Webseite und so weiter – gehören Ihnen. Es wäre schwierig, Ihnen diese Werte wegzunehmen. Sie sind der Eigentümer.

In den sozialen Medien sind Sie Mieter. Sie können jederzeit von einer Plattform blockiert oder ausgeschlossen werden. Vielleicht fühlen Sie sich sicher, solange sie keine kontroversen oder politischen Themen behandeln. Sie sind es jedoch nicht. Die Plattformen der Sozialen Medien sind berüchtigt dafür, undurchsichtige und willkürliche Regeln aufzustellen.

Sie wären überrascht, was Sie alles in Schwierigkeiten bringen kann. Vielen ist das schon passiert. Diese Plattformen beeinflusst ein endloser Strom von Menschen und Gruppen mit eigenen Agenden und Empfindlichkeiten. So verbieten oder beschränken viele Plattformen inzwischen Inhalte oder Anzeigen, die sich auf Krankheiten, die finanzielle Situation oder andere persönliche Merkmale beziehen. Das ist manchmal frustrierend, besonders wenn Sie wissen, dass Ihr Angebot anderen zur Verbesserung ihrer Situation verhelfen könnte.

In vielen Fällen schützt Sie selbst eine Investition von Millionen Dollar nicht davor, dass eine Plattform Ihr Anzeigenkonto einschränkt oder blockiert, wenn Sie nicht deren willkürliche Regeln befolgen.

Die sozialen Medien sind weit davon entfernt, ein Ort der freien Meinungsäußerung zu sein. Manche Leuten liegt daran, dass sie ein sicherer Ort für alle sind, während andere meinen, dass die sozialen Medien sich heraushalten und Content und Gedanken keinesfalls überwachen sollten. Es gibt für beides gute Argumente. Doch wie auch immer, Sie haben keine Macht über diese Regelungen.

Solange sich Ihr Publikum auf einer Plattform befindet, die Sie nicht kontrollieren, laufen Sie Gefahr, es zu verlieren. Vielleicht haben Sie sich über Jahre ein Publikum in den sozialen Medien aufgebaut und sind mit ihm in Kontakt geblieben, nur um es dann über Nacht aufgrund einer Beschwerde, der Einmischung eines Konkurrenten oder als Kollateralschaden eines Algorithmus-Updates zu verlieren. Aus diesem Grund ist es wichtig, Ihr gemietetes Social-Media-Publikum an eine Stelle zu übertragen oder zu kopieren, wo Sie das Sagen haben, zum Beispiel eine E-Mail-Liste.

Ein weiterer Grund, Ihr Publikum in einen eigenen Bereich zu verlagern, ist, dass es dort weniger Ablenkungen gibt. Ablenkung ist das

Kernprodukt der sozialen Medien. Menschen gehen mit einer anderen Haltung an ihren E-Mail-Posteingang oder ihre physische Post heran. In diesen Kontexten sind sie eher im »Geschäftsmodus«, während sie sich in auf den sozialen Medien unterhalten lassen und gedankenlos konsumieren wollen.

Nicht zuletzt sind soziale Medien schnell vergänglich. Heute angesagte und aktuelle Posts sind morgen schon vergessen. Es gibt kaum Beiträge in den sozialen Medien, die über einen längeren Zeitraum hinweg erhalten bleiben. Deshalb investiere ich den größten Teil meiner Zeit und Energie, um hochwertige Inhalte auf Plattformen zu erstellen, über die ich die Kontrolle habe. Inhalte, die ich vor Jahren für meine Webseite, meinen Podcast und meine E-Mail-Liste gestaltet habe, bringen Tag für Tag hochwertige organische Leads ein. Ich schaffe gerne Inhalte, die über längere Zeit wertvoll und gültig bleiben. Dann nutze ich die sozialen Medien und andere gemietete Plattformen, um die Reichweite dieser Arbeit zu erhöhen.

Die Tretmühle der sozialen Medien

Zu Beginn dieses Buches habe ich Ihnen versprochen, dass Ihre Marketingreise voller Frustration, Ärger und Enttäuschung sein würde. Um mich nun also an dieses Versprechen zu halten, präsentiere ich Ihnen die Vier-Schritte-Formel für Erfolg in den sozialen Medien … sie wird Ihnen aber nicht gefallen:

1. Wählen Sie eine Plattform aus.
2. Posten Sie jeden Tag.
3. Werden Sie jeden Tag besser.
4. Wiederholen Sie Schritt 2 und 3 etwa fünf Jahre lang.

Warren Buffett wurde einmal gefragt: »Warum macht Ihnen nicht einfach jeder Ihre Strategie nach?« Seine Antwort lautete: »Weil niemand langsam reich werden will.« Genau dasselbe gilt auch für den Aufbau eines Publikums.

Die meisten, die »mal die sozialen Medien ausprobieren«, konzentrieren sich nicht auf eine Plattform. Noch weniger haben das Durchhaltevermögen, jeden Tag zu posten. Und noch weniger wollen daran arbeiten und sich verbessern. Und fast niemand wird all das oben Genannte 700 + Tage in Folge tun.

Sie sind hier nicht nur Mieter, sondern die Miete ist auch jeden Tag fällig. Die meisten sozialen Plattformen belohnen Sie, indem sie Ihre Inhalte verstärken, wenn Sie regelmäßig posten, und bestrafen Sie, indem sie Ihre Inhalte herabstufen, wenn Sie nachlässig sind oder eine Pause einlegen. Der Grund dafür ist, dass das Geschäftsmodell der sozialen Medien auf einem ständigen Strom neuer Inhalte beruht, um die Aufmerksamkeit der Nutzer so lange wie möglich auf sich zu ziehen. Die Nutzer sind das Inventar, das sie an Werbekunden verkaufen. Bei langweiligen, unregelmäßigen oder übertrieben verkaufsorientierten Inhalten springen die Nutzer ab, was die sozialen Netzwerke dazu veranlasst, diese Inhalte zu unterdrücken.

Soziale Medien sind, richtig und gut bedient, eine Tretmühle. Man kann dies durchaus bewältigen, aber ohne ein Team oder einen starken Marketingprozess ist es enorm viel Arbeit. Sie sollten bewusst bei dieser Tretmühle mitmachen und dann dranbleiben.

Oft scheint der Erfolg von Leuten, die es im Bereich der sozialen Medien zu etwas bringen, ganz leicht und mühelos zu sein. Das ist nur selten der Fall. Die meisten erfolgreichen Social-Media-Persönlichkeiten haben ein ganzes Team hinter sich. Hinter einigen Social-Media-Größen stehen Teams mit Dutzenden Social-Media-Leuten: Videografen, Redakteure, Texter und viele andere. Doch nach außen hin scheint da nur jemand mit einem Smartphone zu stehen, der jede Menge Spaß hat und einfach etwas postet. Dolly Parton ließ einmal den bekannten Spruch los: »Es kostet eine Menge Geld, so billig auszusehen.« Das gilt auch besonders für die sozialen Medien. Alles muss für das Publikum mühelos und authentisch aussehen und sich auch so anfühlen, aber das auf Dauer hinzubekommen, ist enorm arbeitsintensiv und herausfordernd.

Manche glauben, die sozialen Medien seien doch kostenlos, und sie könnten dort einfach ein bisschen herumdaddeln und damit Klicks generieren. Wenn man aber weiß, wie der Laden läuft, sieht man die Dinge etwas anders. Die sozialen Medien sind ein durchaus lohnenswertes Spielfeld, auf dem Sie gewinnbringend arbeiten können, aber gehen Sie es mit offenen Augen an und lassen Sie sich nicht davon täuschen, wie einfach dort alles wirkt.

Wenn man einen Prominenten sieht, der interviewt wird und eine lustige Geschichte erzählt, wirkt das oft spontan und unvorbereitet. In Wirklichkeit sind diese Geschichten jedoch sorgfältig geschrieben und einstudiert. Die Kunst besteht darin, sie so zu gestalten, dass sie wie echtes Geplauder wirken.

Wenn Ihre Präsenz in den sozialen Medien mehr sein soll als nur ein bisschen Spaß mit Freunden und Familie, sollten Sie sie gut organisieren. Niedliche Fotos von Ihrem Hund oder beiläufige Gedanken hin und wieder sind in Ordnung, aber ansonsten gilt es, Ihre Inhalte sorgfältig zu planen und mit den nötigen Mitteln auszustatten, damit sie ein echter Medienkanal für Ihr Unternehmen werden. Wenn Sie gerade erst mit dem Aufbau Ihrer Social-Media-Präsenz beginnen, brauchen Sie vielleicht noch kein großes Team, aber auf Dauer werden Sie allein eher nicht bestehen können.

Seien Sie ein Plattform-Native

Jedes Mal, wenn eine grundlegend neue Plattform aufkommt, versucht man, bekannte und vertraute Konzepte von bestehenden Plattformen darauf anzuwenden. Dieses Phänomen gab es schon vor den sozialen Medien.

Die Anfänge des Radios waren ziemlich anders als das, was wir heute kennen. Zu der Zeit gehörten viele Radiosender den Zeitungsverlagen, die sie als Erweiterung ihres Printmediums nutzten. Das

Radioprogramm war relativ simpel und bestand oft nur darin, dass jemand Artikel oder anderes Gedrucktes vorlas. Das Fernsehen begann ähnlich. Die ersten Fernsehprogramme waren oft Adaptionen von Radiosendungen, mit einfachen Sets, die sich auf Nachrichten, Sport und Wetterberichte konzentrierten.

Als das Internet aufkam, waren Webseiten im Wesentlichen statische Online-Broschüren. Viele sind es noch immer. Doch wer das Medium und sein Potenzial versteht, nutzt es strategisch, um Leads zu gewinnen und mit interessierten potenziellen Kunden zu interagieren.

Viele begehen den Anfängerfehler, die sozialen Medien wie ein Sendemedium, vergleichbar dem Fernsehen, zu behandeln. Um ihre Botschaft bei mehr Leuten anzubringen, senden sie einfach denselben Content über mehr Kanäle. Derselbe Content geht dann an Facebook, X (früher Twitter), LinkedIn, Instagram, TikTok und so weiter. Wenn das Ihre Strategie für die sozialen Medien ist, werden Sie nicht weit kommen.

Content funktioniert von Plattform zu Plattform unterschiedlich. Ein und dieselbe Person, die einen bestimmten Inhalt sieht, verhält sich auf LinkedIn anders als auf TikTok. Sie sollten Ihren Content jeder Plattform anpassen, damit die Nutzer erkennen, dass er von einem Plattform-Native stammt.

Jede Plattform weist ihre eigenen Gesetze und ihre »herrschende Klasse« auf. Diese Subkulturen entwickeln sich dort und haben leidenschaftliche Follower.

Auf Instagram sind es die »Influencer«, Fitness-Junkies und Yoga-Moms. Man sieht stylische Fotos von mit Blaubeeren dekorierten Overnight-Oats, und viele reden über »Selbstliebe«. (Ich weiß immer noch nicht genau, was »Selbstliebe« ist, oder ob der Begriff nur pädagogisch wertvoll sein soll.) Alles ist weichgezeichnet, und das Leben ist ein sorgfältig inszenierter Kreislauf aus Highlights. Jeder scheint dort unglaubliche Erfahrungen zu machen und ist so #blessed.

X ist die Plattform für Gründer, Journalisten und Technik-Bros. Beißender Sarkasmus, Shitposting und Witz sind hier die Währung.

Sie stellen ihren Intellekt zur Schau, so wie Instagram-Models ihren Körper zur Schau stellen. Widersprüchlichkeit ist weit verbreitet. Beiträge beginnen häufig mit den Worten »Unpopuläre Meinung ...«, wobei der Poster inständig hofft, dass seine Ansicht dann doch ziemlich populär wird.

LinkedIn ist das peinliche Zuhause von Personalmanagern, Personalvermittlern, Büroangestellten und Unternehmern. Es ist voller falscher Bescheidenheit, Fake-Gurus und Leuten, die verzweifelt versuchen, andere zu beeindrucken.

TikTok ist die schnelllebige Heimat von Kurzvideos mit lustigen Tieren, Abenteurern und süßen Mädchen, die buchstäblich alles tun. Im Vordergrund steht der Spaß, und alles wird mit aktuellen Audioclips und Ohrwürmern untermalt. Als TikTok aufkam, dachte ich: »Toll, noch ein Ort, um zuzusehen, wie Gary Vee herumschreit«, aber es ist eine lustige Plattform geworden, die algorithmisch lernt, was man mag, und einem genau das serviert.

Auf Reddit tummeln sich Nerds mit Pseudonymen, die ihre Gedanken, Gefühle und Erfahrungen bis ins kleinste Detail teilen. Keine Subkultur ist zu schrullig oder speziell. Witzige Einzeiler werden hoch gevotet und endlose Antworten bilden einen Strom des kollektiven Bewusstseins.

Ich weiß, das klingt alles ein bisschen oberflächlich. Natürlich gibt es aufrichtige Menschen auf Instagram, nette Menschen auf X und normale Menschen auf LinkedIn. Aber ich habe diese Verallgemeinerungen im Hinterkopf, wenn ich plattformspezifische Inhalte erstelle. Wenn man sich in eine Gruppe begibt, sollte man sich den allgemeinen Gepflogenheiten anpassen. Auf Instagram teile ich also meine Highlights, auf X bin ich witzig, und auf LinkedIn bin ich ein bisschen peinlich.

Sie sollten sich immer auf die vorherrschende Energie auf jeder Plattform einlassen. Es ist essenziell, die Memes, die Internetkultur und die typischen Eigenschaften der Plattform zu verstehen, auf der Sie posten.

Für den Anfang empfehle ich, erst einmal mit einer Plattform zu starten. Die Entscheidung, auf mehrere Plattformen zu gehen, sollten Sie sorgfältig überlegen. Teilen Sie die Ressourcen entsprechend auf, um auf jeder Plattform konsequent aufzutreten.

Die sozialen Medien sind kein Sendemedium. Die meisten ihrer Algorithmen sind auf Interaktion hin optimiert, also sollten Sie (oder einer Ihrer Mitarbeiter) aktiv mit Ihrem Publikum interagieren.

Bei allen Plattformen ist zu beachten, dass sie immer intelligenter werden und immer weniger auf alte Relevanzindikatoren wie Follower, Backlinks und Keywords zurückgreifen. Aus diesem Grund sollte jedes Stück Content in sich so geschlossen wie möglich sein. Sie können den entsprechenden Kontext hinzufügen, wenn Ihre potenziellen Kunden Ihren Kundenpflegeprozess durchlaufen.

Die Archetypen der Content-Erstellung

Sie sind nun also dabei und wollen nützlichen, wertvollen Content für Ihre ideale Zielmarktgruppe erstellen? Das freut mich zu hören. Was als Nächstes oft passiert, ist Folgendes: Sie machen sich daran, etwas aufzuschreiben oder aufzunehmen, und dann kommen Ihnen Zweifel. Eine negative Stimme in Ihrem Kopf kommt Ihnen in die Quere und sagt: »Was glaubst du eigentlich, wer du bist, dass du das machst?«, »Warum sollte irgendjemand von dir etwas lesen, sich ansehen oder anhören?«, »Dieser und jener ist darin besser, lustiger, reicher und schöner als du.«

Viele, die es nicht gewohnt sind, ihr Talent offen zu zeigen, überfällt das sogenannte Imposter-Syndrom – innere Zweifel an den eigenen Leistungen, Fähigkeiten oder ihrem Fachwissen sowie die Angst, als Schwindler entlarvt zu werden.

Ein Schwindler ist, wer etwas zu sein vorgibt, das er nicht ist. Aber bei den meisten im Content-Marketing aktiven Unternehmern kommen nur die üblichen Selbstzweifel auf. Echte Schwindler haben niemals das Imposter-Syndrom. Wenn Sie es an sich bemerken, sind Sie sicher kein Schwindler.

Außerdem ist Expertenwissen relativ. Im Vergleich mit Ihrer Zielgruppe sind Sie wahrscheinlich ein Experte. Vielleicht vergleichen Sie sich mit Ihrer Peergruppe und fürchten, von ihr verurteilt zu werden, aber sie ist ja nicht Ihr Zielmarkt. Sie wollen doch Ihre potenziellen Kunden beeindrucken, nicht Ihre Branchenkollegen.

Wenn Sie in Ihrem Bereich Content erstellen, sind Sie nicht unbedingt der Beste der Welt. Und der »Beste« in Ihrem Bereich mag nicht unbedingt der Richtige für Ihren idealen potenziellen Kunden sein. Tiger Woods wäre zum Beispiel nicht gerade ein Toplehrer für einen Golfanfänger, weil er von diesem Niveau schon so weit entfernt ist. Er könnte sicher einen wertvollen Einblick in die Nuancen des professionellen Golfspiels vermitteln, aber ein Anfänger braucht jemanden, der ihm geduldig die Grundlagen beibringt, wie Griff, Haltung und Schwung.

Der Experte ist nur einer von vielen Archetypen, die Content erstellen. Wenn Sie sich ungern als Experten präsentieren, können Sie auf einen der anderen Archetypen zurückgreifen oder sich Ihren eigenen Mischtyp erschaffen.

Dies sind die fünf hauptsächlichen Archetypen der Content-Erstellung:

Der Experte: Der Experte ist der häufigste Archetyp unter den Content-Erstellern. Seine Autorität beruht auf Wissen, Kompetenz oder Erfahrung. Wichtige Merkmale dieses Archetyps sind Meinung, Einblick und Persönlichkeit. Eine große Gefahr beim Archetypen des Experten liegt darin, dass er zu langweilig ist und nur Informationen liefert. Sie werden aber niemals Suchmaschinen und Wikipedia als Informationsquellen übertreffen. Was Ihr Publikum will, ist Ihre einzigartige Sichtweise und die Art und Weise, sie zu vermitteln. Wenn Sie die Nutzer langweilen, machen Sie Ihre Content-Marketing-Bemühungen zunichte und werden unsichtbar.

Der Kurator: Der Archetyp des Kurators schafft in hohem Maße Mehrwert, indem er die Spreu vom Weizen trennt. Sein Wertversprechen lautet, dass er Ihnen Zeit und Mühe erspart, indem er alles durch- und aussortiert und nur wertvolle und interessante Inhalte mit

Ihnen teilt. Medienunternehmen, Best-of-Listen, Museen und Nachrichten sind Beispiele für Kuration.

Der Interviewer: Der Archetyp »Interviewer« ist dem Archetyp »Kurator« ähnlich, konzentriert sich aber mehr auf Menschen und Gespräche. Wenn Sie selbst nicht über viel Fachwissen oder Autorität verfügen, können Sie sich diese somit von anderen leihen und auf sich abfärben zu lassen. Die Herausforderung besteht darin, dafür zu sorgen, dass zumindest ein Teil des Rampenlichts auf Sie zurückfällt, damit die Diskussion nicht nur eine PR-Veranstaltung für den Interviewpartner ist. Sie schaffen einen Mehrwert für die Zuhörer, indem Sie interessante, aufschlussreiche und auch unbequeme Fragen stellen. Betrachten Sie das Gespräch mit den Augen Ihres Publikums. Was wollen die Leute wirklich wissen? Der Schlüssel zum Erfolg dieses Archetyps liegt darin, zu dem vorzudringen, was sich hinter den längst bekannten Standardantworten der meisten Interviewpartner verbirgt. Oprah Winfrey ist ein großartiges Beispiel für den Archetyp des Interviewers.

Der reisende Amateur: Der Archetyp des reisenden Amateurs gibt offen zu, in seinem Interessensgebiet nur über begrenzte oder gar keine Kenntnisse zu verfügen, nimmt Sie aber mit auf seine Studien- und Entdeckungsreise. Er berichtet von seinen Erfolgen und Niederlagen auf diesem Weg, was ihn sympathisch macht und zu fesselnden Inhalten führen kann. So entsteht eine starke Erzählung von der Sorte »Wenn ich es kann, kannst du es auch«. Der reisende Amateur kann viele Formen annehmen, zum Beispiel eine Fähigkeit erwerben, ein Unternehmen aufbauen oder ein Problem lösen. Tim Ferriss ist ein Beispiel dafür. Er hat seine »Reise« auf verschiedenen Gebieten wie Unternehmertum, Gesundheitswesen oder Finanzanlage offen geteilt. In letzter Zeit ist er zum Archetyp des Interviewers übergegangen.

Der Geheimnisvolle: Der Archetyp des Geheimnisvollen lebt ein originelles, interessantes oder ungewöhnliches Leben und teilt etwas davon mit seinem Publikum. Unsere natürliche Neigung zum Voyeurismus macht diesen Inhalt für uns so unwiderstehlich. Ganze Branchen haben sich darauf spezialisiert, der Allgemeinheit Einblicke in das Leben der Reichen und Berühmten zu eröffnen. Sie müssen zwar kein Prominenter sein, aber der Erfolgsschlüssel des Archetyps des Geheimnisvollen besteht darin, etwas Cooles oder Ungewöhnliches zu tun, was die Menschen normalerweise nicht zu sehen bekommen. Lassen Sie Ihr Publikum einen Blick hinter den Vorhang werfen. Reality-TV, Kenner des Adels und Menschen, die einfach nur berühmt sind, sind Beispiele für diesen Archetyp.

In Kapitel 2 habe ich erklärt, wie Sie durch die Kombination einander ergänzender Fähigkeiten Ihre einzigartige Nische finden können. Ebenso können Sie Ihre persönliche, einzigartige Stimme und Rolle finden, indem Sie Archetypen von Content-Erstellern mixen. Gordon Ramsay ist ein Beispiel für eine Mischung aus den Archetypen »Experte« und »Geheimnisvoller«. Er verfügt über vertieftes Fachwissen als Koch und Gastronom, lässt uns aber auch hinter den Vorhang einer Welt blicken, die wir normalerweise nicht mitbekommen. Wichtig ist auch, dass er seine schillernde Persönlichkeit einbringt und die Dramatik in einem normalerweise ziemlich langweiligen und banalen Geschäft beleuchtet.

Diese Archetypen wandeln sich manchmal auf natürliche Weise von einem zum anderen oder werden zu einem Hybrid. So kann der »reisende Amateur« sich in den »Experten« oder den »Geheimnisvollen« verwandeln, wenn er in seinem Fach zum Experten oder berühmt geworden ist. Justin Bieber und MrBeast sind Beispiele dafür. Man kann ihre Reise auf YouTube verfolgen, sie beginnt mit Videos, die sie als unbekannte Anfänger hochluden.

Sie sind ein Medienunternehmen

Immer wieder fragen mich Menschen: »Wie ziehe ich mehr Traffic auf meine Webseite?« Wenn Sie mehr Traffic wollen, fahren Sie auf die

Autobahn. »Traffic« ist nicht das, was Sie wollen. Sie wollen relevantes Interesse an Ihrem Angebot – die Aufmerksamkeit der richtigen Leute. Mir ist ein einziger relevanter Besucher auf meiner Webseite lieber als 10 000 irrelevante.

Viele Leute tappen in die Falle, Content zu erstellen, der sie bei ihren Peers cool aussehen lässt oder ihnen eine Menge Likes einbringt. Doch das ist nur Eitelkeit. Man kann Likes nicht auf sein Bankkonto einzahlen.

Das Lean-Marketing-Prinzip 1 lehrt uns, wertvolle Inhalte zu erstellen, die unserer Zielgruppe nützen. Lean-Marketing-Prinzip 7 betont, dass Marketing ein Prozess und kein Einzelereignis ist.

Wenn Sie diese Prinzipien auf Ihre Content-Strategie anwenden, führt dies zu einem wichtigen Bewusstseinswandel. Sie fangen an, Ihre Firma als Medienunternehmen zu sehen. Ihr Publikum direkt ansprechen zu können, wird immer wichtiger. Es ist kein Zufall, dass viele Unternehmen, die keine Medienunternehmen sind, Medienressourcen erwerben oder aufbauen. Der Grund dafür ist, dass bezahlte Medienkanäle immer teurer und fragmentierter werden.

Kluge Unternehmen nehmen ihr Schicksal in die eigenen Hände. Viele meiner versierten Kunden in sogenannten langweiligen Branchen wie der Produktion, dem Baugewerbe und dem Einzelhandel beschäftigen inzwischen Videofilmer, Texter und Webentwickler – Jobs, die früher nur in Medienunternehmen zu finden waren.

LEAN-MARKETING-PRINZIP 8:
Nutzen Sie Content, um Zugkraft zu erzeugen

Das Produkt, das Medienunternehmen produzieren und vermarkten, sind Inhalte – also Content. Diese Aufgabe stellt sich heute aber praktisch in jeder Art Firma, in jeder Branche. Da ist es ist ratsam, Content als eine Produktlinie Ihres Unternehmens zu betrachten. Das erlaubt es Ihrem Zielmarkt, sich den Mehrwert von Ihnen zu holen, anstatt dass Sie versuchen, einem desinteressierten Publikum ein Produkt aufzudrängen, wie es die meisten Marketingleute tun. Der richtige Content wird den richtigen Zielmarkt anziehen – Sie erhalten, wonach Sie fischen.

Akzeptieren Sie die negativen Seiten

Ein paar größere Herausforderungen müssen Sie in Kauf nehmen, wenn Sie Ihre Content-Marketing-Versuche angehen.

Die erste ist, entmutigt zu sein. Jeden Tag sich aufzuraffen und Content zu posten, und dann scheinbar nur geringen Erfolg damit zu haben, kann ziemlich entmutigend sein.

Aber eigentlich ist es ganz gut, zuerst nur wenige Leser zu gewinnen, denn wahrscheinlich werden Ihre ersten Versuche, Content zu erstellen, ziemlich anfängerhaft ausfallen. Zu Beginn geht es vor allem darum, sich anzugewöhnen, Content zu erstellen, sich permanent zu verbessern und seine einzigartige Stimme zu finden.

So hart es klingen mag, achten Sie anfangs nicht darauf, wie viele Besucher, Downloads oder welche Zahlen Sie erzielen. Dies ist Ihre Anfängerphase und sie wird sich komisch anfühlen.

Denken Sie auch daran, dass Ihre Versuche nicht unbemerkt bleiben, wenn Sie das richtige Angebot für Ihr Publikum haben. Vielleicht lesen nur wenige Nutzer einen Ihrer Posts, aber stellen Sie sich vor, zu einem kleinen Live-Publikum zu sprechen, das nur aus Ihren idealen Kunden besteht. Sie wären entzückt.

Die zweite Herausforderung ist Polarisierung (oder das Fehlen einer Polarisierung). Wenn man die richtigen Leser anzieht, bedeutet das auch, dass es falsche gibt. Indem Ihr Content für die richtigen Leute attraktiv ist, fühlen sich die falschen Personen dadurch vielleicht ausgeschlossen, oder der Inhalt macht sie sogar wütend. Das ist gut so. Vertreten Sie eine Meinung und stehen Sie dazu, was Ihnen und Ihrem Publikum wichtig ist.

Wie ich schon im Grundlagenteil dieses Buches besprochen habe, spricht man niemanden an, wenn man alle anspricht. Spezifisch vorzugehen, verkauft, allgemein zu bleiben, stößt ab. Entweder man stößt die falschen Leute ab oder man stößt alle ab.

Wenn Sie Content-Marketing richtig machen, *werden* Sie negative Kommentare und ablehnendes Feedback erhalten. Garantiert. Das bedeutet, dass Sie auf der richtigen Spur sind, auch wenn es vielen Unternehmern unangenehm ist. Manche versuchen dann, zu argumentieren, sich zu verteidigen oder zu beschwichtigen, und stecken damit mehr Energie in ihre Hater als in ihre Fans. Sobald Sie anfangen, mit dummen Leuten zu streiten, haben Sie schon verloren. Hier gilt der Spruch: Kämpfe nie mit einem Schwein, denn ihr werdet dabei beide dreckig, nur dass das Schwein es genießt.

Verkaufen, ohne zu verkaufen

Viele Unternehmer und Unternehmen, die ihre Produkte früher erfolgreich mit traditioneller Werbung verkauft haben, tun sich mit digitalen Medien und Content-Marketing schwer. Oft bleiben sie im Wettbewerb mit neueren Konkurrenten, die »digital Natives« sind, auf der Strecke. In den traditionellen Medien ist der offene Verkauf des Produkts oder der Dienstleistung die Norm. In den sozialen Medien erreichen Sie damit am schnellsten, dass Ihr Publikum weiterwischt und Sie ignoriert.

Wenn Sie Zeit, Geld und Mühe in ein Marketingprojekt investieren, streben Sie natürlich an, dass es die Menschen zu Ihrem Angebot hinführt, aber das funktioniert in den sozialen Medien nicht. Hier sollten Sie auf eine subtile und oft kontraintuitive Weise verkaufen. Ein Aufruf zum Handeln in jedem Beitrag, wie etwa »Sehen Sie sich unser neues Widget hier an«, gefolgt von einem Link, zeigt deutlich, dass Sie dieses Medium nicht verstanden haben.

Anstatt direkt zum Kauf aufzufordern, machen Sie Ihr Produkt zu einem Requisit, das nur nebenbei mit Ihrem Inhalt zusammenhängt.

Erstellen Sie dann wirklich wertvolle, nützliche und unterhaltsame Inhalte.

Stellen Sie sich diese Art von Content eher vor wie eine Produktplatzierung, nicht wie eine Verkaufsoffensive. In James-Bond-Filmen erscheinen Autos vom Typ Aston Martin und Rolex- oder Omega-Uhren nebenbei, ohne dass sie etwas mit der Handlung zu tun hätten. Genauso sollten auch Ihre Produkte nicht im Zentrum Ihres Content-Marketings stehen. Es wäre absurd und würde die Magie zerstören, wenn James Bond plötzlich innehalten und sagen würde: »Gehen Sie auf OmegaWatches.com, um die Omega Seamaster zu kaufen.« Stattdessen sieht man sie an seinem Handgelenk, während er den Bösewicht würgt oder an seinem Wodka Martini nippt.

Besonders wenn Sie Ihr Content-Marketing gerade erst beginnen, hat noch niemand je von Ihnen gehört, und keiner interessiert sich für Ihr Produkt. Es nervt, wenn man unterhalten werden will und dann Werbung sieht. Überlegen Sie nur einmal, wie viel Werbung Sie allein heute schon weggeklickt haben.

Wenn Sie Elektrowerkzeuge verkaufen, wollen die Leute nichts über Ihre Akkubohrmaschinen oder Winkelschleifer hören und davon, wie innovativ sie sind.

Versuchen Sie stattdessen, eine Community aus Menschen mit gemeinsamen Interessen rund um Ihr Produkt aufzubauen. Wenn Ihr Zielmarkt beispielsweise Bastler und Heimwerker sind, erstellen Sie Inhalte mit Anschauungsbeispielen, lustigen Projektideen und Anleitungen. Das ist unterhaltsam und wertvoll für Ihr Publikum, und Sie können Ihre Produkte einfach als Requisiten miteinbeziehen. Lassen Sie Ihr Produkt ständig im Bild erscheinen, aber achten Sie darauf, dass sich der Inhalt nie um das Produkt dreht. Sobald Sie über eine Gemeinschaft von Gleichgesinnten verfügen, die gerne Dinge bauen, verspreche ich Ihnen, dass diese Leute nach Ihren Produkten suchen und sie kaufen werden.

Auch wenn Ihr Geschäft nicht in Elektrowerkzeugen oder überhaupt keinen physischen Produkten besteht, können Sie dennoch dieses Prinzip anwenden, um sich eine Community aus Ihrem idealen

Zielmarkt aufzubauen. Wenn Sie eine Community leiten, die sich für Ihren Fachbereich begeistert, ist das eine wirkungsvolle Methode, zu verkaufen, ohne zu verkaufen.

Und genau wie beim Content-Marketing nicht Ihr Produkt im Mittelpunkt stehen sollte, sollte auch in der Community nicht Ihre Führungsrolle zentral sein. Menschen besuchen nicht wegen des Priesters die Kirche oder wegen des Trainers den lokalen Sportclub. Sie gehen dorthin, weil sie eine gemeinsame Philosophie, ein gemeinsames Interessensgebiet haben und Gleichgesinnte suchen. Achten Sie darauf, dass der gewünschte Inhalt Ihrer Community immer der Star der Show bleibt, und konzentrieren Sie sich darauf, den Leuten Inhalte zu liefern, die nützlich, informativ und unterhaltsam sind.

Durchhalten bis zum Erfolg

Wie schon erwähnt, lohnt es sich, sich in die Tretmühle der Content-Erstellung zu begeben, doch es ist auch eine Herausforderung. Zwei Strategien können Ihnen helfen, diesen Langstreckenlauf zu gewinnen.

Die erste Strategie nennt Gary Vaynerchuck »dokumentieren statt neu erschaffen«. Dokumentieren Sie einfach das, was Sie jeden Tag im Geschäft so tun. Anstatt also jeden Tag in eine Kamera, auf ein Mikrofon oder eine leere Seite zu starren und zu versuchen, irgendeinen neuen Content aus den Fingern zu saugen, dokumentieren Sie einfach nur, womit Sie sich sowieso beschäftigen.

Das mag sich zunächst etwas dümmlich anhören. Sie denken vielleicht: »Wer interessiert sich denn für das ganze langweilige Zeug, was ich jeden Tag mache?« Ihre idealen Kunden interessiert das. Ich habe im Lauf der Jahre jeden erdenklichen Content produziert, und die größten Erfolge hatte ich mit dem Thema »hinter den Kulissen«, wenn ich zeige, was mein Team und ich so arbeiten, und wie wir es tun. Dieser Content ist auch am einfachsten zu erstellen, weil wir ja ohnehin etwas Bestimmtes tun, also müssen wir nur noch auf »Aufnahme« drücken.

Das ist für die meisten Leute viel einfacher, als sich für ihren Content jeden Tag irgendwelche Ideen und Geschichten auszudenken. Das sogenannte Reality-TV geht von diesem Prinzip aus. Es nutzt die natürliche Neigung der Menschen zum Voyeurismus. Das ist eine simple und wirkungsvolle Methode, um Content zu erstellen.

Die zweite Strategie besteht darin, in dem Modus zu arbeiten, der Ihnen von Natur aus am meisten liegt. Manche Menschen sind begabte Redner, da könnte ein Podcast perfekt sein. Andere lieben es, Videos zu erstellen und sich zu präsentieren, hier ist ein YouTube-Kanal oder eine vertikale Videoplattform genau das Richtige. Andere (mich eingeschlossen) bevorzugen geschriebenen Text, für diese Leute sind schriftliche Inhalte wie Artikel, Bücher und textlastige soziale Plattformen das Richtige.

Beginnen Sie in dem Modus, der Ihnen am meisten entspricht. Das kann auch ein anderer Modus sein als der, in dem Sie am liebsten Inhalte konsumieren. Obwohl ich zum Beispiel aus Gewohnheit jeden Tag lese, konsumiere ich viel mehr Audio-Inhalte, weil sich das mit dem Training oder dem Reisen verbinden lässt. Finden Sie heraus, welche Form der Inhaltserstellung Ihnen am besten liegt, und beginnen Sie dort.

Der heutige Stand der bezahlten digitalen Werbung

Um den heutigen Stand der digitalen Werbung zu verstehen, muss man ihre Entstehungsgeschichte kennen. Als das Internet entstand, war es der Wilde Westen – ein sonderbarer Haufen aus Communitys und Subkulturen, hauptsächlich von Nerds für Nerds betrieben. Doch schon bald entstanden Online-Medienplattformen wie Google und Facebook, die alles einfach und kostenlos machten und damit das Internet für die Massen erschlossen. Dann machten sie ihre riesige Zahl an Nutzern zu Geld. Der Deal mit den Verbrauchern ähnelte dem von Zeitungen, Radio und Fernsehen – kostenlose oder kostengünstige Unterhaltung im Austausch für Aufmerksamkeit. Diese Aufmerksamkeit wird dann an Werbekunden weiterverkauft.

Ursprünglich war dies der wahrgewordene Traum für die Leute sowohl aus dem Marken- als auch dem Direktmarketing. Die Marken-Marketer fanden eine neue Möglichkeit, Millionen von Menschen zu erreichen, und die Direktmarketingleute entdeckten einen lächerlich billigen Medienkanal, über den sie jede Aktion verfolgen konnten. Der Traum wurde jedoch bald zum Albtraum.

Die Marken-Marketer erkannten, dass ihre Medienkanäle plötzlich stark fragmentiert waren. Zuvor konnten sie ihre großen Kampagnen mit hoher Reichweite über eine relativ überschaubare Anzahl von Zeitungen, Radiosendern und Fernsehkanälen durchführen. Jetzt war ihr Publikum auf Millionen von Webseiten, zahlreichen Social-Media-Plattformen und Dutzenden von Streaming-Diensten verteilt.

Direktmarketer, die sich dieses neue Medium schon früh zu eigen machten, kauften Anzeigen für 10 Cent pro Klick und verdienten damit unanständig viel Geld, da sie diese Klicks gewinnbringend umsetzten. Doch dann wurden sie von Konkurrenten überboten, die bereit waren, 15 Cent pro Klick zu zahlen. Der nächste Wettbewerber zahlte dann 20 Cent, dann 30 Cent und so weiter. Wie so oft beim Wettrüsten eskalierte das Ganze immer weiter, bis schließlich der Verrückteste als Letzter übrig blieb, aber der eigentliche Gewinner war der Waffenhändler.

Irgendwann kam der Punkt, an dem es schwierig wurde, noch einen Gewinn zu erzielen, nachdem man die exorbitanten Kosten pro Klick bezahlt hatte. Egal was verkauft wurde, der größte Teil der Gewinne floss an Google und Facebook, die durch die Versteigerung von Klicks zu immer höheren Preisen märchenhaft reich wurden.

Da man das Wettrüsten nicht mehr mit Geld allein gewinnen konnte, mussten die Marketer sich etwas Neues einfallen lassen. Sie verlegten sich auf die Daten. Gute Daten ermöglichten es, Anzeigen billiger zu kaufen, da das Verhalten der Zielgruppe verfolgt werden konnte. Es kam zu einem weiteren Wettrüsten, und es wurde immer übergriffiger, Daten zu sammeln und verfolgen. Da die Plattformen gute Waffenhändler sind, erleichterten sie dies bereitwillig und kassierten kräftig ab. Wenn man an einer guten Sache dran ist, lautet der klügste nächste Schritt, Gas zu geben, und da die Plattformen schlaue Unternehmen sind, haben sie genau das getan.

Ihr Kerngeschäft besteht im Verkaufen von Aufmerksamkeit. Da sie bereits eine Monopolstellung haben, gibt es für sie keine wirkliche Möglichkeit, Wettbewerbern Marktanteile wegzunehmen, denn für Monopolisten gibt es ja keine Wettbewerber. Sie können ihre Gewinne nur steigern, indem sie den Markt selbst erweitern. Jedem Menschen auf der Welt stehen 24 Stunden am Tag zur Verfügung. Nun ist es die Aufgabe dieser Plattformen, ihren Content so aufzurüsten, dass sie so viele von diesen Stunden wie möglich bekommen. Jede zusätzliche Minute an Zeit und Aufmerksamkeit, die ihnen ein Nutzer gewährt, ist für sie bares Geld wert. Wenn sich das jetzt für Sie so anhört wie in dem Film *Matrix*, in dem Menschen als Batterien benutzt werden, dann sind Sie gar nicht so weit weg von der Wahrheit. Das Ganze führte dazu, dass der Content immer suchtgefährdender, abstoßender und kontroverser wurde.

Während die Werbetreibenden immer größere Gewinne einfuhren und Daten sammelten, wurden ihre Versprechen immer größer und lauter.

Sie kennen das sicherlich vom Direktmarketing: Schlagzeilen mit großen Versprechungen, automatisch abgespielte, unangenehm laute Videos, und aufdringliche, überdrehte Werbeanrufe und -mails. Sie kennen das auch vom Markenmarketing, das immer neue und kreative Wege findet, in jedem erdenklichen Winkel unaufgefordert aufzupoppen und seine Logos, Produkte und Dienstleistungen anzupreisen.

Es war eine großartige Party, bis die Polizei einschritt. Verbraucher und Regierungen reagierten mit Bedenken hinsichtlich Datenschutz, und daraufhin wurde die allzu übergriffige Datenerfassung und -verfolgung eingeschränkt. Die Plattformen, die es vermeiden wollen, geprüft oder reguliert zu werden oder sogar ihre Monopolstellung zu verlieren, haben viele von den Targeting-, Tracking- und Attributionsfunktionen entfernt, die die Grundlage des digitalen Marketings waren.

All dies bedeutet, dass heute die digitale Werbung das organische Content-Marketing ergänzt. Es ist nicht mehr die einfache Lösung für sofortigen Lead Flow wie früher einmal. Nutzenbringende organische Inhalte ergänzen und verstärken die bezahlten Maßnahmen. Gleichzeitig untermauert die digitale Werbung die organischen Inhalte, und so entsteht eine wertvolle Feedbackschleife.

Wenn Sie sich darauf konzentrieren, Mehrwert zu schaffen, anstatt aufdringliche Störungen zu produzieren, erzielt Ihre digitale Werbung am ehesten hochwertige Leads und eine positive Rendite.

Best Practice der digitalen Werbung

Bücher sind kein ideales Medium, um sich die technischen Details digitaler Werbekampagnen auf den einzelnen Plattformen anzueignen. Die Richtlinien und Verfahren der Werbeplattformen ändern sich fast täglich.

Wie eingangs erwähnt, beschränken wir uns in diesem Buch auf zeitlose Grundlagen, für die sich schnell verändernden technischen Einzelheiten verweise ich Sie auf externe Quellen.

Meine Tipps für technische Anleitungen zur digitalen Werbung finden Sie auf dem Lean Marketing Hub. Zugang zu diesen Ressourcen erhalten Sie unter LeanMarketing.com/hub.

Hier ein paar Best Practices, die auf allen Plattformen üblich sind und noch länger bestehen werden.

Experten einstellen und mit ihnen zusammenarbeiten

Jede digitale Werbeplattform hat ihre Stärken, Schwächen und Eigenheiten. Wenn Sie nicht wissen, was Sie tun, werden Sie es mit Sicherheit vermasseln, schlechte Ergebnisse erzielen und dabei eine Menge Geld verbrennen. Aus diesem Grund empfehle ich Ihnen, bei der Einrichtung Ihrer digitalen Werbekampagnen mit Profis zusammenzuarbeiten.

Wenn Sie bereits eine Grundstruktur geschaffen haben, sind Sie, wie schon erwähnt, der Lieblingskunde der Experten. Sie finden dann viel bessere Voraussetzungen vor, um für Sie ein gutes Ergebnis zu erzielen.

Führen Sie ständig Tests durch

Testen Sie Ihre digitalen Werbeanzeigen ständig. Mit A/B-Tests, auch Split-Tests genannt, messen Sie die Leistung von zwei oder mehr kreativen Elementen gleichzeitig.

Von Isaac Asimov stammt das klassische Zitat, dass der klassische Ausspruch bei wissenschaftlichen Entdeckungen nicht »Heureka!« ist, sondern vielmehr: »Äh, warte mal …« Indem Sie verschiedene kreative Elemente wie Bilder, Videos, Überschriften und Werbetexte testen, bekommen Sie wertvolle Einblicke in Vorlieben, Verhalten und Motivation Ihres Publikums.

Diese kontinuierliche Verbesserung wird zu einem von zwei guten Ergebnissen führen: Sie werden entweder etwas gewinnen oder etwas lernen. Das Erlernte können Sie dann anwenden, um Ihre digitalen Werbekampagnen wirkungsvoller zu gestalten, aber auch für andere Marketingbereiche, wie organischen Content.

Es kann Anzeigenmüdigkeit auslösen, wenn Ihr Publikum immer wieder dieselben Anzeigen gesehen hat und deshalb das Interesse verliert. Wenn Sie verschiedene Variationen testen und rotierend verwenden, wirken Ihre Inhalte stets frisch, und Sie verbessern die Langlebigkeit und Wirksamkeit Ihrer Kampagnen.

Effektiver Einsatz von Retargeting

Beim Retargeting werden Nutzer identifiziert, die zuvor mit einer Ihrer Anzeigen oder einem Ihrer Inhalte interagiert oder darauf geklickt haben. Anschließend wird ihnen auf der Grundlage dieser Interaktionen personalisierte Werbung angezeigt. Ziel des Retargeting ist es, die Nutzer erneut anzusprechen, zu erinnern oder zu ermutigen, die gewünschten Aktionen auszuführen, wie etwas zu erwerben oder sich in Ihre E-Mail-Liste einzutragen. Dies führt zu höheren Konversionsraten, da es auf Nutzer abzielt, die bereits Interesse gezeigt haben und für Ihre Botschaft empfänglich sind.

Break-Even am vorderen Ende

Die Verkaufserlöse, die Sie als direkte Folge Ihrer Anzeige erzielen, werden als »Front End« bezeichnet. Ihr »Back End« sind alle Einnahmen aus nachfolgenden Käufen. Zusammen bilden sie den Customer Lifetime Value (CLV).

Wenn Sie im Front End kostendeckend arbeiten oder einen Gewinn erzielen, decken Sie Ihre Werbe- und Marketingkosten gleich mit dem ersten Kauf des Kunden. Auf diese Weise können Sie über ein praktisch unbegrenztes Marketingbudget verfügen und schnell skalieren, da Sie der Cashflow nicht behindert. Dies schafft die Voraussetzung dafür, dass Sie den CLV durch Wiederholungskäufe, Upsells, Aufstieg des Kunden im CLV, Cross-Sells und Weiterempfehlungen maximieren.

Kapitel 13 – Aktionspunkte

- Welcher Archetyp der Content-Erstellung entspricht Ihnen am ehesten? Suchen Sie sich einen aus oder kombinieren Sie mehrere davon, um Ihren eigenen Mischtyp zu bilden.
- Überlegen Sie sich, welche Kommunikationsform (Audio, Video oder Text) Ihnen am meisten liegt, um Content zu erstellen, und suchen Sie eine dementsprechende Plattform heraus.
- Spannen Sie Ihr Team ein und richten Sie einen Zeitplan für die regelmäßige Erstellung von Content ein, der Ihrem idealen Zielmarkt gefällt.

14

Kunden binden, begeistern und dazugewinnen

KAPITEL 14 – VORSCHAU

Viele Marketer denken, sobald sie einen Lead generiert oder einen Verkauf geschafft haben, sei ihr Job erledigt. Aber der wahre Lohn stellt sich erst dann ein, wenn man Kunden in begeisterte Fans verwandelt und damit den Customer Lifetime Value dramatisch steigert.

Die Kernpunkte in diesem Kapitel sind:

- Wie Sie wirklich verstehen, wie Kunden Ihr Unternehmen erleben.
- Wie Sie Probleme mit der Kundenzufriedenheit aus dem Weg räumen und sicherstellen, dass sie nie wieder auftreten.
- Wie Sie durch Erfahrungsberichte potenzielle Kunden motivieren, Ihnen zu vertrauen.
- Einfache Wege zu erstklassigen Bewertungen und Erfahrungsberichten.
- Warum die meisten Leute mit Empfehlungen falsch umgehen, und was Sie stattdessen tun sollten.
- Wie Sie mit Geschenken die Aufmerksamkeit potenzieller Kunden und ihre Sympathien gewinnen.
- Wie Sie Kunden für Empfehlungen »ausrüsten«, sodass Sie weitaus eher Empfehlungen erhalten.

Lebenslange Kunden

Zu Beginn meiner Laufbahn als Unternehmer verriet mir ein Mentor sein Mantra für Geschäftserfolg. Es lautete »lebenslange Kunden«. Es ist eine Philosophie, die ich mir angeeignet habe und die sich als überaus wertvoll herausgestellt hat. Ich habe erlebt, wie Kunden mir von einem Unternehmen zum nächsten gefolgt sind, von meiner Zeit in der IT über meine Station in der Telekommunikation bis hin zu mehreren nachfolgenden Unternehmungen. Viele von ihnen sind sogar meine Freunde geworden.

Dabei war es völlig egal, ob ich in einer neuen Branche tätig war oder etwas völlig anderes anbot. Sie wussten, ich hatte mich in der Vergangenheit immer gut um sie gekümmert, und sie vertrauten darauf, dass das auch in Zukunft so bliebe.

Was sollten Sie anders machen, um sich lebenslange Kunden zu schaffen? Wahrscheinlich unterscheidet es sich stark von dem, was Sie tun, falls Sie nur an die nächste Transaktion oder Ihr Quartalsziel im Verkauf denken.

Sie würden wahrscheinlich keine aufdringlichen Verkaufstaktiken anwenden, nicht an der falschen Stelle sparen und keine schlechten Erfahrungen verursachen. Sie würden eher nicht sagen: »Tut mir leid, das ist nun mal unsere Firmenpolitik.« Sie würden sich genau überlegen, wie Sie mit den Kunden umgehen und ihnen etwas verkaufen. Sie würden Kundeninteressen in den Vordergrund stellen und ihnen immer das bestmögliche Angebot zukommen lassen.

Regelmäßig Sympathiepunkte sammeln – damit bauen Sie Ihre Marke wirklich auf, und nicht mit all den oberflächlichen Dingen, die normalerweise in puncto Branding aufgeführt werden. Dieses Sympathie-»Konto« wächst und wird zu einem großen Vermögenswert für Ihr Unternehmen. Kunden, die begeisterte Fans sind, sind weit mehr wert als nur ihren eigenen Lifetime Value, weil sie Sie weiterempfehlen und sich für Ihren Erfolg einsetzen.

So vorzugehen, macht es so viel einfacher, ein neues Produkt, einen neuen Service oder ein neues Unternehmen einzuführen, und es ist besser berechenbar. Sie müssen niemanden drängen, sich abstrampeln oder aggressiv verkaufen. Sie haben eine unterstützende Truppe hinter sich, weil Sie sie ebenfalls immer unterstützt haben. »Lebenslange Kunden« ist eine Philosophie, die mir immer genützt hat, und ich bin sicher, sie wird Ihnen genauso dienen.

Wir erinnern uns an das Lean-Marketing-Prinzip 2: Integrieren Sie das Marketing in den gesamten Produkt- und Kundenlebenszyklus – das wird Ihr Marketing deutlich effektiver gestalten.

Ein Schlüssel dafür, seine Kunden zu binden, begeistern und mehr Kunden zu gewinnen, ist, einfach weiterhin das zu tun, weswegen die Kunden sich zuerst für Sie entschieden haben. Die meisten Kunden springen nicht ab, weil Sie irgendetwas falsch gemacht haben, sondern weil Sie ihnen keinen Grund geben, zu bleiben.

Es macht zwar Spaß und ist aufregend, herauszufinden, wie man neue Kunden gewinnt, neue Geschäfte abschließt und mehr Umsätze erzielt, aber das eigentliche Geld liegt im Back End – darin, bestehende Kunden zu binden und ihren Lifetime Value zu steigern. Wenn Ihr Unternehmen wie die vielen anderen ist, die ich kenne, können Sie Ihren Umsatz wahrscheinlich verdoppeln oder sogar verdreifachen, ohne einen einzigen neuen Kunden zu gewinnen. Und wie? Gut, dass Sie fragen ...

Willkommen an Bord

In seinem Buch *Never Lose a Customer Again* spricht Joey Coleman darüber, wie entscheidend die ersten 100 Tage für das Kundenerlebnis sind, um die Kunden langfristig zu binden.

Denn entgegen der landläufigen Vorstellung stellt sich der Kundenbindungsprozess nicht irgendwann später in der Beziehung zum Kunden ein. Die Kundenbindung sollte in dem Moment starten, in dem dieser sich anmeldet.

Wenn Sie schon einmal im Internet nach einer Softwarelösung oder einem Service gesucht haben, kennen Sie eventuell das folgende Szenario. Sie haben mehrere Webseiten mit Produkten geöffnet, die Ihren Bedürfnissen entsprechen könnten. Eine davon hat eine ansprechende Landingpage mit einer scheinbar perfekten Lösung. Auf den Screenshots sieht sie genau so aus wie das, was Sie suchen. Sie bieten eine kostenlose Testphase von 30 Tagen an, also geben Sie Ihren Namen und Ihre E-Mail-Adresse ein. Der nächste Bildschirm fordert von Ihnen eine Kreditkartennummer. Sie zögern kurz, aber die Seite versichert Ihnen, dass Ihre Karte nicht vor Ablauf der 30-Tage-Probezeit belastet wird. Sie finden, 30 Tage sind viel Zeit, um zu entscheiden, ob es das richtige Produkt ist, also machen Sie weiter.

Sie melden sich bei Ihrem Konto an. Sie stöbern herum. Es sieht ein bisschen entmutigend aus, außerdem müssen Sie eine Reihe von Daten importieren. Da Ihnen nicht ganz klar ist, was Sie als Nächstes tun sollen, denken Sie: »Also gut, dann lese ich die Anleitung eben morgen, wenn ich etwas mehr Zeit habe.« Ein Tag vergeht, eine Woche vergeht. Und dann, 30 Tage später, erhalten Sie per E-Mail eine Quittung, mit der Ihr erster Monat als zahlender Kunde beginnt. Sie denken: »Ich muss jetzt dann aber wirklich mal meine Daten in diese App importieren.«

Ein weiterer Monat vergeht. Er war anstrengend. Wieder erhalten Sie per E-Mail eine Quittung für einen Dienst, den Sie noch nie in Anspruch genommen haben. Das Problem, das Sie eigentlich lösen wollten, erscheint Ihnen jetzt weniger dringlich als das, was Sie gerade beschäftigt. Sie kündigen das Abonnement mit der Absicht, es erneut abzuschließen, sich das alles näher anzusehen, sobald Sie die Zeit finden. Aber das tun Sie natürlich nie.

Ich habe mit vielen Software-as-a-Service (SaaS)-Unternehmen zusammengearbeitet, und wir hatten großen Erfolg mit einem neu eingerichteten soliden Onboarding-Prozess für frisch angemeldete Kunden oder Testkunden. Wenn wir die angemeldete Person dazu bringen können, das Produkt zu nutzen, es in ihren Arbeitsablauf zu integrieren oder schnell den Nutzen zu erleben, dann ist es viel wahrscheinlicher, dass wir sie langfristig halten können.

Natürlich beschränkt sich diese Herausforderung nicht auf SaaS- oder Online-Dienstleistungsunternehmen. Egal was Ihr Bereich ist,

Ihre neuen Kunden werden kurz nach dem Kauf wahrscheinlich immer ein gewisses Maß an Reue empfinden. Vielleicht ist die Übergabe von Ihrem Vertriebsteam an Ihr Lieferteam nicht ganz reibungslos verlaufen. Oder vielleicht waren die Erwartungen des Kunden überzogen und entsprechen nicht der Realität. Vielleicht ist der Groschen gefallen, dass Ihr Produkt auch kein Wundermittel ist und den Kunden einige Mühen kostet. In jedem Fall werden Ihre Kunden unzufrieden sein und abwandern, sofern Sie nicht über einen starken Onboarding-Prozess verfügen.

Machen Sie etwas nicht Skalierbares

Welche gewaltigen Anstrengungen würden Sie für eine hervorragende Erfahrung der Kunden mit Ihrem Unternehmen auf sich nehmen?

Paul Graham, der legendäre Investor und Mitbegründer des Start-up-Inkubators Y Combinator, empfiehlt, nicht skalierbare Dinge zu. Das mag uns als Rat eines Menschen aus dem Herzen des Silicon Valley zunächst kontraintuitiv erscheinen, wo schnelle Skalierung und rapides Wachstum praktisch eine Religion darstellt. Es zeugt jedoch von einem tiefen Verständnis der Kundenerfahrung.

Hier einige Beispiele von »nicht skalierbaren Dingen«, die für eine großartige Kundenerfahrung entscheidend sind:

- **Werben Sie manuell Nutzer an.** Das kann bedeuten, Menschen persönlich einzuladen, Ihr Produkt oder Ihre Dienstleistung auszuprobieren, persönliche Demos durchzuführen oder sogar Nutzern beim Einstieg zu helfen.
- **Sorgen Sie für ein persönliches Benutzererlebnis.** Wachsen Sie über sich hinaus, um Ihre Kunden zu begeistern. Das könnte bedeuten, persönliche Dankesbriefe zu schreiben und einen außergewöhnlichen, aber arbeitsintensiven Kundenservice anzubieten.
- **Arbeiten Sie eng mit den ersten Kunden zusammen.** Nehmen Sie sich Zeit, um sie kennenzulernen. Dadurch können Sie Ihr Pro-

dukt so verbessern, dass ein echter Produkt-Markt-Fit entsteht. Die Gründer von Airbnb sind bekanntlich nach New York gereist, um ihre ersten Nutzer zu treffen. Sie halfen ihnen, professionell aussehende Fotos zu erstellen, und kümmerten sich selbst um den Kundensupport. Auf diese Weise lernten sie die häufigsten Probleme und Beschwerden ihrer Kunden kennen.

- **Machen Sie es anders als größere Konkurrenten**. Wie in Kapitel 3 erörtert, kann es ein starkes Unterscheidungsmerkmal sein, etwas Gewöhnliches ungewöhnlich gut zu machen. Das mag bedeuten, einen individuelleren Service anzubieten, besser auf Kundenfeedback einzugehen oder flexibler und innovativer zu agieren.
- **Brandbekämpfung**. Bearbeiten Sie Notfälle und kritische Situationen manuell. Eventuell haben Sie zu Beginn nicht die Ressourcen für ein robustes automatisiertes System. Daher kann jede Krise eine Chance sein, mehr über potenzielle Probleme zu erfahren und zu lernen, wie Sie sie in Zukunft vermeiden.
- **Pflegen Sie eine persönliche Beziehung zu Ihren Kunden**. Versuchen Sie, die persönliche Note beizubehalten, auch wenn Ihr Unternehmen wächst. Beantworten Sie Kunden-E-Mails persönlich, verbinden Sie sich mit Nutzern in den sozialen Medien oder veranstalten Sie Events für Ihre Community.

All dies lässt sich vielleicht nicht so einfach skalieren, aber es hilft Ihnen, Ihre Kunden besser zu verstehen, Ihre Produkte zu optimieren und sich von der Konkurrenz abzuheben. Wenn Ihr Unternehmen wächst, können Sie nach Möglichkeiten suchen, diese Aufgaben zu automatisieren oder zu delegieren, aber die Einblicke und die Sympathien, die Sie dadurch gewinnen, werden von unschätzbarem Wert sein.

Oft gehen Unternehmer nicht so weit, weil sie Bedenken wegen der Skalierbarkeit haben. Diese Sorge ist verfrüht. Wenn Sie das Onboarding nicht beherrschen, brauchen Sie sich um die Skalierung keine Sorgen zu machen. Dann sollten Sie sich um Ihr Überleben sorgen.

Kehren Sie oft zurück an die Frontlinie

Während ein Unternehmen wächst, passiert es häufig, dass der Gründer oder CEO sich immer weiter von der Arbeit an der Basis entfernt. Oft werden die Informationen aus zweiter Hand, die aus direkten Berichten stammen, so zusammengefasst, geschönt und bereinigt, dass sie kein wahrheitsgetreues Bild der tatsächlichen Vorgänge mehr wiedergeben.

Sie wollen wissen, was wirklich los ist? Verbringen Sie jeden Monat oder jedes Quartal einen Arbeitstag an der Kundenfront in Ihrem Kundenserviceteam oder am Helpdesk. Ich garantiere Ihnen, Sie werden Bauklötze staunen, wenn Sie sich die Kundenanfragen, Beschwerden und Schwierigkeiten höchstpersönlich anhören.

Sie werden erleben, dass vermeintlich gelöste Probleme immer noch auftreten. Sie werden sehen, dass eigentlich klargestellte Fragen auftauchen und eine Lücke in Ihrer Kommunikation offenbaren. Sie werden die teuren und zeitaufwendigen Notlösungen erkennen, mit denen sich Ihr Kundendienstteam aufgrund schlechter Schulung, defekter Systeme oder eines schlechten Produktdesigns behilft. Sie werden auch wichtige Trends entdecken und am Puls der Zeit sein, wenn es darum geht, wie sich das Unternehmen aus Kundensicht darstellt.

In den einzelnen Interaktionen werden Sie Kunden erleben, die zufrieden sind, unzufrieden oder neutral.

Wenn sie zufrieden sind, ist das ein idealer Zeitpunkt, um sie um einen Erfahrungsbericht oder eine Bewertung zu bitten, um damit Ihre Marketingaktivitäten zu unterstützen.

Wenn sie unzufrieden sind, können Sie sich durch proaktives Handeln um Probleme kümmern, bevor Rückerstattungen, Beschwerden oder schlechte Bewertungen Ihrem Unternehmen ernsten Schaden zufügen.

Wenn sie neutral sind, sind es wahrscheinlich Transaktionskunden, die Sie über den Preis gewinnen oder verlieren. Sie sichern Ihnen vielleicht einen kurzen Einkommensschub, sind jedoch keine solide Grundlage, auf der Sie Ihr Unternehmen aufbauen können.

Bei vielen neutralen oder unzufriedenen Kunden haben Sie vielleicht ein grundsätzliches Problem mit dem Produkt-Markt-Fit. Verkaufen Sie das Richtige an die falschen Leute? Oder das Falsche an die richtigen Leute? Verspricht Ihr Verkaufsteam haarsträubende Dinge, nur um Geschäfte abzuschließen, die Ihr Lieferteam dann aber nicht erfüllen kann?

Auch mit Ihrem Verkaufsteam an der Kundenfront Zeit zu verbringen, ist überaus wertvoll. Auch hier werden Sie feststellen, dass viele Chancen nicht genutzt werden, dass Ihre eigenen Vorstellungen von Ihrem Produkt und die Präsentation Ihres Vertriebsteams nicht übereinstimmen, und welche ernst zu nehmenden Einwände Ihre potenziellen Kunden haben.

Sich an die Kundenfront zu begeben, kann ziemlich ernüchternd sein. Jeder Geschäftsführer sollte es regelmäßig einplanen.

Korrigieren Sie Fehler schnell und gründlich

Beim Lean-Ansatz geht es darum, Fehler zu reduzieren, die Qualität zu verbessern, die Kundenzufriedenheit zu erhöhen und es gleich beim ersten Mal richtig zu machen. Natürlich wird es Zeiten geben, in denen Sie diesen Goldstandard nicht erreichen. Wenn dem so ist, werden alle Augen darauf gerichtet sein, wie Sie damit umgehen.

Denken Sie einmal daran zurück, wie Sie als Kunde unzufrieden mit einem Produkt oder Service waren und sich beschwert haben. Wenn Sie jemand zurückgerufen, sich Ihre Kritik angehört und anerkannt hat, wie Sie sich fühlten, sich des Problems annahm und es letztlich löste, dann wurde die Beziehung vermutlich nicht nur wiederhergestellt, sondern sogar gefestigt. Man hat Ihnen zugehört und Sie fühlten sich wertgeschätzt.

Auch das Gegenteil haben wir alle schon erlebt, die Kundenservicehölle, in der man sich fühlt, als würde man mit dem Kopf gegen eine Wand anrennen und dennoch nichts erreichen. Das ist unglaublich frustrierend. Nichts macht die Zufriedenheitsrate schneller zunichte als ein Kundenservice, der inkompetent und gleichgültig ist und einem offenbar nicht zuhört.

Das hört sich jetzt zwar kontraintuitiv an, aber manchmal kann ein schnell und gründlich behobener Fehler zu einer höheren Kundenzufriedenheit führen, als wenn man wie erwartet geliefert hätte.

Ich will damit nicht dazu raten, sich absichtlich Probleme zu schaffen, um sie dann zu beheben; vielmehr sollten Sie Fehler als Chance sehen, die Kundenbeziehungen zu stärken. Fehler werden immer vorkommen. Sie sollten sich auf jeden Fall bemühen, sie zu minimieren, aber noch wichtiger ist, sie schnell und gründlich zu beheben. So verwandeln Sie Kunden in begeisterte Fans.

Korrigieren Sie es zweimal

»Korrigieren Sie es zweimal« ist eine Problemlösungsphilosophie, die seit vielen Jahrzehnten in der Industrietechnik und im Qualitätsmanagement angewandt wird. Es ist ein Kernkonzept von Methoden wie den *Fünf Warums*, die ich in Kapitel 3 vorgestellt habe.

Die Idee besagt, sich im Fall eines erkannten Problems um das unmittelbare Problem zu kümmern, sodass man sich etwa um eine Kundenbeschwerde kümmert, einen Softwarefehler behebt, eine Maschine repariert usw. Aber man sollte auch den breiteren systemischen Kontext betrachten. Ermitteln Sie, warum das Problem überhaupt auftreten konnte, und beheben Sie auch diese Ursache, damit es sich nicht wiederholt.

Dieses »zweifache Korrigieren« kann darin bestehen, dass man ein Verfahren ändert, die Kommunikation verbessert, Kontrollen und Gegenkontrollen einführt, die Ausbildung verbessert und vieles mehr. Das kann viel Zeit, Geld und Mühe kosten, weshalb viele Unternehmen es unterlasssen. Doch genau das ist der Unterschied zwischen mittelmäßigen und großartigen Firmen.

»Korrigieren Sie es zweimal« bedeutet nicht, im ersten Schritt schnell und schlampig vorzugehen. Beide Male sollten Sie sorgfältig und gründlich korrigieren. Mit dem »zweimal« erkennen Sie einfach an, dass das unmittelbare Symptom eines Problems und die zugrunde liegende Ursache oft zwei verschiedene Dinge sind, die Sie beide angehen sollten, um eine hohe Kundenzufriedenheit zu gewährleisten.

Liefern Sie Beweise

Wenn Sie etwas tun, was scheinbar auch alle anderen tun, heben Sie sich vielleicht nur schwer von der Masse ab. In Kapitel 3 haben wir die vier wichtigsten Hebel besprochen, um Ihr Produkt oder Ihre Dienstleistung besser zu präsentieren. Das waren Zeit, Aufwand, Risiko und Nebenwirkungen. Sie mögen behaupten, dass Sie schneller, besser, risikoärmer, reaktionsschneller usw. sind, aber das sagen alle anderen auch. Häufig behaupten Unternehmen, in ihrer Branche führend zu sein. Seltener kommt es allerdings vor, dass das auch stimmt, und noch seltener, dass sie Beweise für ihre Behauptung liefern können.

Das Problem ist, dass Ihre potenziellen Kunden das alles schon einmal gehört haben und Ihnen deshalb nicht glauben. Außerdem können sie Ihre Aussagen nicht überprüfen, ohne tatsächlich etwas bei Ihnen zu kaufen. Aber wie können Sie den Kunden vermitteln, wie großartig Sie sind, wenn diese noch nichts erworben haben? Mit schlagkräftigen Beweisen. Schlagkräftig sowohl in Quantität als auch Qualität.

Der »Social Proof« – der soziale Beweis – ist ein psychologisches Phänomen, bei dem Menschen sich an den Handlungen anderer orientieren, insbesondere an denen von Gleichgesinnten oder vermeintlichen Experten, um herauszufinden, wie sie sich richtig verhalten sollen. Wenn Menschen unsicher sind, was sie tun sollen, und sich zum Beispiel für einen Anbieter entscheiden müssen, kann ein sozialer Beweis ihre Wahl stark beeinflussen.

Einige gängige Quellen für Social Proof sind:

- **Online-Rezensionen und -Bewertungen**. Wenn Ihr Produkt oder Ihre Dienstleistung viele positive Bewertungen aufweist, wird man ihm eher vertrauen, weil andere Verbraucher es »sozial geprüft« haben.

- **Testimonials.** Erfahrungsberichte von Kunden, die sich in einer ähnlichen Situation wie der potenzielle Kunde befanden und die Wirksamkeit eines Produkts oder einer Dienstleistung bestätigen, sind ein starker sozialer Beweis. »Ich wusste erst nicht mehr weiter, aber jetzt habe ich die Lösung« (dank Ihres Produkts oder Ihrer Dienstleistung) ist eine starke Erzählung.
- **Zitate von Autoritäten und Experten.** Positive Kommentare von vertrauenswürdigen Autoritäten, Experten oder Meinungsführern in Ihrem Bereich lassen Sie an dem Vertrauen des Verbrauchers diesen Personen gegenüber teilhaben.
- **Bekannte Kunden.** Gibt es angesehene oder bekannte Unternehmen, Organisationen oder Personen, die Ihr Produkt oder Ihre Dienstleistung nutzen? Deren Logos oder Bilder in Ihren Marketingmaterialien (mit Erlaubnis) zu verwenden, signalisiert, dass Ihre Arbeit vertrauenswürdig und hochwertig ist.
- **Awards.** Haben Sie irgendwelche Preise gewonnen oder wurden für Preise nominiert?
- **Prominente Werbeträger.** Es ist kein Zufall, dass prominente Persönlichkeiten in großem Umfang im Marketing mitmischen. Die Marke ihrer Persönlichkeit strahlt wie ein Heiligenschein auf die Produkte und Dienstleistungen ab, die sie verwenden und empfehlen.
- **Messen.** Behaupten Sie nicht einfach irgendetwas, sondern untermauern Sie es mit Zahlen. Wenn Sie angeblich einen besseren Kundendienst haben, können Sie dies mit der durchschnittlichen Zeit, die für die Lösung von Kundenproblemen benötigt wird, belegen. Wenn Sie behaupten, Ihre Kunden seien zufriedener, belegen Sie dies mit einer Kennzahl wie dem Net Promoter Score (der im nächsten Kapitel behandelt wird).

Wann immer möglich – und das ist es fast immer – zeigen Sie es, anstatt es nur zu sagen.

Umfang und Qualität beeinflussen in hohem Maße, wie überzeugend Ihr sozialer Beweis ist. Ein paar vage, anonyme Zitate auf Ihrer Website wirken schwach, und die meisten Leute werden sie für erfunden halten.

Wirken Sie mit einer »Wand der Liebe« dagegen – einer Seite auf Ihrer Webseite mit Dutzenden oder Hunderten von hochwertigen Erfahrungsberichten, Bewertungen und Empfehlungen. Menge, Qualität und Detailreichtum bauen Skepsis ab.

Wenn Sie ein lokales Unternehmen oder eine Niederlassung führen, können Sie eine physische Wand der Liebe schaffen. Lassen Sie Ihre Social Proofs vergrößern und ausdrucken und hängen Sie sie auf. Stellen Sie sich vor, wie potenzielle Kunden das Geschäft betreten und eine Wand sehen, die vom Boden bis zur Decke mit Bewertungen, Empfehlungen und Sympathiebekundungen von früheren Kunden bedeckt ist. Das macht Eindruck.

Der Social Proof kann jedoch zu einem Problem werden wie dem von Henne und Ei, wenn Sie gerade erst anfangen. Sie haben noch nicht viele soziale Beweise gesammelt, wodurch Sie sich schwertun, neue Kunden zu gewinnen. Und Ihr Mangel an Kunden verhindert, dass Sie genügend und überzeugende soziale Beweise erhalten.

In dieser Situation rate ich vor allem dazu, auf keinen Fall unaufrichtig zu sein und etwas zu erfinden. Das schafft ein schlechtes Karma, es ist unnötig, und es wird wahrscheinlich irgendwann herauskommen. Sie können das Problem auf zwei ehrliche Arten lösen.

Die erste Möglichkeit ist, Ihr Produkt oder Ihre Dienstleistung kostenlos an eine ausgewählte Gruppe in Ihrem Zielmarkt zu verschenken und im Gegenzug um eine ehrliche Bewertung zu bitten. Die zweite Möglichkeit ist, jemanden, mit dem Sie in der Vergangenheit zusammengearbeitet haben, um einen Erfahrungsbericht zu bitten. Selbst wenn Ihre Kooperation mit dieser Person nichts mit Ihrem jetzigen Angebot gemein hat, kann eine persönliche Empfehlung enorm dazu beitragen, dass man Ihnen Vertrauen schenkt. Die Leute wollen einfach wissen, ob sie Ihnen vertrauen können. Sind Sie kompetent? Werden Sie halten, was Sie versprechen? Was Sie in der

Vergangenheit geleistet haben, ist der beste Indikator dafür, was Sie in Zukunft tun werden.

Sammeln Sie Bewertungen und Erfahrungsberichte

Die meisten Unternehmen gehen nicht systematisch vor, um Bewertungen und Erfahrungsberichte zu sammeln. Wenn sie darum bitten, dann oft auf unstrukturierte Weise, wobei sie es der angefragten Person überlassen, in welcher Form sie das Unternehmen bewertet. Dies führt zu niedrigen Antwortquoten und unbrauchbaren Ergebnissen. Sie können die Qualität und Quantität von Bewertungen und Erfahrungsberichten radikal verbessern, indem Sie Ihre Anfragen so nutzerfreundlich und konkret wie möglich gestalten.

Sorgen Sie dafür, Bewertungen und Erfahrungsberichte prozessgesteuert und zumindest teilweise automatisiert einzuholen. Je nach Unternehmen können Sie den Prozess sogar vollständig über Ihr CRM-System oder spezielle Tools für die Sammlung von Social Proof automatisieren.

Als Nächstes gilt es, die Logistik reibungslos zu gestalten. Wenn Sie zum Beispiel Video-Testimonials anfordern (was Sie tun sollten), steht die angefragte Person vor mehreren Hindernisse.

Da wären zunächst die technischen Herausforderungen. Der Angefragte wird das Video mit seinem mobilen Gerät oder Computer aufnehmen, also muss er wissen, wie das geht. Dann braucht er eine Möglichkeit, die Datei an Sie zu senden. Qualitativ hochwertige Videodateien sind in der Regel recht groß, daher muss er sie wahrscheinlich auf einen File-Sharing-Dienst hochladen und den Link mit Ihnen teilen.

Das ist alles kein Ding der Unmöglichkeit, aber jede zusätzliche Hürde verringert die Anzahl der Personen, die Ihrer Aufforderung nachkommen werden. Hier können Tools zum Sammeln von Bewertungen und Erfahrungsberichten Sie unterstützen. Sie können die Anzahl der erforderlichen Schritte reduzieren und jeden Schritt vereinfachen.

Und dann ist da noch das Problem, dass die Kunden nicht wissen, was sie sagen oder schreiben sollen. Unter Druck scheitern die meisten Menschen schon an dieser Frage und schreiben nichts, selbst wenn ihnen Ihr Produkt oder Ihre Dienstleistung gefallen hat. Und falls doch, wird die Aussage wahrscheinlich nicht gut zu gebrauchen sein.

An dieser Stelle können Sie ihnen Vorlagen an die Hand geben, die sie übernehmen oder bearbeiten können. Das ist für die meisten Menschen einfacher, als auf einen blinkenden Cursor oder ein Kameraobjektiv zu starren.

Anstatt die Kunden um einen »Erlebnisbericht« zu bitten, was sich etwas seltsam anhört, nennen Sie es »Feedback«. Sie könnten sagen: »Herr Kunde, könnte ich von Ihnen ein Feedback bekommen?« Die meisten Menschen lieben es, ihre Meinung zu sagen, also werden die meisten sagen: »Na klar.« Stellen Sie dann ein paar einfache Fragen:

- Warum waren Sie zuerst unsicher oder skeptisch, ob Sie unser Produkt kaufen sollten?
- Warum haben Sie sich dann doch entschieden, es zu kaufen?
- Welchen konkreten Nutzen haben Sie durch unser Produkt?
- Wem würden Sie unser Produkt weiterempfehlen, und warum?

Wenn er geantwortet hat, fragen Sie: »Hätten Sie etwas dagegen, wenn ich Ihre Kommentare für unser Marketing verwende?« Die meisten werden damit einverstanden sein. Sie haben es ihnen damit viel leichter gemacht, Bewertungen und Zeugnisse abzugeben – und sich selbst, diese zu erhalten.

Empfehlungen anregen und strukturieren

Regelmäßige Empfehlungen können Ihr Marketing weitaus wirtschaftlicher gestalten. Stellen Sie sich vor, dass Sie mit jedem gewonnenen Kunden eigentlich mehr als nur einen Kunden erhalten. Selbst wenn nur eine von zehn Personen Sie weiterempfiehlt, würde das bedeuten, dass ein einzelner durch Marketing gewonnener Neukunde 1,1 Nettoneukunden zur Folge hat.

Um regelmäßig Empfehlungen zu erhalten, müssen Sie mehr tun als die meisten Menschen: nämlich einfach zu hoffen. Hoffnung ist aber keine wirksame Marketingstrategie. Sie brauchen eine *systematische* Methode, um Empfehlungen zu generieren.

Ich verrate Ihnen nun drei praktische Wege, wie Sie zu mehr Empfehlungen kommen, und fange mit dem einfachsten an.

1. Bitten Sie darum

Wenn Sie etwas nicht in ausreichendem Maße erhalten, ist es vermutlich Ihr Problem, um etwas zu bitten. Bitten ist der erste Schritt im Prozess des Empfangens. Und doch bitten so wenige Menschen um das, was sie wollen. Oft meinen sie, es würde ihren Status mindern oder sie verzweifelt oder als Bittsteller erscheinen lassen. Komischerweise habe ich festgestellt, dass mächtige Menschen von hohem Status oft überaus erfolgreich im Bitten sind.

In einem Interview sagte Steve Jobs zum Thema Bitten: »Also, ich habe eigentlich immer die Erfahrung gemacht, dass, die meisten Leute … nie um etwas bitten. Ich habe nie irgendjemanden getroffen, der mir nicht helfen wollte, wenn ich ihn darum gebeten habe.« Und weiter sagte er: »Und genau das unterscheidet die Leute, die etwas machen, von denen, die nur von etwas träumen. Man muss handeln. Und man muss bereit sein, zu scheitern, man muss bereit sein, voll gegen die Wand zu fahren und abzustürzen, wenn man mit Leuten telefoniert, wenn man ein Unternehmen startet, wobei auch immer. Wer vor dem Misserfolg Angst hat, kommt nicht weit.«

Ich denke, das bringt es auf den Punkt, warum so viele Leute sich nicht trauen, um etwas zu bitten. Wenn man es nicht versucht, kann man nicht scheitern (das ist meine Strategie, wie ich im Profiboxen unbesiegt bleibe). Wer bittet, geht das Risiko einer Zurückweisung ein, und davor haben die meisten Leute eine Höllenangst.

Ein wichtiger Punkt in der Psychologie der Empfehlungen ist, dass Menschen Sie nicht weiterempfehlen, um *Ihnen* einen Gefallen zu tun, auch wenn Sie es so empfinden. Sie tun es für *sich selbst.* Wenn eine Person Ihr Unternehmen jemandem weiterempfiehlt, und diese andere Person erlebt dann etwas Tolles oder löst ihr Problem, wirft das ein gutes Licht auf den Empfehler und hebt dessen Status innerhalb seiner Peergruppe an.

»Einfach bitten« ist ein einfacher Rat, und wie bei den meisten einfachen Ratschlägen können zusätzliche Angaben dazu dienen, damit Erfolg zu haben. Die meisten Menschen, die den Mut aufbringen, um etwas zu bitten, tun dies unüberlegt und unpräzise. Oft überlässt man die gesamte Logistik der Person, die man um etwas bittet. Damit ist man auf dem besten Weg, dass Menschen, die viel zu tun haben, einen ignorieren oder ablehnen.

Da ich zu den Menschen gehöre, die jeden Tag einen Haufen Anfragen bekommen, spreche ich hier aus Erfahrung. Ich kann Ihnen ein paar gute Tipps geben, wie eine gute Anfrage um Empfehlung im Vergleich zu einer schlechten aussieht.

Eine schlechte Anfrage ist selbstbezogen, unspezifisch und verursacht mir zusätzlichen (meist unnötigen) Aufwand bei meinem ohnehin schon vollen Terminkalender. Eine gute Anfrage liefert mir einen starken Gegenwert und gibt mir klar und einfach den nächsten Schritt vor. Ich gebe Ihnen einmal für jede der beiden Versionen ein reales Beispiel aus meinem Posteingang.

Schlechte Anfrage:

Betreff: Anfrage für einen Artikel

Hallo,

nachdem ich viele Jahre in der Finanzbranche tätig war, kann ich endlich sagen, es ist Zeit, meinem Traum zu folgen! Sie haben es erraten, freiberuflicher Schriftsteller!

Mit meiner Erfahrung und meiner Kreativität habe ich es mir nun zur Aufgabe gemacht, informative Artikel für Webseiten wie die Ihres

Unternehmens zu verfassen. Es gibt viele Dinge, die ich in Bezug auf Finanzanlagen gerne früher gewusst hätte, und ich denke, Ihre Zielgruppe würde das auch zu schätzen wissen.

Wenn Sie interessiert sind, lassen Sie es mich bitte wissen, dann können wir einige Themenbereiche besprechen! Ich habe ein paar Ideen, aber ich würde gern auch Ihre Meinung dazu hören.

Beste Grüße,
Kevin

Ich bin sicher, dass Kevin ein netter Kerl ist, aber so sehr ich ihm auch weiterhelfen möchte,

- ich habe keine Ahnung, wer er ist.
- ich habe keine Ahnung, was ich eigentlich davon hätte.
- für den unwahrscheinlichen Fall, dass ich interessiert wäre, hat er den Aufwand, ein Treffen zu vereinbaren, mir überlassen. Ich müsste herausfinden, in welcher Zeitzone er lebt, wann er Zeit hat, wann ich Zeit habe und so weiter.
- Außerdem geht es die ganze Zeit nur um ihn. Er hat sich nicht einmal die Mühe gemacht, die E-Mail mit einer persönlichen Ansprache zu versehen, also weiß ich, dass er ein und dieselbe uneffektive Botschaft per copy-and-paste auch vielen anderen zukommen lässt.

Sorry, Kevin, das ging leider voll daneben.

Hier ein Beispiel für eine gute Anfrage:

Betreff: Sie sind genau das, was meine Zuhörer brauchen

Hi Allan,

nachdem ich Ihr Buch nun so oft habe aufpoppen sehen, und Sie dann auf dem Podcast *Self Publishing School* selbst hören durfte, wurde mir klar, dass Ihre Botschaft für meine Zuhörer Grundlagenwissen sein sollte.

> Ich habe noch nie erlebt, dass jemand das Marketing für Unternehmen so schlüssig erklärt hat. Vom Berechnen des CLV bis hin zum Einrichten besserer Systeme für mehr Kundenzufriedenheit. Ich wünschte, ich hätte Ihr Buch gelesen, als ich anfing.
>
> Ich habe nach jemandem gesucht, der diese Themen mit unseren Zuhörern (hauptsächlich Autoren in den USA, die sich mit einem Buch ein Geschäft aufbauen wollen) vertiefen kann, weil sie für meinen eigenen Weg so wichtig waren.
>
> Ich würde mich sehr freuen, wenn ich für Sie und *Der Marketingplan auf einer Seite* auf meinem Podcast *Before the Bestseller* werben dürfte (ein Podcast unter den Top 2 %).
>
> In *Before the Bestseller* interviewe ich aktuelle Topautoren wie Mike Michalowicz von *Profit First*, Bessel van der Kolk von *The Body Keeps the Score*, Michael D. Watkins von *The First 90 Days*, Daniel Pink von *Drive* und viele weitere, um deren Botschaft weiter zu verbreiten und anderen zu zeigen, wie sie etwas bewirken können.
>
> Ich weiß, dass Visionäre wie Sie gerne effizient mit ihrer Zeit umgehen. Deshalb habe ich alles gut vorbereitet, sodass Sie nur noch auf einen Link klicken und ein paar Fragen beantworten brauchen und dann mit Ihrem Tagwerk weitermachen können – das Leben der Menschen zu verändern.
>
> Wenn Sie dazu bereit sind – antworten Sie gerne jederzeit oder verweisen Sie mich an Ihren Assistenten, damit ich Ihnen den Link zukommen lassen kann.
>
> Ich danke Ihnen vielmals, dass Sie sich die Zeit genommen haben!
>
> Grüße,
> Alex

Ich habe den Podcast mit Alex gemacht. Außerdem hat er mir in unserem Gespräch nach dem Interview auf einfühlsame Weise seinen Anzeigenverwaltungsservice für Autoren angeboten. Ich habe den Service gekauft und Alex ist bis heute einer meiner Anbieter.

Die entscheidenden Punkte dabei waren:

- Seine E-Mail war genau auf mich zugeschnitten.
- Er bietet einen klaren Gegenwert: Das Erscheinen in einem Podcast, der zu den Top-2-Prozent gehört.
- Er lieferte mir Social Proof. Meine Peers sind in demselben Podcast aufgetreten.
- Er stellt klar, nicht zu viel von meiner Zeit in Anspruch zu nehmen. Ich kann Ihnen gar nicht sagen, wie oft ich es bereut habe, mich mit Leuten zu treffen, die total unorganisiert waren und meinen Zeitplan überhaupt nicht auf dem Schirm hatten.
- Er formulierte klar und deutlich, was er wollte.
- Er verdeutlichte, was für mich der nächste Schritt wäre, und sorgte für eine einfache Vorgehensweise. Alles, was ich tun musste, war, die E-Mail an meinen Assistenten weiterzuleiten, der sich mit ihm zusammen um den Rest kümmerte.
- Zusätzliche Punkte für mein Ego. Jeder lässt sich gerne sagen, wie toll er ist.

2. Integrieren Sie die Empfehlungsanfrage in Ihr Produkt

Empfehlungsanfragen laufen auch deshalb manchmal ins Leere, weil sie unerwartet kommen und die angefragte Person unvorbereitet ist. Oft kennt Ihr Kunde jemanden, dem er Sie empfehlen könnte, aber der fällt ihm gerade nicht ein. Er muss vielleicht erst darüber nachdenken oder es fällt ihm im Lauf des Tages ein.

Wenn Sie ihn mit einer Empfehlungsanfrage überraschen, neigt er dazu, zu sagen: »Mir fällt im Moment niemand ein.«

Wie bereits erwähnt, sollten Sie in Ihrem Onboarding-Prozess klare Erwartungen formulieren. Legen Sie also dort oder sogar in Ihrem Verkaufsprozess fest, dass Empfehlungen ein normaler Bestandteil der Zusammenarbeit mit Ihnen sind. Sofern es möglich und angemessen ist, sollten Sie diese Erwartung in beide Richtungen umsetzen, das heißt, dass Sie auch Ihren Kunden anderen weiterempfehlen.

Oft fragt man mich, wie man einen Anreiz für Empfehlungen schaffen kann. Im Lauf der Jahre habe ich unzählige Empfehlungen von hohem, niedrigem und mittlerem Wert gegeben. Ich kann mich an keine einzige davon erinnern, bei der mich ein Anreiz oder ein Bonus motiviert hätte. Selbst wenn so etwas im Nachhinein angeboten wurde, habe ich es abgelehnt. Ich sage nicht, dass Empfehlungen so nicht funktionieren, aber ich glaube, so etwas ist weitaus seltener, als viele Unternehmer glauben.

Das hat etwas mit der Psychologie der Empfehlungen zu tun. Der echte Gewinn für diejenigen, die etwas weiterempfehlen, liegt nicht in der Rückvergütung, im Anreizversprechen oder Werbegeschenk. Es ist der soziale Gewinn, die Statuserhöhung innerhalb der Peergruppe. Wenn man jemandem in seiner Peergruppe etwas Gutes empfiehlt, fällt dessen Wert auf den Empfehler zurück. Wenn man nun aber über einen Anreiz einen direkten Gewinn davon hat, wird dies zunichte gemacht. Schlimmer noch, es kann den Status innerhalb der Peergruppe senken, denn die Person, der etwas empfohlen wurde, könnte herausfinden (und wird es wahrscheinlich), dass die Empfehlung auf einem Anreiz basierte.

Wenn Ihr Freund Ihnen einen Finanzberater empfehlen würde, und Sie würden später herausfinden, dass er dafür eine Belohnung erhalten hätte, würden Sie sich dann nicht zumindest fragen, ob die Motivation Ihres Freundes echt oder nur eigennützig war?

Natürlich ist die Situation bei einer formellen Empfehlungsbeziehung eine andere, etwa bei einem Joint Venture, einem Partnerprogramm oder einer Wiederverkäufervereinbarung. In diesen Fällen ist sie ein wesentlicher Bestandteil des Geschäftsmodells. Ich weiß, dass mein Versicherungsmakler vom Versicherer für seine Empfehlungen an mich vergütet wird, und damit habe ich kein Problem. In vielen Fällen ist die Offenlegung von Anreizen und Zahlungen gesetzlich vorgeschrieben. Dies ist besonders wichtig in Bereichen, in denen Interessenkonflikte das professionelle Urteilsvermögen beeinflussen könnten, wie zum Beispiel im Immobilien-, Finanz- und Gesundheitswesen. In einigen Fällen sind Empfehlungen mit Anreizen sogar illegal.

Eine Option, organische Empfehlungen anzuschieben, besteht darin, dass Ihr Produkt oder Ihre Dienstleistung sowohl für den Empfehlenden als auch für den Geworbenen besser wird, wenn beide es nutzen. Man bezeichnet das als Netzwerkeffekt.

Ein soziales Netzwerk oder eine Kommunikationsplattform wird beispielsweise viel wertvoller für Sie, wenn alle Ihre Freunde dort mitmachen. Im Gegenzug wird sie für diese wertvoller, wenn auch ihre anderen Freunde dabei sind. Dies führt zu einer inhärenten Viralität. Sie gewinnen, Ihre Freunde gewinnen, und die Plattform gewinnt. Es ist nicht immer einfach oder möglich, Netzwerkeffekte in Ihr Produkt oder Ihre Dienstleistung einzubauen, aber der Gewinn ist enorm, wenn Sie es schaffen.

3. Rüsten Sie Ihre Empfehler gut aus

Die meisten Empfehlungsanfragen sind vage und auf sich selbst bezogen und halsen dem potenziellen Empfehler eine Last auf. Meist ist es etwas in der Art: »Wenn Sie jemanden kennen, der einen IT-Service-Anbieter benötigt, informieren Sie ihn bitte über uns.«

Wer würde gut passen? Wie würde ich ihn über Sie informieren? Was müsste er tun? Auf welche Indikatoren habe ich zu achten, die mir sagen, dass er bereit ist zu kaufen? Das scheinen so simple und offensichtliche Fragen zu sein, und für manche einfachere Unternehmen sind sie das auch, aber egal wie Sie es drehen, auf diese Weise zwingen Sie noch immer potenzielle Empfehler, die ganze Arbeit, die eigentlich Ihre ist, zu erledigen. Wenn er dann nicht stark motiviert ist, wird er es wahrscheinlich nicht tun.

Wenn Sie der Befehlshaber einer Armee wären, würden Sie Ihre Soldaten nicht unbewaffnet in die Schlacht schicken und erwarten, dass sie mit der Kriegsbeute zu Ihnen zurückkehren. Wunder sind toll, aber sie geschehen eher, wenn Sie auch entsprechend günstige Umstände schaffen. Wenn wir wollen, dass unsere Referenten in unserem Namen siegen, sollten wir ihnen auch das entsprechende Rüstzeug an die Hand geben.

Wie gesagt, der Schlüssel, um Empfehlungen zu erhalten, besteht darin, die Psychologie der Empfehlungen zu verstehen. Außerhalb Ihres engeren Freundes- und Familienkreises wird Ihnen niemand aus reinem Wohlwollen Aufträge vermitteln.

Wenn man das bedenkt, regt man Menschen am besten zu Empfehlungen an, indem man ihnen einen Vorteil verschafft, den sie weitergeben können. Das lässt sie in ihrer Gruppe gut dastehen und verschafft ihnen ein gutes Gefühl.

Dadurch erhalten Sie auch Empfehlungen, die Sie sonst nicht bekommen hätten. Denn die meisten Menschen werden nur jemandem etwas empfehlen, von dem sie wissen, dass er diese unbedingt haben will, zu kaufen bereit ist und perfekt passt. Wenn sie unsicher sind, ob der andere zu kaufen bereit ist, oder ob es passt, sind die meisten eher vorsichtig und riskieren lieber nicht, etwas Ungeeignetes zu empfehlen. Eine risikoarme Lösung, wie andere Ihre Arbeit weiterempfehlen können, ist, etwas Wertiges zu verschenken, denn das ist mit keinerlei Verpflichtungen oder Verkaufsdruck verbunden.

Ich schenke meinen Empfehlungskandidaten gerne Dinge, die schon für sich genommen einen Wert haben. Erstens würde es sich extrem verschwenderisch anfühlen, sie wegzuwerfen, also behalten die Empfänger sie in der Regel oder geben sie an jemand anderen weiter. Zweitens wertet es den Status des Empfehlers auf, da er etwas Wertvolles verschenkt und nicht nur eine Empfehlung ausspricht.

Wenn ich mit einem Partner oder einem potenziellen Empfehlungsgeber zusammenarbeite, gebe ich ihm ein paar von meinen Büchern, damit er sie in seinem Umfeld weiterreicht. Bücher werden fast nie weggeworfen, und die Empfänger wissen das Präsent zu schätzen, weil ein Buch an sich und zudem dessen Inhalt etwas Wertiges ist. Es ist eine großartige Möglichkeit, andere in unsere Welt einzuführen, und, besonders wichtig, den Status des Empfehlers zu erhöhen.

Ein Gutschein oder eine Geschenkkarte über Ihre Produkte oder Dienstleistungen ist eine weitere hervorragende Möglichkeit, Ihre

Empfehlungsgeber auszustatten. Sie könnten dabei das Design kommerzieller Geschenkkarten nachahmen, die oft die Größe einer Kreditkarte haben und auf denen ein Wert aufgedruckt ist. Jeder hat eine Brieftasche voller Plastikkarten, die er mit Wert verbindet und nicht verlieren möchte.

Eine Probepackung, eine Schnupperversion oder ein Starter-Kit können gut funktionieren, wenn Sie physische Produkte verkaufen. Je nachdem, was es ist, kann auch Ihr Aushängeschild eine gute Möglichkeit sein, um Ihr Empfehlungsnetzwerk auszustatten.

Geschenke

Geschenke sind eine großartige Möglichkeit, Beziehungen zu festigen und Kunden zu zeigen, dass man sie wahrnimmt und schätzt. Mit der Art und Weise, wie die meisten Geschenke machen, liegen sie jedoch furchtbar daneben. Wenn Sie Präsente richtig einsetzen möchten, sollten Sie überlegt und ein wenig nonkonformistisch vorgehen.

Zuerst ein Hinweis: Lassen Sie sämtliche großen Feiertage aus. Ihre Geste wird in der Masse der Geschenke, Grüße und Glückwünsche aller anderen untergehen.

Lassen Sie auch die billigen Plastikkugelschreiber oder andere Spielereien, auf denen Ihr Firmenname und Ihr Logo groß und breit aufgedruckt sind, links liegen. Das ist kein Präsent für Ihren Kunden. Das ist nur Werbung, und zwar nicht einmal eine gute.

In seinem Buch *Influence* betont Robert Cialdini, dass das Prinzip der Gegenseitigkeit ausgelöst wird, wenn Geschenke sinnvoll, unerwartet und individuell gestaltet sind.

Sinnvoll bedeutet, dass das Geschenk für den Empfänger in irgendeiner Form von Wert sein sollte. Es geht nicht um den finanziellen Wert des Präsents, sondern um den wahrgenommenen Wert und die Bedeutung für den Empfänger.

Unerwartete Geschenke wirken besonders, weil das Überraschungsmoment intensive Gefühle hervorruft und im Gedächtnis bleibt.

Ein individuell gestaltetes oder personalisiertes Präsent zeigt, dass der Schenkende sich Gedanken gemacht hat, und der Empfänger spürt, etwas Besonderes zu sein und als Person wahrgenommen zu werden, anstatt das Objekt einer Massenmarketingstrategie zu sein.

John Ruhlin, Autor des Buches *Giftology*, empfiehlt, dass Ihr Geschenk das Beste sein sollte, was Sie für Ihr Budget bekommen können. Wenn Sie zum Beispiel ein Budget von 100 Dollar pro Kunde haben, sollten Sie ihm statt einer billigen Plastikuhr, die er weitergeben oder wegwerfen wird, einen schönen, hochwertigen Stift mit seinem eingravierten Namen schenken. Dieser letzte Punkt ist wesentlich. Auf dem Geschenk sollte der Name *des Kunden* stehen, und nicht der Name oder das Logo Ihres Unternehmens. Ein hochwertiges Präsent mit dem Namen des Beschenkten wird er wahrscheinlich für immer aufbewahren und erinnert ihn jedes Mal an Sie, wenn er es benutzt.

Wichtig ist auch, regelmäßig und nicht nur einmalig etwas zu schenken. Wie bei allen Marketingprozessen verstärkt sich die Wirkung von Geschenken mit der Zeit und trägt dazu bei, Kundenbeziehungen zu erhalten und zu stärken.

Mit analoger Post Eindruck machen

Haben Sie schon einmal ein Paket bekommen und es weggeworfen, bevor Sie es geöffnet hatten? Ich auch nicht. Ich wage zu behaupten, dass die Öffnungsrate von Paketen so nah bei 100 Prozent liegt wie nur irgend möglich.

Physische Päckchen oder Post zu versenden, birgt das Potenzial für hervorragende Ergebnisse. Als geborener Technik-Freak liebe ich die digitale Welt. Aber während die digitalen Postfächer im Lauf der Jahre immer voller wurden, wurden die physischen Briefkästen immer leerer und überschaubarer. Für einen Marketer ist das nur schwer zu übersehen.

Da die Kosten für digitales Marketing in bestimmten Branchen und Märkten inzwischen stark anziehen, habe ich schon oft erfahren, dass es manchmal tatsächlich billiger ist, jemandem ein Paket zu schicken, vielleicht mit einer Produktprobe oder einer handschriftlichen Notiz, als ihn über rein digitale Medien aufmerksam zu machen.

Als Vermarkter sollten Sie so auftreten, dass Sie immer die herkömmlichen Muster unterbrechen. Ganz gleich, ob Sie das Surfen im Internet unterbrechen oder in der physischen Welt des Kunden mit etwas so Einfachem wie einer handgeschriebenen Notiz auftauchen, Sie sollten einen »Wow«-Moment schaffen.

Ein Überraschungswerbepaket ist ein physisches Paket, das Sie an potenzielle Kunden, aktuelle Kunden oder potenzielle Partner schicken. In dem Paket können sich folgende Dinge befinden:

- Ein Brief oder eine handgeschriebene Notiz mit persönlicher Anrede
- Hochwertige Werbematerialien
- Erfahrungsberichte und Social Proof
- Bücher oder Berichte zum jeweiligen Thema
- Produktproben oder Demoversionen
- Hochwertige Geschenke

Die Idee hinter dem Überraschungswerbepaket ist, das Gefühl von überwältigendem Mehrwert beim Empfänger zu erzeugen. Es kann den Absender als Experten positionieren und, wenn es gut gemacht ist, enorme Sympathien erzeugen.

Diese Methode ist besonders effektiv in Branchen, in denen es schwierig ist, sich zu differenzieren. Anstatt nur eine von vielen anderen Stimmen auf einem überfüllten Marktplatz zu sein, heben Sie sich durch das Überraschungswerbepaket von der Menge ab und hinterlassen einen bleibenden Eindruck.

Klare Erwartungen, schnelle Erfolge und ein Fahrplan

Wenn es länger dauert, Ihr Produkt oder Angebot zu liefern oder bis Ihre Kunden das gewünschte Ergebnis bekommen, führt dies wahrscheinlich zu einem Problem mit der Kundenzufriedenheit und -bindung. Die Leute werden ungeduldig und kündigen manchmal sogar, noch bevor Sie es schaffen, ihnen zum erwünschten Ergebnis zu verhelfen. Besonders schwierig ist dies in Bereichen wie Consulting, Gesundheitswesen, Fitness und Bildung, wo das Ergebnis stark davon abhängt, dass der Kunde konsequent durchhält, was er selbst tun muss. Es ist frustrierend, wenn jemand, der Fortschritte gemacht hat, aufgibt, bevor er ans große Ziel gelangt ist. Hier sind drei Arten, dieses Problem direkt anzugehen: klare Erwartungen setzen, für schnelle Erfolge sorgen und einen Fahrplan erstellen.

Sorgen Sie für klare Erwartungen: Kurz vor einem Verkaufsabschluss sind alle aufgeregt. Der Kunde ist aufgeregt, weil sich etwas in seinem Unternehmen oder Leben verändern wird, und Ihr Vertriebsteam ist aufgeregt, weil es kurz davorsteht, ein neues Geschäft unter Dach und Fach zu bringen. Das kann unrealistische Erwartungen wecken, entweder weil das Vertriebsteam zu viel verspricht, oder weil es der Vorstellung des Kunden überlassen wurde, wie schnell und einfach er das erwünschte Ergebnis erzielen wird. Oft ist es eine Kombination aus beidem.

In jedem Fall ist es ein großes Problem, das auf Sie zurückfallen und Ihren Customer Lifetime Value (CLV) schädigen wird. (Ich werden im nächsten Kapitel näher auf den CLV eingehen.) Es ist wichtig, dass Ihr Vertriebsteam klarstellt, wie lange es dauern wird, und wie schwierig es für den Kunden sein wird, bis er das gewünschte Ergebnis erzielt. Derart offen zu sein, wird auf den passenden Kunden sogar *attraktiv* wirken.

Ich möchte Sie dringend davor warnen, Geld von »Verzweifelten« anzunehmen. Das sind kaufwillige Personen, aber es ist ihre letzte Chance, und ihr Erfolg ist unwahrscheinlich. Es ist aus ethischer Sicht ungut, es ist schlecht für den CLV, und es ist negativ für Ihre Moral und die Ihres Teams. Außerdem führt es zu miserablen Bewertungen, unzufriedenen Kunden und Rückerstattungen. Und diese Nachteile brauchen Sie nicht.

Ermöglichen Sie schnelle Erfolge: Selbst einen passenden Kunden kann es entmutigen, wenn er nach einer gewissen Zeit immer noch nicht vorangekommen ist. Finden Sie Wege, wie der Kunde schon zu Beginn seines Engagements und auch später während seiner Zusammenarbeit mit Ihnen gewisse Erfolge erleben kann.

Wenn Sie zum Beispiel ein Musikinstrument unterrichten, kann es lange dauern, bis der Schüler einigermaßen geschickt damit umgeht. Sie könnten ihm einen schnellen Erfolg verschaffen und für ein Gefühl von mehr Kompetenz sorgen, indem Sie ihm einfache, bekannte Melodien beibringen, die er Freunden und Familie vorspielen kann, wie »Alle meine Entchen« oder »Happy Birthday«.

Allerdings besteht die Gefahr, dass die Kunden dann immer wieder nach neuen schnellen Erfolgen verlangen und zu kurzfristig denken. Daher sollten Sie ihnen erklären, dass dies nur ein kleiner schneller Erfolg auf einem viel längeren Weg ist.

In manchen Unternehmen und Branchen ist ein großer Abstand zwischen dem Zeitpunkt der Bestellung und der Auslieferung der Ware üblich. Früher habe ich zum Beispiel eine Telekommunikationsfirma geführt. Wenn unser Vertriebsteam eine Bestellung vom Kunden erhalten hatte, dauerte es manchmal einige Wochen, bis wir ihm den Service zustellen konnten. Oft mussten wir auf Techniker von Drittanbietern, auf vorgelagerte Telekommunikationsanbieter oder auf die Lieferung von Hardware warten.

Selbst wenn das Verkaufsteam eine klare Zeitvorgabe gemacht hatte, fragte der Kunde oft nach, um sich nach dem Status seiner Bestellung zu erkundigen. Ohne Kommunikation schleicht sich Unsicherheit ein, und die Kunden meinen, es passiere nichts. Wir führten ein einfaches Kommunikationsverfahren ein, das wir »No-News-Update« nannten. Dadurch hörten sie alle paar Tage von uns, auch wenn es nichts Neues zu berichten gab. Wir fügten einige Informationen hinzu und versicherten ihnen, dass alles nach Plan verlief. Mitteilungen wie »Wir haben Ihre Bestellung erhalten« oder »Ihr Equipment ist auf dem Weg« und so weiter. Die Zufriedenheit stieg deutlich an, da die Kunden sich einbezogen fühlten und wussten, dass ihre Bestellung nicht in irgendeinem schwarzen Loch verschwunden war.

Erstellen Sie einen Fahrplan: Wenn Sie sich jemals in einem Einkaufszentrum oder auf einer Wanderung verlaufen haben, war der Lageplan, der Ihnen eine Übersicht verschaffte und anzeigte: »Sie befinden sich hier«, wie ein Geschenk Gottes. In ähnlicher Weise empfehle ich Ihnen, Ihrem Kunden einen visuellen Fahrplan zu erstellen, mit allen wichtigen Meilensteinen auf seinem Weg bei Ihnen. Dieser kann wie ein Flussdiagramm aussehen, aber ich empfehle Ihnen, etwas Zeit und Mühe zu investieren, um den Plan grafisch und visuell ansprechend zu gestalten. In meinem Unternehmen hat diese Maßnahme einen echten Wendepunkt herbeigeführt.

Sie können solche Fahrpläne für unterschiedliche Zwecke einsetzen. Die erste Möglichkeit betrifft Verkaufsgespräche. Besonders wenn Sie etwas Unsichtbares wie Beratung oder Schulung verkaufen, ist es wirkungsvoll, den Plan für den Kunden visuell darzustellen. Damit verdeutlichen Sie auch, was der Kunde von Ihnen erwarten kann.

Die zweite Möglichkeit, Roadmaps einzusetzen, ist während der gesamten Kundenreise. Indem wir den Kunden aufzeigen, wo sie auf ihrem Weg zu ihrem angestrebten Wandel stehen – »Sie befinden sich hier« –, wird ihren Schwung und ihre Motivation aufrechterhalten.

Ich bin auch deshalb für Fahrpläne im Verkaufsprozess oder für die Kundenreise, weil sie klarstellen, dass Sie und Ihr Team einen strukturierten Prozess verfolgen. Sie improvisieren nicht einfach und »fahren auf Sicht«. Als Kunde verschiedener Coaches, Berater und Trainer habe ich mich im Laufe der Jahre oft gefragt: »Wo soll das eigentlich hinführen? Hat diese Person überhaupt einen Plan? Bin ich hier auf dem richtigen Weg?« Ein Fahrplan hätte mir meine Ängste genommen und mein Vertrauen in die Person oder das Programm gestärkt.

Kapitel 14 – Aktionspunkte

- Nehmen Sie sich jeden Monat Zeit, einen Tag bei Ihrem Kundenservice- oder Helpdesk-Team zu verbringen, um Ihre Kunden besser zu verstehen.
- Statten Sie Ihre Kunden und Ihr Empfehlungsnetzwerk mit wertigen Dingen aus, die sie weitergeben können.
- Erstellen Sie einen Prozess, der es Kunden erleichtert, Ihnen Bewertungen und Erfahrungsberichte zu liefern.

15

Kennzahlen

KAPITEL 15 - VORSCHAU

Die meisten Marketingkampagnen sind nicht sofort erfolgreich. Das kann Sie zwar zunächst entmutigen, aber mithilfe eines systematischen Ansatzes zur Fehlerbehebung, Korrekturmaßnahmen und indem Sie die wichtigsten Kennzahlen verstehen, werden Sie langfristig nachhaltige Rentabilität erzielen.

Die Kernpunkte in diesem Kapitel sind:

- Wie Sie jeden Schritt Ihrer Marketingkampagnen kontinuierlich verbessern.
- Wie Sie eine nicht funktionierende Werbekampagne zum Laufen bringen.
- Warum es wichtig ist, führende und nachlaufende Kennzahlen zu verfolgen, und wie Sie das schaffen.
- Die eine Kennzahl, die wichtiger als alle anderen ist.
- Die entscheidende Kennzahl für Abonnementgeschäfte.
- Die Mikrokennzahlen, mit denen Sie den Erfolg Ihrer Marketingkampagnen messen können.
- Warum es wichtig ist, Ihre Analysen sowohl aus der Vergrößerungs- als auch aus der Verkleinerungsperspektive zu betrachten.

Die meisten tun es nicht

Wenn Ihre Marketingmaßnahmen einfach nichts einzubringen scheinen, können Sie schnell den Mut verlieren. Wir wünschen uns ja alle, dass unsere Kennzahlen eine scharfe Aufwärtskurve bilden. Wir wollen, dass jeder erfährt, wie wunderbar wir sind, und uns beachtet. Doch die Realität ist: Die meisten tun das nicht.

Die meisten werden Ihre Anzeige nicht anklicken. Die meisten von denen, die auf Ihre Anzeige klicken, werden sich nicht anmelden. Die meisten von denen, die sich anmelden, werden Ihre E-Mails nicht öffnen. Die meisten von denen, die Ihre E-Mails öffnen, werden den Link zu Ihrer Verkaufsseite nicht anklicken. Die meisten von denen, die sich durch Ihre Verkaufsseite klicken, werden sich nicht bis zum Bestellformular durchnavigieren. Die meisten, die bis zum Bestellformular gelangen, werden nichts bestellen.

Das heißt nicht, dass Ihr Produkt schlecht ist oder Ihr Marketing nichts taugt. Es ist einfach normal. Wenn die meisten Leute all das täten, lägen Ihre Konversionsraten bei über 50 Prozent. Sie wären dann der brillanteste Mensch in der Geschichte des Marketings. Man würde Ihnen eine goldene Statue auf der Madison Avenue errichten.

Zu Beginn dieses Buches habe ich über die Mittelschlauen gesprochen. Ein häufiger Satz, den man von Mittelschlauen hört, lautet: »Ich hab es versucht, aber es hat nicht funktioniert.« Was sie aber wirklich damit sagen, ist: »Ich habe es einmal halbherzig versucht und mir nicht die Mühe gemacht, herauszufinden, an welcher Stelle ich es vermasselt habe.«

Im Marketing hört man von den Mittelschlauen oft Sätze wie: »Marketing funktioniert in meiner Branche nicht« oder »Werbung ist doch nur Geldverschwendung«.

Können Sie sich jemanden aus der Produktion vorstellen, der sagt: »Ich habe versucht, etwas zu produzieren, aber es hat nicht funktioniert«? Wäre da nicht die nächste logische Frage, die man ihm stellen würde: »Was genau hat denn nicht funktioniert?«

Im Lean Manufacturing ziehen die Fließbandmitarbeiter sofort an der Andon-Schnur, wenn sie ein Problem im Produktionsprozess feststellen, zum Beispiel einen Defekt, ein fehlendes Teil oder ein Sicherheitsrisiko. Dadurch wird die Produktionslinie gestoppt, eine Anzeigetafel leuchtet auf, und Vorgesetzte, Teamleiter oder Wartungspersonal werden benachrichtigt.

Man führt eine Analyse durch, um die Ursache des Problems zu identifizieren, und behebt diese Ursache. Dann wird die Produktionslinie wieder gestartet. Wie Sie sich vorstellen können, findet man hier schnell eine Lösung.

Genau so sollten Sie es auch im Marketing halten.

LEAN-MARKETING-PRINZIP 9:

Testen, messen und verbessern Sie kontinuierlich jeden Schritt in Ihrer Marketingkampagne

Wenn zum Beispiel Ihre bezahlte digitale Werbekampagne nicht funktioniert, ziehen Sie gemäß des Lean Marketings die metaphorische Andon-Schnur und suchen Sie nach dem Fehler. Es gilt, genau herauszufinden, bei welchem Schritt die Konversion nicht wie gewünscht funktioniert.

Die gute Nachricht ist, es gibt hier nur wenige Ursachen:

1. Niemand klickt die Anzeige an.
2. Niemand meldet sich an.
3. Es melden sich Leute an, aber niemand bekommt oder öffnet Ihre E-Mails.
4. Die Leute öffnen Ihre E-Mails, aber sie besuchen Ihre Verkaufsseite nicht.
5. Die Leute besuchen Ihre Verkaufsseite, kaufen aber nichts.

Das sind die einzigen Möglichkeiten. Es ist also völlig sinnlos, zu sagen: »Ich habe es versucht, aber es hat nicht funktioniert«.

Tatsächlich haben Sie es versucht, woraufhin eines der Dinge, die *immer* schiefgehen, so wie immer ablief und schiefging. Eine sinnvollere Antwort darauf wäre also: »Okay, das ist doch ganz normal. Wir müssen nur herausfinden, was davon nicht funktioniert, und das in Ordnung bringen.«

Aber selbst wenn alles gut funktioniert, sollten Sie die Ergebnisse der einzelnen Schritte kontinuierlich überwachen, testen und verbessern. Wenn Sie sich angewöhnen, kontinuierlich nachzubessern, werden Sie zu einem guten Lean Marketer. Experimentieren Sie ständig mit Variablen wie Werbetexten, Design und Angeboten und suchen Sie nach Möglichkeiten, die aktuellen Ergebnisse zu steigern.

Auf Gott vertrauen wir. Alle anderen müssen Daten liefern.

Um genau herauszufinden, was funktioniert und was nicht, brauchen Sie Daten. Ohne Daten sind Sie nur einer dieser Dummköpfe mit einer Meinung. Als Lean Marketer verbringen Sie viel Zeit damit, sich die Kennzahlen anzusehen.

Man kann die Kennzahlen in zwei Klassen unterteilen – führende und nachlaufende.

Nachlaufende Kennzahlen sind historisch bedingt und das, was die meisten Menschen unter Kennzahlen verstehen. Es handelt sich dabei um Gewinn, Abwanderungsrate, Umsatzerlöse und so weiter.

An den letzten Monatszahlen können Sie nicht mehr viel ändern. Natürlich sollten Sie sie kennen, aber das ist so ähnlich wie das »Vorsicht«, das Sie hören, wenn Sie sich den Kopf schon angestoßen haben – es hilft nicht und kommt zu spät. Ohne sich der führenden Kennzahlen aktuell bewusst zu sein, tappen Sie im Dunkeln und haben schließlich Kopfschmerzen.

Führende Kennzahlen ermöglichen Ihnen als Frühwarnmechanismen eine Kurskorrektur, bevor Ihr Unternehmen einen Schaden davonträgt. Diese führenden Kennzahlen variieren je nach Unternehmen oder Branche. Sie haben zum Beispiel ein Online-Geschäft und verdienen Ihr Geld, indem Sie E-Mail-Abonnenten in Kunden verwandeln. Normalerweise erzielen Sie über Ihre Webseite im Schnitt 100 E-Mail-Anmeldungen pro Tag, aber in den letzten Tagen ist die Zahl stark zurückgegangen. Diesen wichtigen Frühindikator sollten Sie im Auge behalten und korrigieren, bevor er sich gravierend auf Ihre künftigen Einnahmen auswirkt. Vielleicht gibt es ein technisches Problem auf Ihrer Webseite oder in Ihrem CRM-System.

Wenn soziale Medien eine wichtige Quelle für Ihre Leads und Abonnenten sind, wurden Sie vielleicht auf irgendeine Weise gesperrt oder sanktioniert.

Wenn Ihr Unternehmen über einen physischen Standort verfügt, können Sie führende Kennzahlen wie Terminbuchungen oder Besucherzahlen nachverfolgen.

Doch egal ob Ihre führenden Kennzahlen steigen oder fallen, Sie sollten wissen, warum das so ist, und entsprechend handeln.

Wenn Ihre führenden Kennzahlen steigen, hilft Ihnen diese Information, das, was gerade gut läuft, zu verstärken, und die sich bietenden Chancen auszuschöpfen. Zum Beispiel könnte jemand mit einer großen Follower-Gemeinde Sie erwähnt oder Ihr Produkt empfohlen haben. Dann sollten Sie das Eisen schmieden, solange es noch heiß ist. Wenn Sie warten, bis die Zahlen auf dem nächsten Monatsabschluss erscheinen, und dann versuchen, rückwirkend noch etwas zu erreichen, ist es zu spät für irgendeine sinnvolle Maßnahme.

Die Kennzahl, auf die es ankommt

Es gibt alle möglichen messbaren Kennzahlen (die Sie messen sollten), und wir werden ein paar davon in Kürze besprechen, aber eine Kennzahl ist wichtiger als alle anderen: der Customer Lifetime Value (CLV). Der CLV gibt an, wie viel Geld Sie an einem Kunden im Verlauf seines gesamten Kundenlebens verdienen.

Es gibt im Grunde nur zwei Optionen, Ihr Unternehmen wachsen zu lassen:

1. Mehr Kunden
2. Mehr Gewinn aus bestehenden Kunden

Jeder versteht sofort, was es bedeutet, mehr Kunden zu gewinnen, und ein Großteil des Marketings konzentriert sich darauf. Weniger bekannt sind jedoch die enormen Effekte, die eine Erhöhung des CLV mit sich bringt.

Der CLV bestimmt, wie viel Sie ausgeben können, um einen Kunden zu akquirieren, wie viel Sie ausgeben können, um ihn zu begeistern und zu binden, und wie breit der Graben sein soll, den Sie schaffen können, um Konkurrenten fernzuhalten.

Ein häufiger Fehler bei der Berechnung des CLV ist, Umsatzzahlen anstelle von Gewinn zu verwenden. Dies führt dazu, dass Sie Ihre Kunden überbewerten. Wenn Sie Ihren CLV zu hoch ansetzen, glauben Sie, dass Sie viel mehr für die Kundenakquise ausgeben können, als nachhaltig ist.

Eine Ausnahme bilden (in der Regel durch Risikokapital finanzierte) Unternehmen, die ausschließlich auf Wachstum und Marktdurchdringung ausgerichtet sind. In diesem Fall kann eine umsatzbasierte CLV-Berechnung sinnvoll sein.

Ein einfaches Beispiel für die Berechnung des gewinnorientierten CLV: Wenn Ihre Kunden durchschnittlich 1000 Dollar pro Jahr ausgeben und Ihnen jährlich 300 Dollar an variablen Kosten im Zusammenhang mit diesen Verkäufen entstehen, beträgt der Gewinn pro Jahr 700 Dollar. Wenn Ihre Kunden im Durchschnitt drei Jahre bei Ihnen bleiben, liegt ihr Lebenszeitwert also bei 2100 Dollar.

Zu den variablen Kosten gehören die der verkauften Waren und die für die Erbringung der Dienstleistung. Sie können auch andere variable, direkt dem Verkauf zugeordnete Kosten einbeziehen, etwa die Bearbeitungsgebühren für Kreditkartenabrechnung. Fixkosten wie Miete, Backoffice und Verwaltung sollten Sie bei der CLV-Berechnung auslassen.

Sie sollten regelmäßig neu kalkulieren, wie lange der Kunde im Schnitt bei Ihnen bleibt, wie viel er ausgibt und wie viel es Sie kostet, Ihre Leistung zu erbringen, denn das verändert sich ständig. Natürlich sollten Sie die durchschnittliche Verweildauer und den Betrag, den der Kunde ausgibt, erhöhen, während die variablen Kosten stabil bleiben oder sinken sollten. Nicht alle Kunden sind gleich, daher ist es sinnvoll, den CLV für jedes Ihrer wichtigsten Kundensegmente eigens zu berechnen.

Möglichkeiten, den CLV zu erhöhen, sind:

- Preiserhöhung
- Upselling von zusätzlichen, ergänzenden Produkten oder Dienstleistungen
- Aufstieg von Kunden in höhere oder hochwertigere Stufen Ihres Produkts oder Ihrer Dienstleistung
- Die Kauffrequenz erhöhen
- Verlorene oder abgesprungene Kunden zurückgewinnen

Sie sollten viel Zeit und Energie in den CLV stecken. Er sollte Ihren Verstand so sehr beherrschen, dass Sie, wenn ich Sie nachts um 3 Uhr aufwecken würde, gerade davon träumen würden, ihn zu erhöhen. Der CLV ist Ihr Weg zu exponentiellem Wachstum.

Kundenakquisitionskosten

Eng verbunden mit dem CLV sind die Kundenakquisitionskosten (Customer Acquisition Cost, CAC). Dies sind die durchschnittlichen Kosten, um einen neuen Kunden zu gewinnen. Dazu gehören Ausgaben für Werbung sowie für Marketing- und Vertriebsmaßnahmen.

Wenn Sie zum Beispiel 100 000 Dollar für Marketing und Vertrieb aufwenden und damit 1000 neue Kunden gewinnen, wäre Ihr CAC 100 Dollar.

Unter völlig gleichen Voraussetzungen (und das sind sie nie) wird derjenige gewinnen, der das meiste Geld für die Akquisition und Bindung eines Kunden ausgeben kann. Das ist einer der Gründe, warum der CLV so essenziell ist. Bei einem niedrigen CLV werden Sie versuchen, bei der Kundenakquise und -bindung zu knausern und zu sparen. Dies wiederum schafft nur selten großartige Kundenerlebnisse.

Falls Sie nicht über die nötigen Mittel verfügen, sollten Sie erfinderisch sein. Freches, unkonventionelles Denken ist eine Spezialität von Gründern und Unternehmern. Das ist für den Anfang ganz großartig, aber um nachhaltig zu wachsen und zu skalieren, sollte Ihre höchste Priorität lauten, den Kundenlebenszyklus zu verlängern.

Gewinne messen

Der Return on Ad Spend (ROAS) und der Return on Investment (ROI) sind wichtige Messgrößen für den Erfolg Ihres Marketings und Ihrer Werbung.

Der ROAS ist der *Umsatz*, den man durch eine Werbekampagne erzielt, geteilt durch die Kosten für die Durchführung der Kampagne. Der ROI ist der Gesamt*gewinn*, geteilt durch die Kosten.

Der ROAS ist meist die exaktere Kennzahl, um die Leistung verschiedener Kampagnen, Anzeigenserien oder Plattformen zu vergleichen. Sie wird in der Regel für leistungsbasierte Marketingkampagnen verwendet, wie zum Beispiel für Pay-per-Click-Werbung.

Der ROI ist eine umfassendere Kennzahl, mit der man die Gesamtrentabilität einer Strategie oder eines Medienkanals darstellt. Diese Kennzahl sagt Ihnen im Wesentlichen, ob Ihre Marketingmaßnahmen sich überhaupt auszahlen.

Abonnementkennzahlen

Im Abonnementgeschäft sind die beiden wesentlichen Kennzahlen, die Sie im Auge behalten sollten, der monatliche Umsatz (Monthly Recurring Revenue, MRR) und die Abwanderungsrate.

Es wäre schön, wenn jeder gewonnene Abonnementkunde uns für immer treu bliebe, aber das ist selten der Fall. In Ihrem Abonnementgeschäft sollten Sie die Fluktuation messen. Die Abwanderungsrate ist der Prozentsatz der Kunden, die Ihren Service innerhalb eines bestimmten Zeitraums, in der Regel monatlich, nicht mehr nutzen.

Stellen Sie sich MRR wie Wasser in Ihrem Eimer vor. Das Wasser steht für Ihre voraussichtlichen Einnahmen zu Beginn des Monats. Die Abwanderungsrate zeigt an, wie schnell Ihr Eimer leckt. Sie müssen den Eimer schneller auffüllen, als er ausläuft.

Wenn Sie zum Beispiel 1000 Abonnenten haben, die je 10 Dollar pro Monat zahlen, beträgt Ihr MRR 10 000 Dollar. Bei einer monatlichen Abwanderungsrate von 2 Prozent verlieren Sie 20 Kunden pro Monat. Das bedeutet, dass Sie über Vertrieb und Marketing jeden Monat 20 Kunden gewinnen müssen, nur um den Status quo aufrechtzuerhalten, und noch mehr, um zu wachsen.

Eine hohe Abwanderungsrate kann unzufriedene Kunden, mangelnde Wertschätzung oder andere potenzielle Probleme im laufenden Geschäft signalisieren.

Mikrokennzahlen

Tabellenkalkulationen sind oft kreativer geschrieben als Romane. Wenn man die richtigen Kennzahlen herauspickt und sie isoliert verwendet, kann man jede Kampagne gut aussehen lassen – und viele Marketer handeln dementsprechend.

Die folgenden Kennzahlen nenne ich Mikrokennzahlen. Jede für sich genommen bedeuten sie nicht viel, aber sie können Ihnen dabei helfen, einzelne Elemente Ihrer Kampagne genauer zu untersuchen, was bei der Fehlersuche äußerst nützlich sein kann.

Konversionsrate: Der Prozentsatz der Besucher, die eine gewünschte Aktion ausführen, sei es ein Produkt zu kaufen, sich in Ihre E-Mail-Liste einzutragen oder ein anderes Konversionsziel.

Click-Through-Rate (CTR): Bei digitalen Anzeigen gibt diese Kennzahl den Prozentsatz der Personen an, die auf die Anzeige geklickt haben, nachdem sie sie gesehen haben.

Kosten pro Klick (CPC): Der durchschnittliche Betrag, der für jeden Klick in einer Pay-per-Click-Werbekampagne gezahlt wird.

Traffic: Die Anzahl der Besucher auf Ihrer Webseite oder einer bestimmten Seite. Dies messen Sie anhand von einzelnen Besuchern oder Seitenaufrufen.

Absprungrate: Der Prozentsatz der Besucher, die Ihre Website verlassen, nachdem sie nur eine Seite angesehen haben.

Engagement-Rate: Auf sozialen Plattformen misst sie die Interaktionen auf einen Beitrag oder eine Kampagne, wie Likes, Shares und Kommentare.

Lead-to-Customer-Rate: wie viele potenzielle Kunden sich in tatsächliche Kunden verwandeln.

Marketing Qualifizierter Lead (MQL): ein Lead, der aufgrund seines Engagements bei Marketinginitiativen als wahrscheinlicher Kunde gilt, aber noch nicht für einen direkten Verkaufsansatz bereit ist.

Vertriebsqualifizierter Lead (SQL): ein Lead, der weiter qualifiziert wurde, bestimmte Kriterien erfüllt und als bereit für eine Kontaktaufnahme mit dem Vertrieb angesehen wird.

Net Promoter Score (NPS): misst Kundentreue und -zufriedenheit. Man fragt die Kunden, wie wahrscheinlich sie ein Unternehmen auf einer Skala von 0 bis 10 weiterempfehlen würden. Kunden, die hier eine 9 oder 10 nennen, gelten als Promotoren. Diejenigen, die mit 7 oder 8 bewerten, sind Passive, und diejenigen, die 0 und 6 angeben, sind Kritiker. Den NPS berechnet man, indem man den Prozentsatz der Kritiker vom Prozentsatz der Befürworter subtrahiert, was einen Wert zwischen -100 und 100 ergibt.

E-Mail-Öffnungs- und -Klickraten: Im E-Mail-Marketing erfasst man mit diesen Kennzahlen, wie viele Empfänger eine E-Mail öffnen und wie viele auf die darin enthaltenen Links klicken.

Durchschnittlicher Bestellwert (Average Order Value, AOV): der durchschnittliche Betrag, den ein Kunde bei einer einzigen Transaktion ausgibt.

Produkte pro Kunde: die durchschnittliche Anzahl von Produkten, die jeder Kunde gekauft hat.

Die Zahlen kennen

James Clear schrieb einmal: »Die zwei Fähigkeiten, die man im modernen Geschäftsleben braucht, sind: Storytelling und Tabellenkalkulation. Die Zahlen kennen – die Geschichten erzählen.« Ich stimme ihm voll und ganz zu.

Die schiere Menge und der Umfang all der Kennzahlen, die Sie verfolgen können, kann Sie schnell überfordern. Ich empfehle Ihnen, ein Dashboard mit der Handvoll Kennzahlen zu erstellen, die für Ihr

Unternehmen und Ihre spezielle Situation maßgeblich sind. Beobachten Sie diese genau und regelmäßig. Wenn Sie einen Fehler suchen müssen, was häufig der Fall sein wird, können Sie den Bereich erweitern.

Der letzte Punkt, auf den Sie bei Ihren Kennzahlen achten sollten, ist der Zeithorizont. Genauso wie einzeln und isoliert betrachtete Kennzahlen die Wahrheit verschleiern können, kann das auch beim Zeithorizont für Ihre Kennzahlen der Fall sein.

Die Perspektive auf die lange Sicht zu verlagern, ist wie auf einer Landkarte herauszuzoomen. Sie erkennen dann völlig neue Konturen. Diese Ansicht von oben ist großartig, um größere Trends zu sehen, wobei jedoch wichtige Details verloren gehen. Sie werden dann feststellen, dass das durchschnittliche Zebra grau ist. Erst wenn Sie wieder nah genug heranzoomen, sehen Sie die schwarz-weißen Streifen.

Wenn Sie Entscheidungen treffen, sollten Sie verstehen, was die Zahlen Ihnen sagen, sowohl auf der Makro- als auch auf der Mikroebene. Als guter Marketingmanager sind Sie vielleicht einer von vielen, aber in der Tabellenkalkulation werden Sie ein absoluter Außenseiter sein.

Kapitel 15 – Aktionspunkte

- Suchen Sie die führenden und nachlaufenden Kennzahlen heraus, die für Ihr Geschäft am wichtigsten sind.
- Halten Sie sich ständig auf dem Laufenden über Ihren Customer Lifetime Value und die Kundenakquisitionskosten.
- Erstellen Sie ein Kennzahlen-Dashboard und behalten Sie es ständig im Auge.

Fazit

Seien Sie ein Draufgänger, legen Sie richtig los

Im Lauf der Zeit ist das Marketing aufgebläht worden. Es gibt immer mehr Aktivitäten und immer mehr verschiedene Arten, sie auszuführen. Das ist anstrengend, ineffektiv und verschwenderisch.

Mein Freund Dr. Ben Carvosso, ein hochrangiger Experte, empfiehlt »Komprimieren, um Qualität zu schaffen«. Das bedeutet, weniger zu tun, aber bewusster und konzentrierter vorzugehen und im Endergebnis damit mehr zu bewirken. Auf das Marketing angewandt, ist das sowas von erfrischend. Genau darum geht es doch beim Lean Marketing.

Doch »Komprimieren, um Qualität zu schaffen«, dürfen Sie nicht mit dem alten Klischee von »Qualität statt Quantität« verwechseln. Wiederholungen sind wichtig.

Seit ich als Coach, Berater und Mentor tätig bin, habe ich ein überraschendes Muster erkannt. Raten Sie mal, welcher Menschentyp am häufigsten Erfolg hat. Ist es der Typ mit dem meisten Geld? Nein. Ist es der Typ mit dem meisten Glück? Das hilft zwar, aber er ist es auch nicht. Ist es der Klügste? Eher das Gegenteil. Das zu entdecken, hat mich besonders überrascht.

Kluge Menschen versuchen oft, jedes Detail bis zur Perfektion zu planen, und dann führen sie es nie durch, oder wenn, dann nur zögerlich. Sie wollen auf keinen Fall scheitern und dann dumm dastehen, und das ist ein großes Problem, denn genau das wird Ihnen als Unternehmer und Marketer immer wieder passieren.

Deshalb rate ich Ihnen dringend, »ein Draufgänger« zu sein und richtig loszulegen. Jeder Output von hoher Qualität hat einen Vorlauf aus vielen schlechten Versuchen, aber auch aus permanenter Verbesserung. Es ist eben noch kein Meister vom Himmel gefallen.

Jetzt verfügen Sie über die Ausrüstung, um das Spiel des Marketings zu gewinnen. Setzen Sie die drei Kraftmultiplikatoren ein, um sich eine Hebelwirkung zu verschaffen und Ihre Erfolge massiv auszuweiten. Implementieren Sie die neun Prinzipien des Lean Marketings und werden Sie einer der Top-1-Prozent-Marketer. Während Ihre Wettbewerber mit ihrem unstrukturierten Marketing die Leute durch Unterbrechungen stören, wild herumschreien und blind um sich schlagen, werden Sie mit Ihrem schlanken, gezielten und wertorientierten Ansatz aus der Menge herausragen. Es wird Ihnen vorkommen, als zögen Sie eine Pistole, während alle anderen noch mit Messern kämpfen.

Zuletzt rate ich Ihnen noch dringend, sofort anzufangen. Inspiration hat ein schnelles Verfallsdatum. Die Zeit zum Handeln ist dann, wenn der Gedanke noch heiß ist und die Emotion stark. »Ich mach das jetzt« schlägt jeden IQ. Nehmen Sie sich also einen wirkungsvollen Ansatz aus diesem Buch vor und setzen Sie etwas davon *noch heute* um. Und nicken Sie jetzt nicht einfach nur. Nein, wirklich, fangen Sie *jetzt sofort* damit an!

Es gibt noch so viel mehr

Ab einer bestimmten Länge wird jedes Sachbuch mühsam. Der Balanceakt, den jeder Autor leisten muss, ist der zwischen Vollständigkeit und Überdruss. Ich will nicht der Gast sein, der länger bleibt, als er willkommen ist, und ich hoffe, das war ich nicht.

Marketing ist ein umfassendes Thema und Redaktion ist ein hartes Geschäft. Vieles von dem, was ich für dieses Buch geschrieben habe, landete auf dem Boden des Schneideraums. Jeder Schnitt tat mir unglaublich weh – starke Kapitel, wertvolle Konzepte und praktische

Taktiken. Was nun übrig ist, nennen Musiker das »Best of«-Album – die wichtigsten Stücke für die meisten Leute. Doch wer noch tiefer zu den B-Seiten und den weniger bekannten Stücken vordringen möchte, wird reich belohnt.

Wenn Sie interessiert sind, halte ich noch viel mehr im Lean Marketing Hub für Sie bereit. Dort greifen Sie kostenlos zu auf Ressourcen, die über dieses Buch hinausgehen, Sie können Fragen stellen und Ihre Reise ins Lean Marketing fortsetzen.

Wichtig ist auch, dass dieser Hub ein geschützter Raum für Unternehmer ist. Als Unternehmer so isoliert zu sein, kommt für viele unerwartet, und es ist gefährlich. Gefährlich, weil man ohne eine Gruppe von Gleichgesinnten Gefahr läuft, die Motivation zu verlieren, schlechte Entscheidungen zu treffen und im Burn-out zu landen. Die Isolation führt auch dazu, dass es an qualifizierten Gesprächspartnern mangelt. Doch die Nähe zu Gleichgesinnten, die sich auf einem ähnlichen Weg befinden, und zu Mentoren ist absolut entscheidend.

Als Unternehmer fühlt man sich oft wie ein verirrter Fremdenführer, der vor seiner Gruppe zahlender Urlauber verheimlicht, dass er die Landkarte studiert. Wenn Kunden, Investoren oder sogar die Familie fragen, wie es läuft, sagen Sie stets: »Es läuft großartig! Wir haben es geschafft«, obwohl die Wahrheit oft nur ist, dass *Sie* geschafft *sind*.

Einer Gemeinschaft von Gleichgesinnten anzugehören, die etwas von Unternehmertum verstehen, gestaltet diesen Weg weniger einsam und steinig. Wir alle müssen ähnliche Probleme lösen und befinden uns auf einem ähnlichen Kurs.

Schließen Sie sich uns an, kostenlos auf LeanMarketing.com/hub

Zahlen Sie im Voraus

Ich finde es immer ein bisschen unangenehm, wenn Unternehmer oder erfolgreiche Menschen sagen, sie »geben etwas zurück«.

Etwas zurückzugeben, suggeriert, man habe zu viel von etwas genommen, aber das trifft auf uns Unternehmer gar nicht zu.

Wir schaffen Werte am Markt und dann beanspruchen wir einen kleinen Teil davon für uns selbst. Auf diese Weise bekommen unser Kunden, Communitys und die Welt immer den besseren Teil. Das ist fair, das ist nachhaltig, und, ganz ehrlich, es macht Freude.

Das habe ich auch mit diesem Buch getan. Ich habe Ihnen meine besten Inhalte vermittelt und nichts zurückbehalten. Ich habe mehr Zeit, Geld, Energie und persönliches Engagement hineingesteckt, als jemals gerechtfertigt gewesen wäre.

Anstatt also »etwas zurückzugeben«, was Schulden impliziert, sage ich lieber »im Voraus bezahlen«, was mit Großzügigkeit konnotiert ist.

Wenn Sie finden, ich habe mein Ziel mit diesem Buch erreicht und Ihnen einen Mehrwert vermittelt, dann bitte ich Sie, es mir im Voraus zu bezahlen, indem Sie es mit jemandem teilen, dem es nützen könnte.

Ich habe selbst schon viele Male eine solche Großzügigkeit erlebt, wenn ein Mentor, Freund oder Kollege sah, dass mir etwas schwerfiel, oder jemand meinte, es stecke noch ungenutztes Potenzial in mir. Diese Menschen haben mein Leben verändert, indem sie sagten: »Hier, lies mal dieses Buch.« Für wen könnten Sie das tun?

Eine weitere Methode, im Voraus zu bezahlen, wäre, eine Bewertung zu schreiben. Das hilft anderen, dieses Buch zu entdecken.

Über den Autor

Also erst mal vielen Dank fürs Lesen.

Dies ist der Teil, in dem ich Ihnen erzählen soll, wie toll ich bin. Ein Autor schreibt ihn normalerweise in der dritten Person, was irgendwie komisch ist, also mache ich es anders.

Ich glaube, die Leute lesen die Seiten über den Autor aus zwei Hauptgründen: Sie wollen wissen: »Ist diese Person glaubwürdig?« und »Was kann er für mich tun?« Um das zu beantworten: Hier folgt einiges, das ich im Geschäftsleben gemacht habe und auf das ich stolz bin:

- Ich habe sehr viele Bücher verkauft. Ich rangiere unter den Top-0,01-Prozent der Sachbuchautoren.
- Meine Bücher haben eine große Reichweite. Sie wurden in über 30 Sprachen übersetzt und haben Millionen Unternehmer überall auf der Welt beeinflusst.

- Ich habe mehrere wachstumsstarke Unternehmen in verschiedenen Branchen, darunter IT, Telekommunikation und Marketing, gegründet, skaliert und erfolgreich verkauft.
- Ich habe auf wunderbaren Events und Konferenzen vor Tausenden Menschen Vorträge gehalten.
- Dabei habe ich eine Menge Geld verdient. Ich weiß, mit Geld kann man sich kein Glück kaufen, aber da ich arm aufgewachsen bin, kann ich Ihnen versichern, reich sein ist viel besser.
- Ich habe ein moderates Arbeitspensum. Mein Unternehmen und meine Tätigkeit unterstützen meinen Lebensstil, meine Gesundheit und meine Beziehungen, anstatt ihnen zu schaden.

Und das kann ich für Sie tun:

- Ich gebe Ihnen einen klaren, einfachen und strukturierten Rahmen für erfolgreiches Marketing.
- Ich helfe Ihnen und Ihrem Team, Ihre Marketingfähigkeiten, -infrastruktur und -kompetenzen auszubauen.
- Ich helfe Ihnen, Ihren Unternehmensumsatz und -gewinn zu steigern.
- Ich helfe Ihnen, den Wert Ihres Unternehmens zu erhöhen und einen Vermögenswert zu schaffen, der gut zu verkaufen ist, falls Sie sich jemals dazu entscheiden.
- Ich helfe Ihnen, ein Geschäft aufzubauen, das Ihnen ermöglicht, Ihr Leben nach Ihren eigenen Vorstellungen zu führen.
- Alles oben Genannte, das wir tun werden, macht auch noch Spaß.

Sie können über E-Mail mit mir Kontakt aufnehmen: allan@LeanMarketing.com – ich liebe es, von meinen Lesern zu hören.

Stichwortverzeichnis

A

A/B-Test 290
Adams, Scott 70
Amazon Web Services (AWS) 214
Angebot 34, 45 f., 54, 59, 64, 67, 78, 89, 112, 139, 174 f., 182, 187 f., 192, 196, 214, 227, 271, 281 ff., 294, 304, 317
Angelou, Maya 166
Antrieb 72, 74 f., 117, 162, 237
Apple 45, 69, 167, 206, 247, 270
Arbeitsbelastung 28
Atomic Habits 218
Attributionsmodell 32
Aushängeschild 171–184, 188, 270, 315
Außenwahrnehmung 30
Außenwirkung 31, 34
Automatisierung 97 f., 107, 109, 257
Autonomation 98

B

Backlink 268 f., 277
Bewunderung 71
Bezos, Jeff 25, 39
Billboard Hot 100 176
Black-Friday-Kampagne 108
Bolt, Usain 55
Brand Lift 31
Breaking Bad 22
Breakthrough Advertising (Schwartz) 53
Broadcast-E-Mail 257 f.
Broadcast-Nachrichten 101, 103, 108
Buffett, Warren 272
Bürokratie 164, 239, 241

C

Caples, John 17
Chapelle, Dave 56
Cialdini, Robert 315
Clear, James 218, 333
Coca-Cola 167, 208
Coleman, Joey 295
Colgate 52
Collier, Robert 17
Community 62, 284 f., 298
Content 37, 54, 62, 108 f., 118 f., 125, 141, 143, 149, 152, 173–178, 186, 188 ff., 197, 200, 231, 255 f., 263, 267–271, 275, 277 f., 280–286, 288, 290 f.
Content Marketing 37, 54, 177 f., 257, 267 f., 278, 283 ff., 288
Content-Upgrades 186, 188 ff.
Cron 241
Customer Lifetime Value (CLV) 27, 291, 293, 310, 318, 327 ff., 334

Customer Pull 68
Customer Relationship Management System (CRM) 75, 101–114, 180, 182, 187, 189, 193, 196, 242 f., 248, 252, 255, 258, 260, 305, 327

D
Datenschutz 247, 288
Demand Generation Manager 51
Der Marketingplan auf einer Seite 33 f., 40, 128, 180, 310
Direktmarketing 17 f., 21, 31 f., 287 f.
Direktwerbung 31, 231
Discord 61 f.
Domain 197 f., 248 f.
Drucker, Peter 230

E
E-Commerce-Handel 187
E-Commerce-Plattform 111
Einflussnahme 58
Einsatzwillen 14
Einstein, Albert 219
E-Mail-Marketing 245, 248
E-Mail-Seifenoper 261
Empfehlung 27, 111, 172 f., 215, 293, 304, 306 ff., 311 f., 314
Empfehlungsanfrage 311, 313
Engagement 17, 270, 332, 338
Engpässe 28
Evergreen-Sequenz 257 f., 265
Exactly What to Say (Jones) 117

F
Facebook Groups 61
Factfulness (Rosling) 145
Feedback 184, 283, 306
Ferriss, Tim 226, 279
Feynman-Regel 166
Feynman, Richard 56, 166
Five-Whys-Methode 71
Flaggschiff-Asset 54
Fleiß 14
Fluss 28, 36, 82
Forbes 30 Under 30 176
Ford, Henry 24 f.
Frag immer erst warum (Sinek) 163
Freebie 173
Führende Kennzahlen 326
Fuller, Richard Buckminster 179

G
Gassenintelligenz 18
Geschäftswert, ideeler 168 ff., 172
Giftology (Ruhlin) 316
Godin, Seth 16, 133
Google Analytics 179
Grader 180
Graham, Paul 297
Guide Michelin 176

H
Hashtag 268
Herman, Todd 57
Hero Section 191 ff., 201
Homepage 188, 191 f., 194
Hopkins, Claude 17
Hormozi, Alex 46
HubSpot 56, 180

I
IBM 131, 208
Image 30, 206
Imposter-Syndrom 277
Inbound-Verkauf 110
Influence (Cialdini) 315
Innovation 82, 230
Instagram 275, 276

iPod 45
Ismail, Salim 22

J
Jantsch, John 57
Jenyns, David 57, 210
Jidoka (= Autonomation) 98
Jobs, Steve 82, 147 f., 162, 167, 237, 281, 307
Jones, Daniel 25
Jones, Phil M. 117
Justin Bieber 280

K
Kaizen (= kontinuierliche Verbesserung) 219, 222
Kawasaki, Guy 22
Kennedy, Dan 17, 128
Keyword 200, 253, 268 f., 277
KI (= künstliche Intelligenz) 59, 98, 143–152, 269 f.
Kiyosaki (Robert) 154
Konkurrenz 57, 62, 68, 298
Konversion 222, 254, 258, 325
Konversionsrate 190 f., 199, 264, 332
Kundenbedürfnisse 34
Kundenbindung 27, 295
Kundenpflege 50 f., 246
Kundenzufriedenheit 29, 293, 300 ff., 310, 318

L
Landing Pages 186, 190 f.
Langeweile-Spanne 119
Large-Language-Modelle 143, 149 ff.
Lead-Flow 102
Lead-Magnet 173
Lead-Pflege 54, 108
Leads 10 ff., 14, 28 f., 36, 54, 104, 112, 155 ff., 172 f., 186 f., 190, 196, 240, 255, 258, 272, 275, 289, 327
Lead-Score-Änderung 109
Lean Manufacturing 24 f., 32, 70, 98, 219, 234, 324
Lean Marketing Hub 39 f., 199, 289, 337
Lean Thinking 25, 32, 215, 219
Lernen, maschinelles 269
Leverage 35
Lifetime Value 294 f.
Lindy-Effekts 247
LinkedIn 61, 145, 275 f.
Little Monsters 93
Logik 22, 129 ff.
Loufrani, Franklin 212

M
Mach den Unterschied! (Michalowicz) 56
Markenbildung 32, 159, 168, 178
Markenmarketing 17 f., 21, 30, 32, 288
Markenzweck 167 f.
Marketing 10 f., 14 ff., 20 ff., 24, 26–31, 33 f., 36 f., 39 f., 43 f., 50, 58, 60, 64, 69, 73, 75, 80, 98, 101 f., 104, 106 ff., 113 f., 116 ff., 127, 129, 133, 143, 145, 149, 151, 155 ff., 163, 165, 167, 169, 172 f., 176 f., 180, 187, 199, 203, 213, 215, 221 f., 224, 230 ff., 241, 243, 246 f., 250 f., 254, 256 f., 259–265, 270, 281, 289, 295, 303, 306, 310, 316, 324 f., 329, 331 ff., 335 ff., 339 f.
Marketingaktivität 17
Marketingfehler 43, 50

Marketinginfrastruktur 36, 98 f., 101 f., 151, 203, 209, 229, 232 f., 265
Markteintritt 211
Martell, Dan 57
Massenmarketing 26, 31
Matrix 46, 288
McDonald's 69, 130
Michalowicz, Mike 56 f., 310
Michelin, André 174
Michelin, Édouard 68, 174
Microsoft Teams 247
Mikro-Implementierung 80
Motivation 67, 77, 237, 290, 312, 320, 337
MrBeast 280
Mund-zu-Mund-Propaganda 16
Musk, Elon 82

N
Nachfrage 28, 51 f., 57, 68 f., 80, 84, 89, 106, 178, 215, 268
Nachlaufende Kennzahlen 326
Nachverfolgung 193, 256
Never Lose a Customer Again (Coleman) 295
Newsletter 63, 227, 242, 256
Nike 30, 127, 167, 208
Northern Territory News 126

O
Objectives and Key Results (OKR)-Methode 239
Ogilvy, David 124
Onboarding 27 f., 50, 102, 112, 296 ff., 311
Opt-in-Verfahren 259
Outbound-Verkauf 110

P
PayPal 208, 240
Pay-per-Click-Anzeige 31, 51
Personalisierung 250, 252
Polarisierung 282
Positionierung 87 f., 127
Premiumpositionierung 92
Priestley, Daniel 57
Produktivitätskennzahl 236
Produkt-Markt-Fit 34 f., 68 f., 78 f., 83 f., 140, 212, 232, 298, 300
Projektmanagement-Tool 110

Q
Qualität 25, 61, 82, 89, 91, 93, 152, 166, 210, 300, 302, 304 f., 335 f.

R
Ravikant, Naval 219
Red Bull 178
Reddit 61 ff., 276
Respekt 25, 71, 176
Retargeting 31, 290
Retargeting-Anzeige 31
Return on Ad Spend (ROAS) 330
Return on Investment (ROI) 330
Rich Dad Poor Dad (Kiyosaki) 154
Roboter 69 f., 117, 129, 131, 146
Rosling, Hans 145
Ruhlin, John 316

S
Schwartz, Eugene 53
Seifenopersequenz 261
Shah, Dharmesh 56, 180
Silicon Valley 43, 164, 297
Sinek, Simon 163
Skalierung 83, 297 f.
Slack 247

Slippery Slope 120
Smiley Company 212
Socconini, Luis 23
Social Proof 194, 302, 304 f., 311, 317
Soziale Medien 38, 51, 64, 144, 205, 222, 242 f., 267–277, 283, 298
Spam 188, 198, 248 ff., 253, 256, 259 f.
Spamming 249, 259
Spezialisierung 48, 109
Split-Test 191, 290
Standardisierte Arbeitsabläufe (SOPs) 203, 209 f., 215, 242
Starbucks 69
Start-up 15, 62, 68, 178, 204
Statussignal 90
Storytelling 261, 333
Suchmaschinenoptimierung (SEO) 200, 268
Superman-Syndrom 224 f.
Supersignatur 262 ff.
Swifties 93
Sympathie 21, 29, 31, 32, 178, 215, 293, 298, 317
SYSTEMology 210

T
Tabellenkalkulation 333 f.
Talent Stacking 42, 56
Targeting 268, 288
Teamaufbau 27
Telearbeit 235 f.
Thiel, Peter 240
Tiffany & Co. 92
TikTok 275 f.
Total Immersion 226
Totmann-Schalter 243 f.
Toyota 24 f., 70, 98
Traction (Wickman) 229
Traffic 270, 280, 332

U
»Über-uns«-Seite 194
Upselling 27, 329
Upsells 291
User-Input-Texte 149

V
Vaden, Rory 61
Vaynerchuck, Gary 285
Venn-Mengendiagramm des Erfolgs 56
Verantwortungsbewusstsein 237
Vermögenswert 155, 204
Verschwendung 18, 24, 26 f., 29, 32, 50, 106, 165, 215, 219, 263
Vertriebsmanagement 102, 109, 112 f.

W
Werbetexten 11, 117 f., 121, 132, 326
Wertschöpfung 21, 26, 29
Wertstromanalyse 28
Wettbewerb 211, 283
Wettbewerbsvorteil 25, 39, 99, 143, 204
Wickman, Gino 229
Willenskraft 218
Willkommenssequenz 257, 265
Womack, James 25

X
X (ehemals Twitter) 61, 74, 275 f.

Y
YouTube 38, 62, 119 f., 125, 136, 177, 218, 280, 286

Z
Zielgruppe 17, 48, 50, 54, 105 f., 108, 177, 181, 184, 189, 193, 195,

212, 235, 255, 261 f., 278, 281, 287, 309
Zielmarkt 26, 34, 40, 42 ff., 50, 58, 61, 63 ff., 78 f., 81, 116, 121, 139 f., 157, 169, 173 ff., 182, 184, 195, 207, 222, 235, 267, 278, 282, 284 f., 291, 304
Ziglar, Zig 183
Zuckerberg, Mark 82
Zufriedenheit 238, 319